ILLUSTRIERTES LEXIKON DER HANDFEUERWAFFEN

ILLUSTRIERTES
LEXIKON
DER
HANDFEUER
WAFFEN

von

Vladimír Dolínek

KARL MÜLLER VERLAG

◀ Detail der
Gegenplatte eines
Steinschloßgewehrs
(Nr. 142)

Detail des
Verschlusses einer
Werndl-Scheiben-
büchse
(S. 5, Nr. 281)

Illustriertes Lexikon der Feuerwaffen

Text von Vladimír Dolínek
Deutsch von Günter Brehmer
Fotos von Jaroslav Guth und Martin Tůma
Illustrationen von Petr Moudrý und Karel Toman
Graphische Gestaltung von Karel Drchal
Umschlaggestaltung von Andreas Dorn
Deutsche Bearbeitung von Harald Fritsch

© 1998 AVENTINUM NAKLADATELSTVÍ, s.r.o., Prag

Alle Rechte an der deutschen Ausgabe bei Karl Müller Verlag,
Danziger Str. 6, D-91052 Erlangen

ISBN 3-86070-773-06
Printed in the Czech Republic
2/17/02/52-01

INHALT

I Die Geschichte von Wilhelm Tell, von der Legende in die Zeit Ende des 13. oder Anfang des 14. Jahrhunderts gelegt, festgehalten auf einer Schießscheibe von 1830

Wollten die Menschen ein entferntes Ziel erlegen oder bekämpfen, so besaßen sie zu Anfang keine andere Möglichkeit, als einen Stein oder einen anderen Gegenstand mit den eigenen Händen zu werfen. Eine ungeheure Verbesserung, was die Reichweite, Genauigkeit und Trefferwirkung betrifft, waren Bogen und später Armbrust, ebenso jedoch verschiedene Wurfmaschinen, die das Geschoß durch sofortiges Freiwerden von angehäufter mechanischer Energie in Bewegung versetzten. Eine revolutionäre Wende bedeutete die Einführung der Feuerwaffen, bei denen die zum Transport des Geschoßes zum Ziel erforderliche Energie durch Verbrennen von Schießpulver entsteht. Das Schießpulver wurde im 7. Jahrhundert in China erfunden und in den darauffolgenden Jahrhunderten benutzte man es dort in der Ziviltechnik wie im Kriegswesen. Die ersten Feuerwaffen entstanden im 13. Jahrhundert in China und zur Herstellung des Laufs wurden Bambusstangen verwendet, die man erst später durch Metalläufe ersetzte. Inzwischen war jedoch die Kenntnis des Schießpulvers nach Europa vorgedrungen und alle weiteren Fortschritte in der Feuerwaffenentwicklung sind mit diesem Kontinent verbunden (erst im 19. Jahrhundert begannen sich neben den europäischen Erfindern auch deren Konkurrenten aus den Vereinigten Staaten von Amerika durchzusetzen).

Europa machte sich ab Mitte des 13. Jahrhunderts mit dem Schießpulver bekannt und die ältesten Feuerwaffen entstanden hier in der ersten Hälfte des 14. Jahrhunderts. Der Lauf – aus Eisen oder Bronze – stellte damals die gesamte Waffe dar. Schießpulver und Geschoß wurden über die Laufmündung eingeführt und man entzündete das Schießpulver über einen in den hinteren Laufteil gebohrten engen Kanal. Als Geschoße waren vom Bogen her die Pfeile bewährt und so verwendeten auch die ersten Feuerwaffenschützen Pfeile. Bald kamen sie allerdings darauf, daß eine Kugel – aus Stein und später aus Metall (Eisen oder Blei) – für das Schießen aus Feuerwaffen geeigneter ist. Das Laden über die Laufmündung war kompliziert und langwierig, weshalb bereits im 14. Jahrhundert die ersten Hinterlader auftauchten. Den Lauf von hinten zu laden war wesentlich einfacher, Probleme tauchten jedoch beim Abschießen auf. Die beim Verbrennen des Schießpulvers entstandenen Pulvergase breiteten sich

Luntenschloß – Außenansicht:
1 – Schloßplatte, 2 – Hahn mit Lunte,
3 – Pfanne mit Schießpulver

Luntenschloß – Innenansicht:
1 – Schloßplatte, 2 – Hahn,
3 – Abzugsstange,
4 – Abzugsstangenfeder

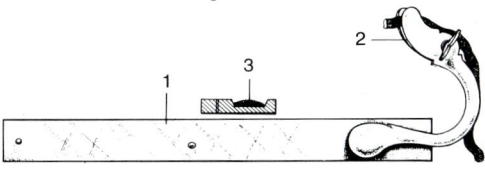

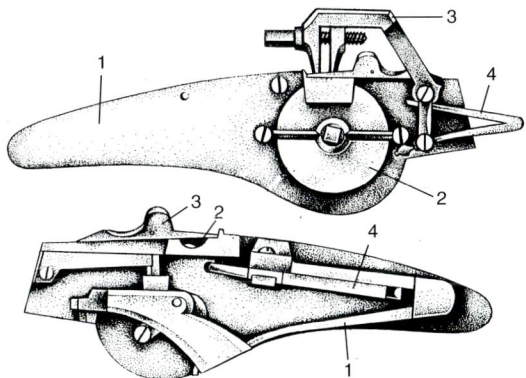

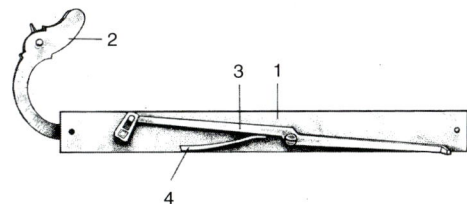

Radschloß – Außenansicht:
1 – Schloßplatte, 2 – Rad, 3 – Hahn,
4 – Hahnfeder

Radschloß – Innenansicht:
1 – Schlagfeder, 2 – Pfanne,
3 – Pfannendeckel,
4 – Abzugsstange

nach allen Richtungen aus: sie trieben das Geschoß nach vorn, entwichen aber auch durch die Undichtheiten im Verschluß und bedrohten den Schützen. Hinterlader der verschiedensten Systeme entstanden auch in den folgenden Jahrhunderten, doch erst die modernen Fertigungstechnologien ermöglichten eine vollkommene Abdichtung des Verschlusses und daher überwiegen unter den Feuerwaffen bis zur Mitte des 19. Jahrhunderts die Vorderlader völlig.

Bereits im 14. Jahrhundert gliederten sich die Waffen in zwei Hauptgruppen – in große Artilleriewaffen und in kleinere, leichtere und tragbare Waffen für einen Kämpfer. Anfangs waren diese persönlichen Waffen lediglich verkleinerte Ausführungen der großen Geschütze und erhielten daher die Bezeichnung „Handrohre". Noch im 14. Jahrhundert kommt bei ihnen jedoch ein hölzerner Schaft auf, der eine bessere Handhabung der Waffen ermöglichte. Zunächst handelte es sich um an einer Tülle am Lauf-

II Schießstand auf einer Schießscheibe aus dem Jahr 1791

III Jagdszene auf einer Schießscheibe aus dem Jahr 1792

ende aufgesetzte Stangen, später dehnt sich der Schaft auch bis unter die Waffe aus und bildet das Bett zur Aufnahme des Laufs. Der Zündkanal mündete zuerst auf der oberen Lauffläche in einer schüsselförmigen Vertiefung – der Pfanne –, in die vor dem Schuß Schießpulver geschüttet wurde. Nach dessen Entzünden schlug die Flamme durch die Bohrung des Zündkanals in den Lauf und zündete dort die Pulverfüllung. Bald verschob sich allerdings dieses Zündloch mit der Pfanne von der oberen Fläche auf die rechte Laufseite.

Das Schießpulver wurde ursprünglich mit einem glühenden Stück Eisendraht entzündet, später mit einer in der Hand des Schützen gehaltenen Lunte. Zu einem bedeutenden Fortschritt kam es im 15. Jahrhundert, als das Luntenschloß konstruiert wurde (Schloß ist die Bezeichnung für den Schlag- und Abzugsmechanismus einer Waffe, der seinen Namen von den Schlossern erhielt, die diesen Teil herzustellen begannen, nicht

IV Jagdszene auf dem Deckel einer Holzkassette aus der ersten Hälfte des 18. Jahrhunderts

jedoch etwa davon, daß er irgendeine Schließfunktion hätte). Die Lunte wurde in den Backen des Hahns eingeklemmt und beim Drücken des Abzugs klappte der Hahn mit der brennenden Lunte auf die Pfanne mit dem Schießpulver. Das Abfeuern der Waffe war somit mechanisiert, der Schütze mußte nicht mehr das Entzünden des Pulvers verfolgen und konnte sich ausschließlich dem Beobachten des Ziels widmen, auf das er schoß. Infolge dessen tauchten an den Feuerwaffen Visiereinrichtungen – Kimme und Korn – auf, die ein besseres Zielen ermöglichten. Es kommen auch weitere Verbesserungen hinzu – die Waffenläufe werden verlängert und anstelle des früheren mehlförmigen Schießpulvers setzt sich gekörntes Pulver von besserer Qualität durch.

Das Grundprinzip der Luntenschlösser war gleich, allerdings entstanden verschiedene Varianten, die sich im Abzugstyp, der Unterbringung des Hahns sowie in weiteren Details unterschieden. Eine wesentliche Abart war das um 1500 aufkommende sog. Schwammschloß. Bei ihm lief der Hahn nicht in Lippen aus, die die Lunte festhielten, sondern in ein Röhrchen, in dem ein Stück Zunderschwamm steckte. Dieses mußte vor jedem Schuß neu angezündet werden.

Um das Jahr 1500 entstand jedoch auch ein völlig neuer Abfeuerungsmechanismus – das Radschloß. Es benötigte keine brennende Lunte mehr, die durch Witterungsunbilden (Regen, Wind) gefährdet war, denn die zum Entzünden des Schießpulvers notwendigen Funken brachte es durch seine eigene Tätigkeit hervor. Die Spannfeder am Rad, der typischste Bestandteil, von dem sich die Benennung des Schlosses ableitete, mußte vor dem Schuß mit einem besonderen Schlüssel aufgezogen werden, wodurch die Schlagvorrichtung gespannt wurde. Mit Betätigen des Abzugs wurde der Mechanismus gelöst, das Rad drehte sich und die Reibung seiner rauhen Oberfläche am Feuerstein zwischen den Hahnlippen brachte Funken hervor, die das Schießpulver entzündeten.

Das Radschloß war ein verhältnismäßig kompliziertes Bauteil, anspruchsvoll in der Fertigung und teuer. Mitte des 16. Jahrhunderts kam ein anderer, einfacherer Auslösemechanismus auf, der ebenfalls durch eigene Bewegung die erforderlichen Funken erzeugte – das Steinschloß. Während beim Radschloß der Hahn fest stand und sich das Rad drehte, bewegt sich beim Steinschloß nach Betätigen des Abzugs der Hahn mit dem Feuerstein und die Funken werden durch einen Schlag auf den über der Pfanne befindlichen Feuerstahl hervorgerufen. Das Steinschloß ersetzte nicht völlig das ältere Radschloß und im 17. Jahrhundert werden beide Systeme (und bei Kriegswaffen auch noch das Luntenschloß) nebeneinander verwendet. In Mitteleuropa überdauert die Vorliebe für das Radschloß bis tief in die zweite Hälfte des 18. Jahrhunderts.

V Jagdszene auf einem Bild aus dem 18. Jahrhundert

VI Zeitgenössische Darstellung der Kämpfe der Franzosen mit den Österreichern im Jahr 1799

Während der langen Periode seiner Existenz entwickelte und vervollkommnete sich das Radschloß und es entstanden mehrere Varianten. Die Spannfeder, anfangs an der Außenseite des Schlosses befindlich, verschob sich nach innen, so daß das Rad, das ursprünglich aus der Schloßplatte ragte, später vollständig hinter ihr verborgen blieb. Um den Hahn besser handhaben zu können, erhielt er einen Daumenhebel, und in späteren Zeiten ist der Hahn meist völlig von einer Zierkappe verdeckt. Es kommt auch zu weiteren Änderungen des Radschlosses und zu Spezialvarianten dieses Systems (z.B. dem wasserdichten Radschloß).

Eine noch wesentlich größere Variabilität weisen dann die Steinschlösser auf, wobei sich die einzelnen Typen danach unterscheiden, ob die Schlagfeder an der Außen- oder an der Innenseite der Schloßplatte befestigt ist, ob der Feuerstahl und der Pfannendeckel zwei Einzelteile sind oder ein einziges gemeinsames Teil (die sogenannte Batterie) sowie nach weiteren Details. In manchen Sprachen unterteilt man diese Schlösser in zwei Gruppen mit unterschiedlichen Namen, im Deutschen „Schnappschloß" und „Steinschloß", im Englischen „Snaphance" und „Flintlock". In anderen Ländern kam es in der Vergangenheit zu keiner derartigen terminologischen Unterscheidung und die Unterschiede zwischen beiden Gruppen sind (meiner Meinung nach) nicht so wesentlich, daß sie eine abweichende Bezeichnung erfordern würden.

Die einzelnen Steinschloßvarianten werden nach den Gebieten benannt, in denen sie entstanden oder in denen sie überwiegend verwendet wurden. Und so gibt es z.B. holländische, englische, schottische, skandinavische, römische („alla romana"), florentinische („alla fiorentina") u.a. Schlösser. Die vollkommenste Variante wurde ein Schloß, daß Anfang des 17. Jahrhunderts in Frankreich wahrscheinlich von Marin le Bourgeoys konstruiert und das sich ab Mitte des 17. Jahrhunderts fast überall durch-

VII Zeitgenössische Darstellung der Kämpfe der Franzosen mit den Russen im Jahr 1812

setzte. Das ist das eigentliche Steinschloß, dem in den folgenden Jahrhunderten im größeren Maß nur das katalanische Schloß (auch spanisches Schloß, Miquelet oder Patilla genannt) konkurrierte, in bestimmten Regionen auch einige andere Schlösser (z.B. das Florentiner). Darüber hinaus entstanden auch bei den Steinschlössern einige spezielle Varianten dieses Systems, z.B. das innere Steinschloß.

Eine neue Etappe in der Entwicklung der Feuerwaffen war mit der Entdeckung des Knallpulvers verbunden, das sich durch Schlag entzündete. Die Bemühungen, das Schießpulver durch Knallpulver als Treibmittel für die Geschoße zu ersetzen, schlugen zwar fehl, doch zeigte sich, daß das Knallpulver erfolgreich zum Entzünden des Schießpulvers eingesetzt werden kann, womit die Notwendigkeit entfiel, zu diesem Zweck Funken zu schlagen. Der Hahn mit dem Feuerstein wurde bei den neuen Schlössern durch einen auf das Knallpulver schlagenden Hahn (Schlaghammer) ersetzt. Das erste Schloß dieses Typs baute im Jahr 1807 der schottische Geistliche A. Forsyth. Das Knallpulver befand sich in einem flaschenförmigen Behälter, doch entstanden bald auch andere Konstruktionslösungen mit Knallmischungen in Form von Kügelchen, Pillen u.a. Diese frühen Varianten werden als chemische Schlösser bezeichnet und wichen ab den zwanziger Jahren des 19. Jahrhunderts dem Perkussionsschloß oder auch Schlagschloß, bei dem das mit Knallpulver gefüllte Zündhütchen auf einen Piston aufgesetzt wurde. Die Ära der Perkussionswaffen währte bis in die sechziger Jahre des vorigen Jahrhunderts und trotz der relativen Kürze dieses Zeitraums entstanden auch hier verschiedene Spezialvarianten der Perkussionsschlösser.

Der Hauptnachteil der Vorderlader war nicht ihre geringe Wirksamkeit oder Treffergenauigkeit, sondern das langwierige Laden und die sich daraus ergebende geringe Feuergeschwindigkeit. Seit dem 15. Jahrhundert bemühten sich daher die Büchsen-

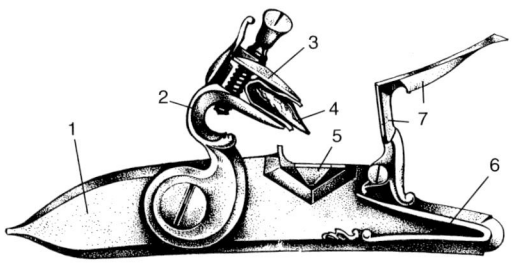
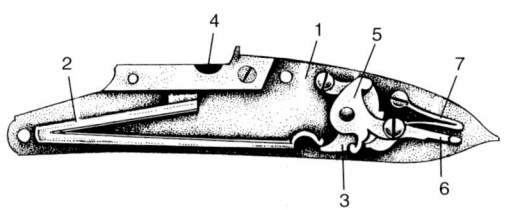

Steinschloß – Außenansicht:
1 – Schloßplatte, 2 – Hahn,
3 – obere Hahnlippe,
4 – Feuerstein, 5 – Pfanne,
6 – Batteriefeder, 7 – Batterie
(Feuerstahl mit Pfannendeckel)

Steinschloß – Innenansicht:
1 – Schloßplatte, 2 – Schlagfeder,
3 – Nuß, 4 – Pfanne, 5 – Studel,
6 – Abzugsstange,
7 – Abzugsstangenfeder

macher immer wieder um die Konstruktion von Hinterladern und sogar von mehr-schüssigen Waffen. Es entstand eine Vielzahl verschiedener Konstruktionen, doch stand ihrer Vollkommenheit der damalige Stand der Produktionstechnologie im Wege. Die technische Entwicklung im 19. Jahrhundert ermöglichte bereits die Erzeugung zu-verlässiger Perkussionshinterlader, doch der Impuls für einen weiteren wesentlichen Fortschritt der Feuerwaffen mußte aus einer anderen Richtung kommen – aus dem Ge-biet der Munition.

In allen bisherigen Feuerwaffen wurden das Geschoß, das Schießpulver und das Mit-tel zu dessen Entzündung gesondert geladen. Im 17. und 18. Jahrhundert gab es zwar bereits insbesondere beim Militär verwendete Patronen, bei denen sich in einer Pa-pierhülle das Geschoß und eine abgemessene Pulvermenge befanden. In die Waffe wurden die einzelnen Bestandteile der Munition jedoch nacheinander, gesondert ge-laden. Erst im 19. Jahrhundert begann man Einheitspatronen zu verwenden, die als Ganzes auf einmal in die Waffe geladen wurden. Die Patronenhülse, die Geschoß, Pul-ver und Zündkapsel verband, war ursprünglich aus Papier, verbrannte beim Schuß und verhinderte nicht das Ausbreiten der Pulvergase in alle Richtungen. Die spätere me-tallene Patronenhülse erfüllte bereits zusätzlich eine Abdichtfunktion gegen das Ent-weichen der Gase, es entstand bei ihr jedoch ein neues Problem – die Notwendigkeit, die leergeschossene Patronenhülse aus der Waffe zu entfernen.

Die erste Einheitspatrone, die in großem Umfang Verbreitung fand, war die Lefau-cheux-Patrone, bei der es zum Entflammen des Zünders nach dem Aufschlagen des Hahns auf einen Stift kam, der seitlich aus der Patrone hervorragte. Die ersten Lefau-cheux-Patronen aus den dreißiger Jahren des 19. Jahrhunderts hatten noch eine Pa-pierhülse, ab Mitte des Jahrhunderts wurden bereits Ganzmetallpatronen verwendet.

Perkussionsschloß – Außenansicht: 1 – Hahn,
2 – Hahnsicherung, 3 – Piston,
4 – Schloßplatte

Perkussionsschloß –
Innenansicht: 1 – Schloßplatte,
2 – Schlagfeder, 3 – Studel, 4 – Nuß, 5 –
Abzugsstange,
6 – Abzugsstangenfeder

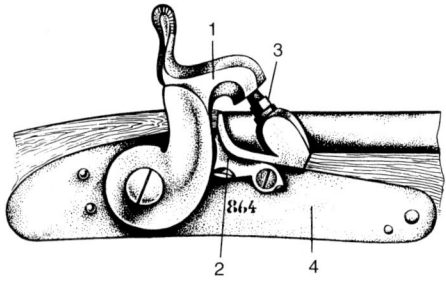

VIII Jagdszene auf einem Stich von 1841

Mitte des 19. Jahrhunderts entsteht auch die Flobert-Patrone, die am Rand des Hülsenbodens einen Zünd- und gleichzeitig Treibsatz in ausreichender Menge für das Schießen auf kurze Entfernungen besaß (Schießpulver wurde in dieser Patrone nicht verwendet). Und bereits in den fünfziger und sechziger Jahren des vorigen Jahrhunderts kommt eine Reihe von Einheitspatronen mit Metallhülse und Rand- oder Zentralzündung auf.

Der preußisch-österreichische Krieg 1866, in dem die Österreicher mit Vorderladern kämpften und die Preußen mit von hinten geladenen Dreyse-Zündnadelgewehren (noch mit einer Einheitspatrone ohne eigene Abdichtung) brachte definitiv das Ende der Vorderlader. Nach diesem Krieg setzen sich eindeutig zunächst einschüssige Hinterlader und bald darauf auch Repetiergewehre verschiedenster Konstruktion durch. Noch vor dem Ende des 19. Jahrhunderts kamen auch die ersten automatischen Waffen auf – schwere Maschinengewehre und Selbstladepistolen; das über Jahrhunderte verwendete Schwarzpulver wurde durch rauchloses Pulver ersetzt. Die Waffensysteme des ausgehenden 19. Jahrhunderts werden im wesentlichen bis heute verwendet. Selbstverständlich werden sie ständig weiter vervollkommnet, es setzen sich neue Gedanken und verschiedene Verbesserungen durch, doch die heutigen Handfeuerwaffen gehen von der Basis aus, die hier bereits vor einhundert Jahren entstand.

Von der Wirksamkeit der Waffe hing oft das Leben ihres Benutzers ab – sei er nun Soldat oder Jäger – und ihre Zuverlässigkeit wurde deshalb strenger beurteilt als bei anderen Erzeugnissen. Die Feuerwaffen gehören daher zu den ersten vom Hersteller markierten Gegenständen, der damit ihre Qualität garantiert, und zu den ersten einer Prüfung unterliegenden Produkten. Die Anforderungen an die Bewaffnung zahlenstarker Armeen führten zur Serienfertigung von Militär- und später auch Jagdwaffen. In den großen Waffenfabriken setzen sich dann nach und nach völlig vernachlässigbare Herstellungstoleranzen durch, die beim gleichen Modell die gegenseitige Austauschbarkeit von Teilen aus verschiedenen Waffen ermöglicht. Bei den Handfeuerwaffen wurde zum ersten Mal dieser Grundsatz angewandt, der heute als selbstverständlich auch bei Erzeugnissen aus vielen anderen Gebieten gilt.

1

Eisenlauf [1], um 1375

Kapitel 1   Die Periode von 1300 bis 1500

In den ersten beiden Jahrhunderten ihres Bestehens waren die Feuerwaffen ausschließlich eine militärische Angelegenheit, da ihre technische Unvollkommenheit eine andere Verwendung – zum Beispiel für die Jagd – nicht ermöglichte. Auch im Kriegswesen war zu Beginn ihre Rolle stark eingeschränkt. Der glühende Eisendraht, mit dem die Waffe abgefeuert wurde, kühlte rasch aus und der Schütze mußte Feuer zur Verfügung haben oder – was häufiger der Fall war – ein Kohlebecken, in dem er das Eisen glühend hielt. Die Feuerwaffen konnten damals also nur von einem festen Standort aus benutzt werden und dienten vor allem zur Eroberung von Burgen und Städten oder umgekehrt zu deren Verteidigung.

Die glimmende Lunte, die den Eisendraht in der Hand des Schützen ersetzte, war bereits besser tragbar und so konnten die Feuerwaffen auch auf dem Schlachtfeld eingesetzt werden. Dann vereinfachte das Luntenschloß die Verwendung der Waffen weiter. Auch die Gewehre mit Luntenschloß waren fast ausschließlich militärische Waffen, wenn auch in geringem Umfang zivile Exemplare für

Schütze mit Hakenbüchse, um 1430

die Jagd oder das Scheibenschießen entstanden. Scheibenbüchsen waren vor allem mit Schwammschlössern ausgestattet, denn auf dem Schießstand störte es nicht, daß man vor jedem Schuß den Schwamm erneut anzünden mußte. Diese Waffen treten jedoch erst gegen 1500 auf. Letztendlich fanden auch die Luntenschloßgewehre, die bereits im 15. Jahrhundert entstanden, erst im folgenden Jahrhundert im größeren Maßstab Verbreitung.

Die Feuerwaffen als neues, bis dahin unbekanntes Produkt wurden zunächst von jenen Handwerkern angefertigt, die hierzu die besten Voraussetzungen besaßen. Die Bronzeläufe wurden von Glockengießern gegossen, die Eisenläufe von Schmieden angefertigt. Mit steigender Nachfrage entsteht dann der Beruf des Büchsenmachers, der sich ausschließlich mit der Herstellung von Feuerwaffen beschäftigt.

Noch in der Vorluntenzeit begannen sich auch die militärischen Handwaffen zu differenzieren. Um 1400 kommen die Hakenbüchsen auf, die an der Laufunterseite mit einem Haken ausgestattet sind, der die Waffe an der Wehrmauer, am Schild oder einer anderen festen Stütze festhält. Sein Hauptzweck war die Verringerung des Rückstoßes und die Erzielung einer größeren Treffergenauigkeit. Die Militärwaffen spezialisieren sich weiter nach Zweckbestimmung, Ausmaß, Kaliber und anderen Gesichtspunkten. Trotz der anfänglichen Unvollkommenheit hatte die Verwendung von Feuerwaffen unabsehbare Folgen. Sie beeinflußte gravierend die folgende Entwicklung im Militärwesen und bedeutete das Ende der ritterlichen Hegemonie auf den mittelalterlichen Kriegsschauplätzen. Allerdings war dies ein langfristiger Prozeß, der durch die ersten primitiven Feuerwaffen lediglich in Gang gesetzt wurde.

Schütze mit leichter Pfeifenbüchse, um 1450

Kal. (= Kaliber) 39 mm, L. (= Länge) 495 mm

Der zylindrische Messinglauf mit drei Ringen endet in einer zylindrischen Tülle mit zwei Öffnungen für die Fixierungsnägel. Mit diesen wurde der Lauf an einem stangenförmigen Holzschaft befestigt. Höchstwahrscheinlich wurde die Waffe in Nürnberg hergestellt, dessen Spezialität in der zweiten Hälfte des 14. Jahrhunderts die Fertigung von Messingläufen war. Vor 1945 befand sich in der Sammlung des Berliner Zeughau-

2

ses ein Lauf, der in Ausmaßen und Ausführung fast völlig mit dem abgebildeten Stück übereinstimmte, das sich vor 1945 in Westböhmen auf dem Schloß Poběžovice (Ronsberg) befand. Diese beiden Waffen gleichen Typs mußten aus einer Werkstatt stammen. Unterschiede zwischen ihnen bestanden lediglich im verwendeten Material (die Berliner Waffe war aus Bronze mit starkem Kupferanteil) und im Gewicht (das Berliner Stück wog 8,5 kg, das abgebildete Exemplar nur 5 kg). Die Gewichtdifferenz ergab sich aus dem unterschiedlichen Material sowie aus einer größeren Wandstärke beim Lauf der schwereren Waffe.

Erst im 14. Jahrhunden erwarben die Büchsenmacher Erfahrungen mit der Herstellung der neuen Waffen, was sich in ihrer Form niederschlug. Die Mündungskränze sollten zweifellos zur Verstärkung des Laufes dienen. Der Zündkanal, bei den ältesten Waffen stets auf der Laufoberseite, mündet in eine einfache, mäßig trichterförmige runde Pfanne.

3

Bronzelauf [3]   *um 1340*

Kal. 36 mm, L. 300 mm

Die älteste erhaltene Feuerwaffe befindet sich heute im schwedischen Staatlichen historischen Museum in Stockholm und ist als „Loshult-Büchse" bekannt. Der Name stammt von der Gemeinde Loshult, bei der die Waffe im Jahr 1861 gefunden wurde.
   Einige Fachleute verlegen die Entstehung der Waffe sogar in die Zeit um 1330. Nach dem Zweiten Weltkrieg wurde das Metall untersucht, aus dem der Lauf hergestellt wurde und aufgrund dieser Analyse ist es wahrscheinlich, daß es sich um ein Material handelt, das aus dem heutigen slowakischen Gebiet stammt. Diese Feststellung bestimmt lediglich den Ursprung des Metalls und bedeutet nicht, daß die Waffe dort auch angefertigt wurde.

Eisenlauf [1]   *um 1375*

Kal. 28 mm, L. 372 mm

Der geschmiedete, achteckige Lauf mit verstärkter Kammer und rundem Mündungskranz zeigt die Bemühungen in der Frühzeit des Büchsenmacherhandwerks, die günstigste Form der Feuerwaffen zu finden. Von den geringen Erfahrungen und dem Mißerfolg des Herstellers zeugt der beim Schuß zerrissene Lauf. An der Waffe sehen wir bereits eine Herstellersignierung (gekreuzte Hämmer), das Zielkreuz auf der Oberseite diente zugleich als Pfanne.

4

Kal. 25 mm, L. 263 mm

Ein Beispiel für eine leichte, gut tragbare Feuerwaffen ist dieser kurze Bronzelauf, der erst vor kurzem bei archäologischen Ausgrabungen in Kutná Hora gefunden wurde. In Kutná Hora (Kuttenberg) wurden ab dem 13. Jahrhundert reiche Silbergruben ausgebeutet, es entstand hier eine königliche Münze und so war die Stadt damals nach Prag die zweitwichtigste im Königreich Böhmen. Es entsteht auch eine Waffenproduktion, der abgebildete Lauf wurde jedoch nie verwendet. Es handelt sich um ein fehlerhaftes Gußstück, das unvollendet blieb. Wir wissen nicht, weshalb es erhalten blieb und warum man das Metall nicht zur Wiederverwendung eingeschmolzen hat, wie es damals üblich war (es ist ein Fall bekannt, daß man das Metall von funktionstüchtigen, allerdings veralteten Waffen für eine städtische Wasserleitung verwendete).

Kal. 19 mm, L. 738 mm

Die zweifache Laufverstärkung im mittleren und hinteren Teil ging von empirischen Erkenntnissen aus. Der Druck der Pulvergase ist in diesem Laufteil größer und das Material wird hier stärker belastet. Die kurze Tülle hinter dem Lauf diente zum Aufsetzen auf einen Holzschaft, der eine bessere Handhabung der über 8 kg schweren Büchse ermöglichte. Auf der oberen Lauffläche ist am Rand der zweiten Verstärkung der Buchstabe N mit durchgestrichenem Mittelbalken eingraviert. Es handelt sich um eine nachträgliche Kennzeichnung, die erst später an der Waffe ergänzt wurde, und nicht etwa um eine Herstellermarke. Der Buchstabe kann entweder den Waffenbesitzer bezeichnen oder das Zeughaus, in dem sie aufbewahrt wurde (Stadt Nürnberg?).

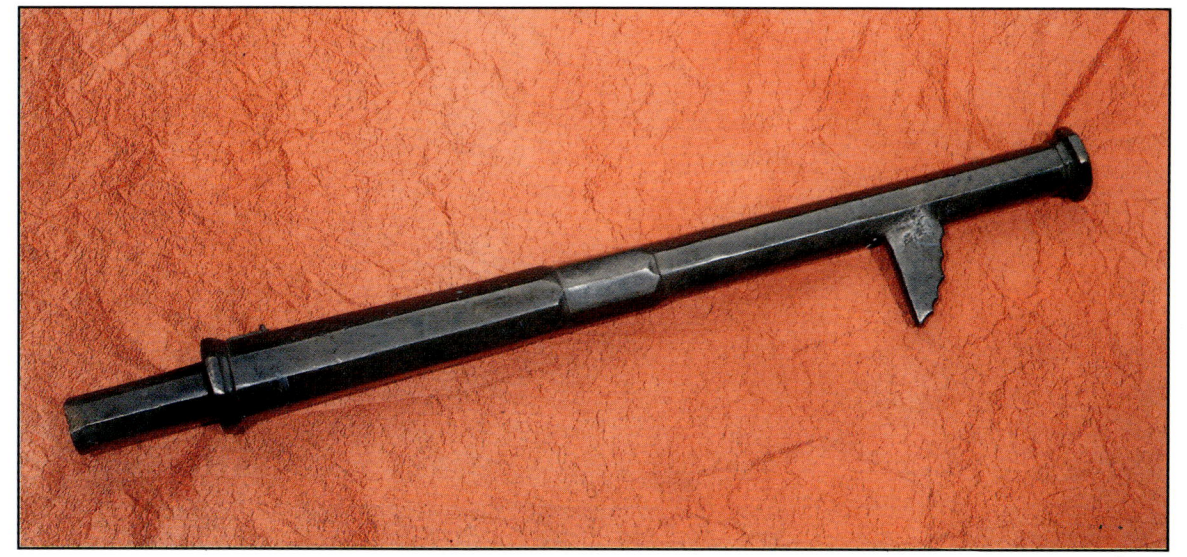

Eisenlauf [6] *um 1430*

Kal. 16 mm, L. 420 mm

Der kurze Lauf, in einer Tülle zum Aufsetzen auf einer Holzstange endend, war eine leichte, einfach zu handhabende Waffe. Das Bild zeigt eine Kopie, angefertigt nach dem im Museum von Tábor aufbewahrten Original. Die Stadt Tábor in Südböhmen entstand als Hussitenzentrum und in den Hussitenkriegen (1419–1434) wurden Waffen dieses Typs oft und erfolgreich verwendet. Der tschechische Name für diese leichte Büchse war „Píšťala" (Pfeife), woraus vielleicht die spätere Bezeichnung „Pistole" für kurze Feuerwaffen entstand (es gibt jedoch auch andere Erklärungen, die das Wort Pistole von der italienischen Stadt Pistoia, von der Geldeinheit Pistole u.ä. ableiten).

7

Eiserne Hakenbüchse [7]   *um 1425*

Kal. 36 mm, L. 410 mm (mit Schaft 1350 mm)

Auch hier stellt das Bild eine Kopie dar, die nach dem im Museum der westböhmischen Stadt Pilsen befindlichen Original angefertigt wurde. Im Unterschied zu einer Reihe von anderen Zeughäusern in den böhmischen Städten, die nach dem mißglückten Widerstandskampf gegen die Habsburger im Jahr 1547 aufgelöst wurden, blieb das Pilsener Zeughaus erhalten, denn die Stadt Pilsen blieb sowohl in diesem, als auch in anderen Konflikten stets dem Herrscher treu (auch später, als man die Zeughäuser als überflüssig abschaffte, blieb zum Glück die veraltete Bewaffnung in Pilsen erhalten und konnte so im 19. Jahrhundert Bestandteil der Museumssammlungen werden).

Bei dieser Waffe ist die Schaftstange nicht mehr auf eine Tülle hinter dem Lauf aufgesetzt, die Schäftung zog sich bereits auch nach vorn und bildet das Lager für den mit zwei Schellen befestigten Lauf. Die erste Schelle ist unten mit einem Haken versehen, der hier nicht Teil des Laufs ist, wie dies bei anderen Hakenbüchsen üblich war. Während die größeren und schwereren Hakenbüchsen in der Regel auf Wällen benutzt wurden, handelt es sich hier um einen leichteren Typ, der auch auf den Schlachtfeldern zum Einsatz kam. In der Ausrüstung der Hussitenarmeen befanden sich neben den leichten Pfeifenbüchsen auch ähnliche Hakenbüchsen. Beim Schießen wurde der Haken an einem Holzschild oder hinter der Wandung der Wagenburg verankert. Die Waffe ist auf der Abbildung mit dem Haken nach unten dargestellt, damit die Mündung und die obere Fläche des Laufs gut erkennbar sind.

Die Hakenbüchse besitzt einen achtkantigen Lauf, der an der Mündung in einen Kranz endet. Dieser ist – ebenso wie die beiden Laufringe – mit einem einfachen Eisenschnitt verziert.

Gewehr [8]   *um 1470 (?)*

Kal. 19,5 mm, L. 936 mm

Diese Waffe zu datieren ist schwierig. Zwar sieht der Schaft altertümlich aus, doch ist die Form des Kolbens mit einer Daumenmulde für das 15. Jahrhundert ungewöhnlich und kann frühestens aus dem 16. Jahrhundert stammen. Allerdings besitzt die Waffe keinen Schloßmechanismus, sie wurde mit einer in der Hand gehaltenen Lunte entzündet und die Pfanne mit dem Zündkanal befindet sich noch auf der oberen Fläche des Laufs. Diese Elemente bestimmen die Entstehungszeit der Waffe eindeutig mit dem 15. Jahrhundert und die Schaftgestaltung ist also offensichtlich jünger.

Bei den ältesten Feuerwaffen ohne Schloßmechanismus mußte der Schütze seine Aufmerksamkeit dem Zünden des Pulvers auf der Pfanne widmen und konnte sich so nicht voll auf das Zielen konzentrieren. Nicht selten wurde die Waffe deshalb von zwei Männern bedient: dem Schützen, der sie hielt und zielte, und dessen Helfer, der auf Anweisung des Schützen das Pulver auf der Pfanne entzündete.

8

Kapitel 2   Die Periode von 1500 bis 1650

Die Verwendung des Radschlosses bedeutete eine neue Qualität der Feuerwaffen. Sie wurden weniger abhängig vom schlechten Wetter und die geladene Waffe war ohne lange Vorbereitungen sofort schußbereit. Erst jetzt breiten sich die Feuerwaffen auch auf den nichtmilitärischen Bereich aus und man beginnt, sie bei der Jagd und zum Scheibenschießen zu benutzen. Ihre Vorteile waren so offensichtlich, daß sie im Laufe des 16. Jahrhunderts in beiden Bereichen die traditionellen Armbrüste ablösten.

Erst das Radschloß ermöglicht auch die Entstehung der ersten Faustwaffen – der Pistolen. Diese konnten verborgen getragen werden (z.B. unter der Kleidung), und dies im schußbereiten Zustand. Sie waren also hervorragend zur wirksamen persönlichen Verteidigung geeignet, jedoch ebenso zum Mißbrauch durch kriminelle Elemente. Die Probleme, die die Radschloßwaffen mit sich brachten, führten dazu, daß bald nach ihrem Erscheinen eine Reihe von Verboten, Feuerwaffen ohne Erlaubnis zu halten und zu tragen, erlassen wurde. Diese Verordnungen verhinderten allerdings weder die Herstellung, noch die rasche Ausbreitung der Feuerwaffen.

Im 16. und teilweise auch in der ersten Hälfte des 17. Jahrhunderts ist bei den Feuerwaffen das Radschloß das überwiegende System, jedoch nicht das einzige. Da es schwierig herzustellen war, verteuerte das Radschloß die Waffe deutlich und wurde bei jenen Jagd- oder Scheibenbüchsen verwendet, deren Besitzer der höhere Preis nicht störte. Beim Militär überdauerte jedoch das billigere Luntenschloß bis zum Ende des 17. Jahrhunderts und nur in der Reiterei kamen Pistolen und Karabiner mit Radschloß zur Geltung, denn das Handhaben der glimmenden Lunte auf dem Rücken eines Pferdes war denn doch weniger sicher. In beschränktem Umfang treten jedoch auch in dieser Periode Luntenschlösser und insbesondere Schwammschlösser ebenso bei Zivilwaffen auf, vor allem bei den Scheibenwaffen.

Etwa ein halbes Jahrhundert nach der Erfindung des Radschlosses tauchen die ersten Waffen mit Schnappschloß auf und in der zweiten Hälfte des 16. Jahrhunderts beginnen sie bereits mit den Radschloßgewehren und -pistolen zu konkurrieren. In England, Italien, in Skandinavien und anderswo entstehen örtliche Varianten der Schnappschlös-

Überfall (Radschloßpistole), um 1580

Zwei Pistolen mit Radschloß [9]
(rechts Nr. 31, links Nr. 37)

Musketier (Muskete mit
Luntenschloß), um 1630

ser und in der ersten Hälfte des 17. Jahrhunderts beginnt
sich aus Frankreich das französische Steinschloß auf die
übrigen europäischen Länder auszubreiten. Es sollte in
der folgenden Zeit eine dominante Rolle übernehmen und
das Radschloß von seiner führenden Position verdrängen.
Die Fertigung von Handfeuerwaffen obliegt in dieser Periode bereits speziellen Büchsenmachern, doch beteiligen
sich an ihr auch weitere Handwerker, z.B. Schäfter und
insbesondere Dekorateure, denn seitdem die Gewehre
und Pistolen zu Zivilwaffen wurden, begann man sie für
deren anspruchsvolle Besitzer auch reich zu schmücken.
Jagd- und Scheibengewehre, aber auch die Offizierswaffen, besaßen nicht nur Gebrauchswert, sondern präsen-
tierten auch ihren Inhaber und der für die Ausschmük-
kung bezahlte Preis übertraf nicht selten den Wert der
ungeschmückten Waffe selbst.

Die städtischen Büchsenmacher mußten sich in Innun-
gen vereinen, doch gab es ebenso freie Handwerker, die für
den Herrscher oder einen reichen Adligen arbeiteten. Die
Waffenqualität wurde durch die Herstellungszeichen garantiert, zunächst waren das Marken und Monogramm
des Meisters, später dessen voller Name, zumeist noch
durch den Wirkungsort des Büchsenmachers ergänzt. Die
Herstellungskennzeichnung befindet sich in der Regel am
Lauf und an der Schloßplatte.

Radschloßpistole [10]   um 1520

Kal. 11 mm, L. 380 mm

Die außenliegende Schlagfeder, der Stangenabzug an der rechten Seite und der gerade, zylindrische Holzgriff beweisen, daß die Pistole aus der Anfangszeit der Rad-
schloßwaffenherstellung stammt. Der Waffe fehlt der Hahn, der Ring an der Laufmündung diente zum Aufhängen der Pistole.

10

Drillingsgewehr mit Luntenschloß [11, 12]   *um 1500*

Kal. 9,5 mm (Büchsenläufe) und
8 mm (Pistolenläufe), L. 640 mm

Diese einzigartige Waffe ist ein
kurzes, dreiläufiges Gewehr mit
Luntenschloß, das jedoch nur
auf den oberen Lauf wirkt. Die
beiden unteren Läufe müssen
mit einer in der Hand gehaltenen Lunte abgefeuert werden.
Im Kolben befinden sich außerdem vier Pistolenläufe (mit einer Länge von 135-145 mm) mit
der Mündung in entgegengeset-
zer Richtung zu den Gewehr-
läufen. Auch diese mußten mit
der Hand abgefeuert werden.
Die Waffe stammt höchstwahrscheinlich aus Norditalien und
in den italienischen Sammlungen sind in geringer Zahl ähnliche dreiläufige Gewehre aus
der Zeit um 1500 erhalten geblieben, allerdings mit drehbaren Läufen und ohne Pistolenläufe im Kolben.

13

Bronzehakenbüchse [13, 14]   *um 1530*

Nürnberg, Kal. 21 mm, L. 997 mm

Auf dem Lauf befindet sich oben das Wappen der Hohenzollern und die sichtbar jüngeren, nachträglich eingravierten Buchstaben „hk" mit der Jahreszahl 1565. Die Hohenzollern waren Nürnberger Burggrafen und Markgrafen von Ansbach. Im Ansbacher Museum befindet sich heute eine identische Hakenbüchse (einschließlich der Verzierung), die mit 1529 datiert ist. Beide Waffen stammen unbestritten aus der gleichen Werkstatt, offenbar eines Nürnberger Meisters. Das dargestellte Stück konnte in Süddeutschland erbeutet worden sein (z.B. während des zweiten Markgrafenkrieges

14

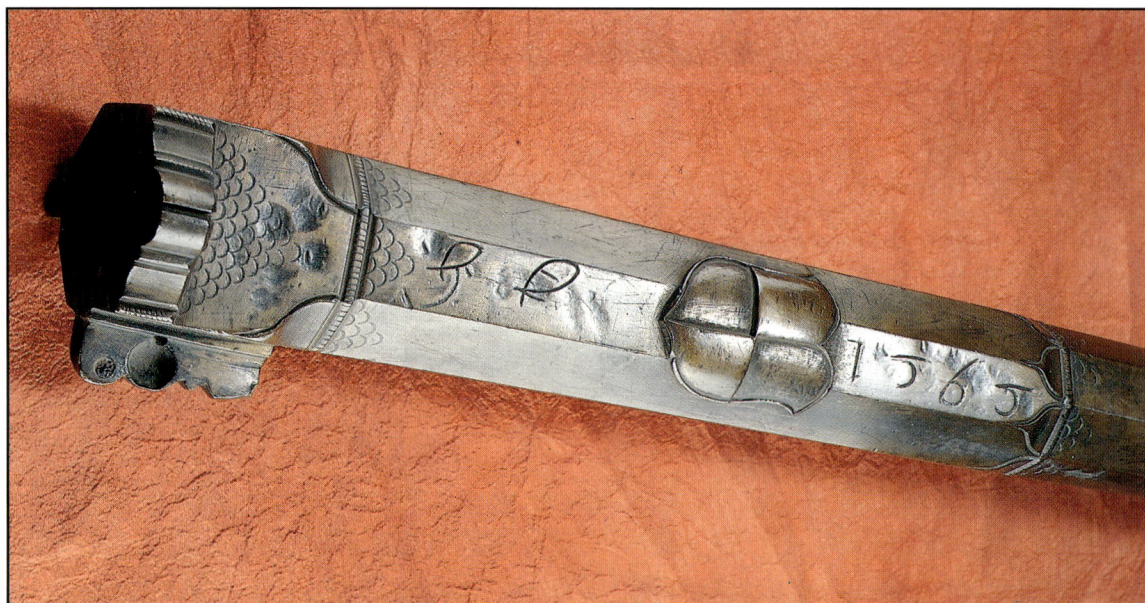

1552–1553) und die zusätzliche Kennzeichnung „hk 1565" kann das Monogramm des neuen Besitzers sein.

Büchse mit Radschloß [15, 16]   *1544*

Niederlande, Kal. 15 mm, L. 1246 mm

Auf dem Lauf mit geschwärzter Oberfläche mit einem mit Gold inkrustierten Pflanzen-ornament ist auch das Wappen der Medici und die Aufschrift COSMS MEDIES/REI-PIES.FLORE DUX zu erkennen. Der in einem abgewinkeltem Kolben endende Schaft ist völlig mit Elfenbeinplatten mit Reliefschnitt ausgelegt. Die Schmuckmotive sind Jagdszenen (Hirschtreibjagd, Hasenjagd, Büchsen- und Armbrustschützen), Kriegsgott Mars, Göttinnen auf Wagen, ein Maskaron u.a. In der Kartusche ist die Jahreszahl 1544 angegeben, das Wappen der Medici ist vom Orden vom Goldenen Vlies umgeben. An der Radachse ist ein kurzer Schlüssel zum Spannen der Schlagvorrichtung befestigt. Die Büchse gehörte offenbar Cosimo I. (1519–1574), ab 1537 Herzog von Florenz. Den Orden vom Goldenen Vlies erhielt er 1556 und dieses Motiv wurde dem Wappen der Medici im Schmuck der 12 Jahre früher hergestellten Waffe nachträglich beigefügt.

15

16

17

Pistole mit linksseitigem Radschloß [17, 18]

1551

Deutschland, Kal. 13 mm, L. 530 mm

Die am Lauf und auf der Schloßplatte mit 1551 datierte Pistole hat ein auf der linken Seite angebrachtes Schloß. Meist hatten die für Linkshänder bestimmten Waffen Schlösser auf der entgegengesetzten Seite als üblich, bei einer Pistole ist es jedoch wahrscheinlicher, daß es sich um eine Waffe aus einem Paar handelt, in dem eine Pistole ein rechtes Schloß und die andere ein linkes hatte. Diese Lösung war insbesondere bei paarweisen Reiterpistolen üblich.

18

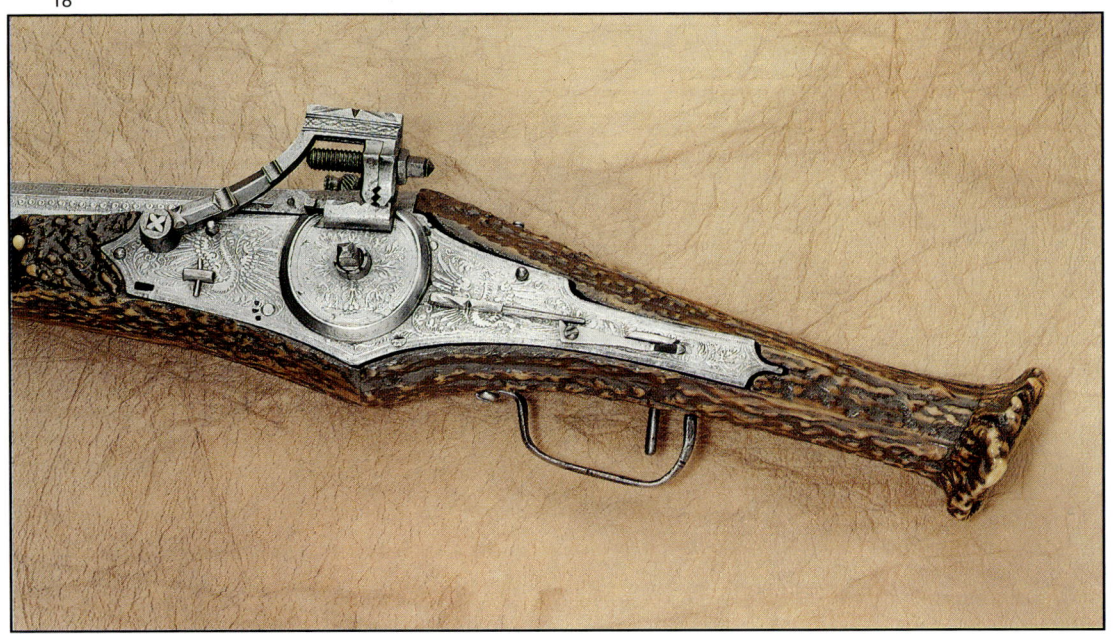

Die Schloßplatte ist mit Ätzungen geschmückt – Adler, Vogel, Blattwerk, die deutsche Aufschrift am Lauf hat religiösen Inhalt. Interessant ist auch, daß der Schaft weder aus Holz besteht, noch aus Eisen, was bei den deutschen Pistolen im 16. Jahrhundert auch recht verbreitet war, sondern aus Hirschgeweih.

Bockpistole mit zwei Radschlössern [19]   *um 1550*

Wolf Danner und Hans Stopler d.Ä., Nürnberg, Kal. 10 mm, L. 730 mm

Die Pistole mit zwei Läufen übereinander sowie mit zwei Radschlössern (mit gegenüberliegenden Hähnen) hat einen reich mit weißem Bein ausgelegten Schaft. Unter den Ziermotiven sind männliche und weibliche Figuren, Pflanzenornamente, Füchsen und Hasen nachjagende Hunde u.a. Der Haken auf der linken Seite der Pistole diente zum Befestigen der Waffe am Gürtel.

An der Laufoberseite ist das Zeichen einer Schlange zwischen den Buchstaben WD zu erkennen, was die Meistermarke des Nürnberger Büchsenmachers Wolf Danner war, der ab 1537 bis zur ersten Hälfte der fünfziger Jahre des 16. Jahrhunderts erwähnt wird (im Jahr 1541 lieferte er seine Waffen auch dem schwedischen König). Die Schloßplatte ist mit einem Sporn markiert, der Meistermarke von Hans Stopler dem Älteren, der ab 1547 in der Literatur erscheint. Im Jahr 1551 wurde er Bürger von Nürnberg und starb vor 1570.

19

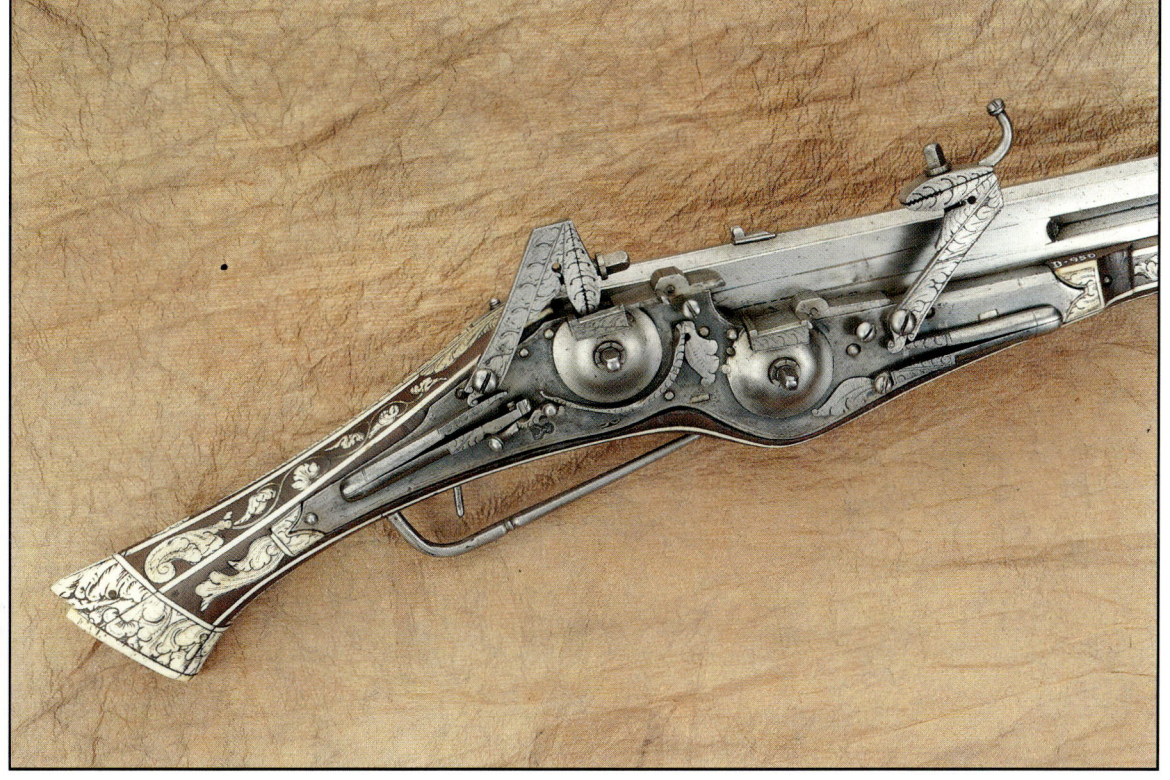

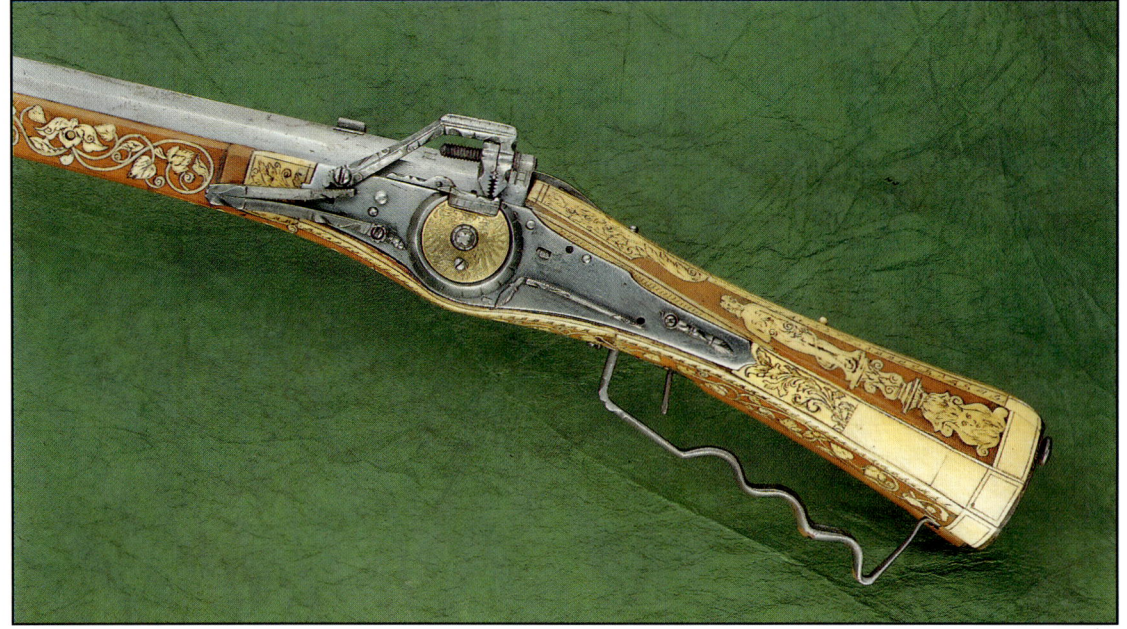

20

Radschloßbüchse [20]   *1558*

Meister ML, Deutschland, Kal. 14 mm, L. 1930 mm

Der Lauf ist mit 1558 datiert und mit den Buchstaben ML sowie einem Menschenkopf in einer Kartusche gekennzeichnet. Diese Markierung eines bislang noch nicht festgestellten Herstellers ist auch von anderen Büchsen deutschen Ursprungs bekannt, die man bisher in die Jahre 1577–1585 einordnet. Es handelt sich um eine typische Linkshänderwaffe, bei der Schloßplatte und Wangenblech sich auf den entgegengesetzten Seiten wie sonst üblich befinden. Die Büchse ist auch durch ihre erhebliche Länge (fast 2 m) bemerkenswert. Der Lauf ist reich mit weißem Bein und Perlmutt ausgelegt.

Radschloßbüchse [21, 22, 23]   *um 1550*

Kal. 11,5 mm, L. 1005 mm

21

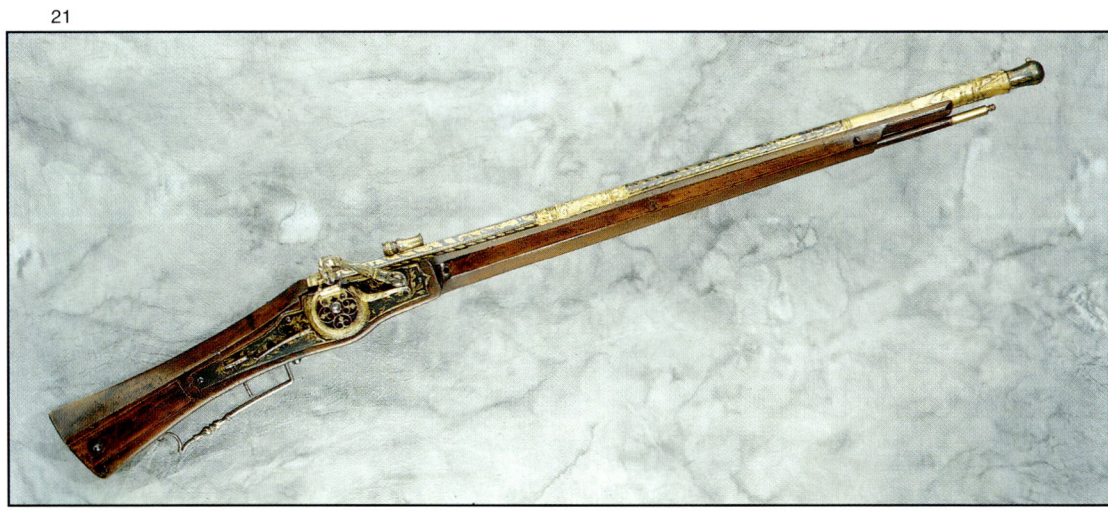

Die Entstehungszeit der unmarkierten und undatierten Büchse läßt sich nach dem Schloßtyp sowie einigen weiteren Details mit Mitte des 16. Jahrhunderts oder noch älter – in den vierziger Jahren dieses Jahrhunderts – bestimmen. Lauf und Schloß sind mit Vergoldungen auf schwarzem Untergrund (Blattwerk, geometrische Ornamente, Ungeheuer) reich verziert. Der hintere Laufteil ist kantig, der vordere zylindrisch, an der Mündung verstärkt und in Form eines Drachenkopfes gestaltet. Die Waffe hat ein Röhrenvisier, das eher bei Scheibenbüchsen als bei Jagdgewehren üblich war. Der ungeschmückte Schaft ist mit einer Lade im Kolben ausgestattet, die zur Aufbewahrung von Geschossen, Geschoßpflastern usw. verwendet wurde.

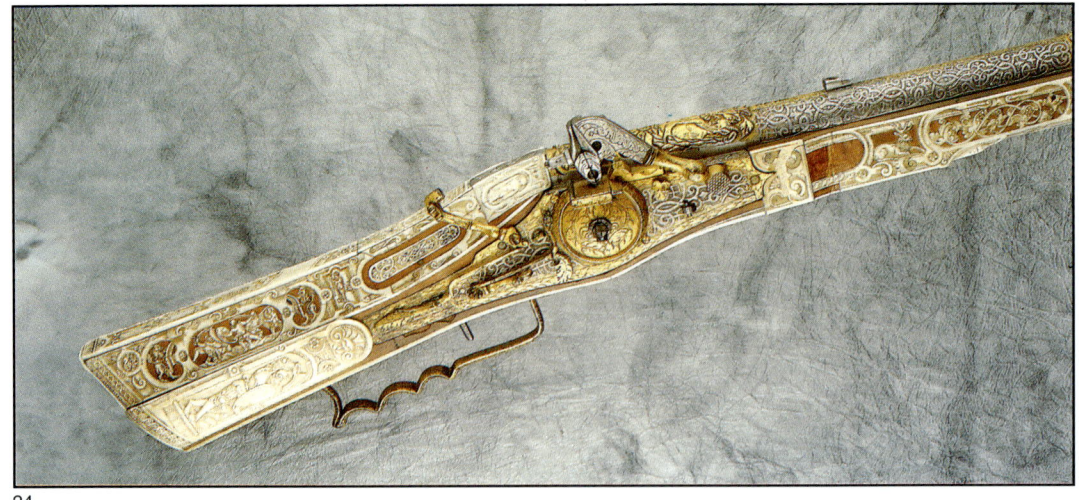

24

Büchse mit Rad- und Schwammschloß [24, 25, 26] *um 1560*

25

26

Süddeutschland, Kal. 14,5 mm, L. 1275 mm

Die Büchse hat ein kombiniertes Rad- und Schwammschloß, was es ermöglichte, bei Versagen eines Systems die Waffe mit Hilfe des anderen abzufeuern. Vor allem fällt sie jedoch durch ihren reichen Schmuck in verschiedenen Techniken (Schnitt, Gravierung, Intarsien, Ziselierung) und unterschiedlichem Material (Gold, Elfenbein, Ebenholz und weitere) auf. Den Lauf zieren u.a. eine Szene mit dem Teufel, der Eva verführt, am Schaft befinden sich Motive aus dem Leben des Herkules, Kampfszenen u.ä. Auf dem Lauf ist am Visier zweimal eine Marke in Form eines gekrümmten Waidmessers eingeschlagen. Diese Markierung wird dem Büchsenmacher Christoph Arnold zugeschrieben, der in den Jahren 1547–1573 in Augsburg fertigte, was jedoch nicht sicher bewiesen ist.

Ganzeisen-Radschloßpistole [27, 28]   *1565*

Nürnberg, Kal. 13 mm, L. 590 mm

Ganz aus Eisen gefertigte Pistolen waren im 16. Jahrhundert ein übliches Produkt der süddeutschen Büchsenmacherwerkstätten, insbesondere in Nürnberg und Augsburg.

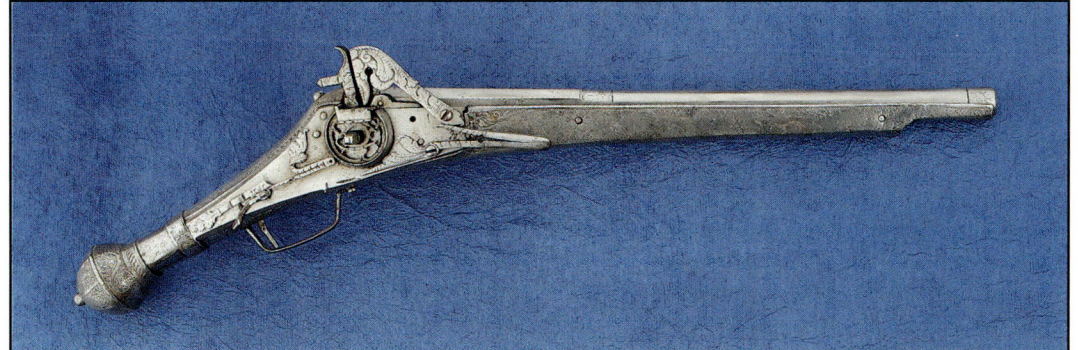

27

28

Gegenüber den Waffen mit Holzgriff hatten sie den Vorteil der geringen Beschädigungsgefahr der Waffe (Bruch des Handgriffs) und ihr Gewicht war nicht allzu groß, da der eiserne Griff hohl war. Die Griffoberfläche war in der Regel durch Ätzung verziert, bei der hier gezeigten Pistole mit pflanzlichen und geometrischen Ornamenten sowie mit Tiermotiven. Auf dem Lauf befindet sich als Marke ein Schlüssel im Schild, der auf Nürnberger Arbeiten aus den Jahren 1570–1600 erscheint, das Pistolenschloß trägt die Datierung 1565. Ein Detail dieser Pistole ist – zum Größenvergleich mit der Miniaturwaffe – auch auf Bild Nr. 38 dargestellt.

29
30

Radschloßbüchse [29, 30]   *um 1580*

Meister HB, Kal. 14 mm, L. 1675 mm

Prunkvoll verzierte Waffe aus dem deutschen Raum. Der Lauf trägt über die gesamte Länge einen Reliefschnitt mit figürlichen Darstellungen, der Schaft ist ganzflächig mit weißem Bein ausgelegt mit durchbrochenen und gestochenen pflanzlichen und geometrischen Ornamenten, mit menschlichen Figuren, Vögeln, Wild u.a. Auf der beinernen Kolbenkappe sind Figuren eingeschnitzt.

Auch das Schloß ist reich verziert, den Raddeckel schmückt ein Doppelkopfadler, zum Dekor gehört auch die Meistermarke HB im Schild über einem Hund (?). Der Besitzer dieser Markierung ist unbekannt, doch taucht seine Marke auf Gewehren und Pistolen mit Radschlössern aus den Jahren 1580–1600 auf, an deren Herstellung sich auch der Büchsenmacher Klaus Hirt aus der deutschen Stadt Wasungen beteiligte. Der Meister HB arbeitete offensichtlich im gleichen Gebiet.

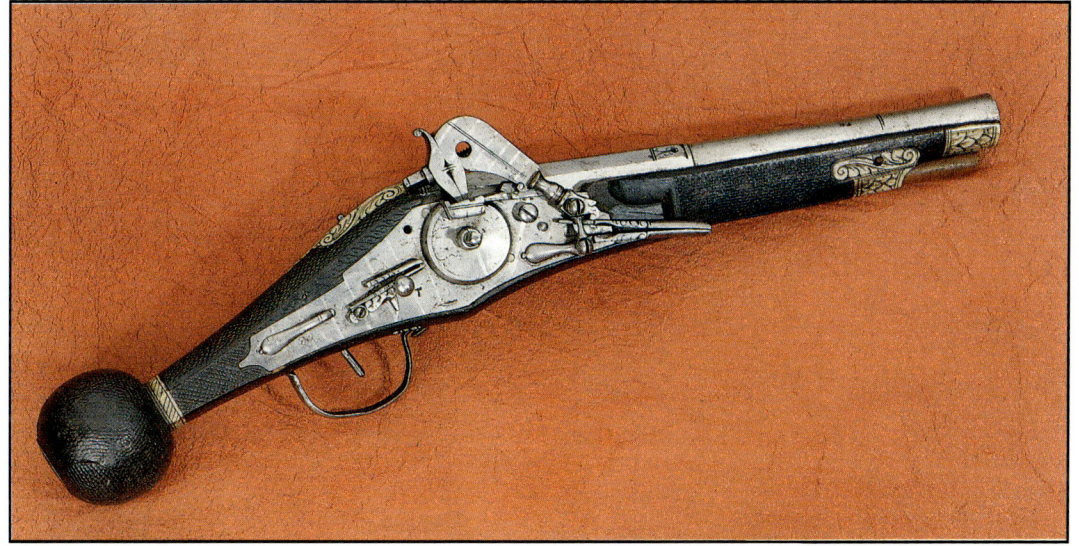

31

Radschloßpistole [9, 31]   *1588*

Meister NFH, Sachsen (?), Kal. 17 mm, L. 560 mm

Reiterpistolen, deren Holzgriff in einen großen kugelförmigen Knauf enden, werden Puffer genannt (siehe auch Nr. 36 und 37). In Mitteleuropa stellte man sie zwischen 1580 und 1600 her. Der Kugelknauf diente zum besseren Ergreifen der Pistole und zum Herausziehen aus der Satteltasche mit der Hand im eisernen Handschuh. Nach dem Abschießen der Waffe konnte dann die an der Mündung gehaltene Pistole als Schlagwaffe dienen und der große Knauf verstärkte die Schlagkraft. Der Lauf ist mit NFH signiert und mit 1588 datiert, auf der Schloßplatte befindet sich eine Signatur in Form eines Beils. Die Pistole ist ebenso auf Abbildung Nr. 9 in der Einleitung zum Kapitel dargestellt.

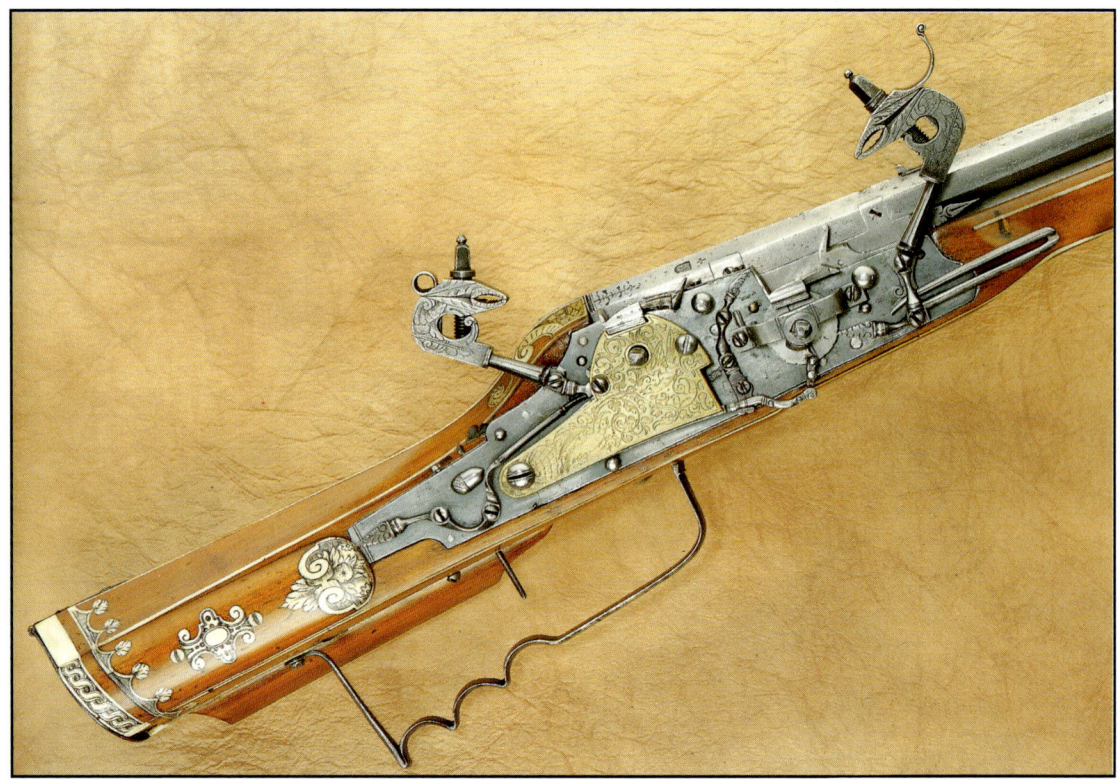

32

Bockbüchse mit zwei Radschlössern [32]   *1589*

Kal. 13 mm, L. 1100 mm

Vorderlader erforderten ein langwieriges Laden und für den Fall, daß der Jäger oder ein anderer Waffenbenutzer den Schuß rasch wiederholen wollte, war die einfachste Lösung, die Waffe mit einer größeren Anzahl Läufe auszustatten. Dadurch nahm jedoch ihr Gewicht zu und für ein Gewehr, das der Besitzer zu tragen hatte, waren zwei Läufe noch zumutbar. Ab dem 19. Jahrhundert ordnete man die Läufe nebeneinander an, in älteren Zeiten wurden sie jedoch fast ausschließlich übereinander angebracht.

    Auf der abgebildeten Waffe bedient der hintere Hahn den oberen Lauf und der vordere Hahn ist für den unteren Hahn bestimmt. Das Doppelradschloß besitzt einige eher ungewöhnliche Merkmale, einschließlich des Messingdeckels am hinteren Rad. Dieser Raddeckel ist mit eingraviertem Blattwerk verziert, der Schaft sparsam mit graviertem weißem Bein ausgelegt. Am Lauf befinden sich die Jahreszahl 1589 und zwei schlecht lesbare Meistermarken.

    Der Abzug ist mit einem Stecher (Doppelabzug) versehen – einer Einrichtung, die die Empfindlichkeit des Abzugs erhöht und es ermöglicht, die Waffe lediglich durch leichtes Berühren des Abzugs abzufeuern. So kommt es nicht zu einem „Verreißen" der Waffe und die Treffergenauigkeit vergrößert sich.

Kal. 18 mm, L. 1600 mm

Büchsen mit Luntenschloß waren fast immer militärische Waffen. Es entstanden jedoch auch einige Zivilwaffen dieses Systems, und zwar nicht nur vor dem Auftreten des Radschlosses, sondern auch zu einer Zeit, als das Radschloß bereits allgemein verbreitet war. Von den schmucklosen Militärgewehren unterschieden sich die Zivilwaffen mit Luntenschloß in der Regel durch ihre Verzierung. Die Schloßplatte der Luntenschlösser ist auf das notwendigste Maß zur Form eines schmalen Rechtecks beschränkt und bietet im Gegensatz zu den ausgedehnten Radschlössern wenig Möglichkeiten zum Dekorieren. Der Schmuck der Luntenschlösser konzentriert sich daher auf den Lauf und vor allem auf den Schaft. Das abgebildete Stück ist am Lauf mit Pflanzenornamenten aus Messingdraht und -nägeln sowie Perlmuttplättchen ausgelegt.

Einen Stangenabzug finden wir nur bei älteren Exemplaren, später wurde er durch den üblichen Abzug mit Bügel ersetzt. Das lange Röhrenvisier am Lauf weist darauf hin, daß die Waffe zum Scheibenschießen diente, denn bei einem Jagdgewehr würde dieser Visiertyp den Ausblick des Schützen stark einschränken, insbesondere bei sich bewegendem Wild.

33

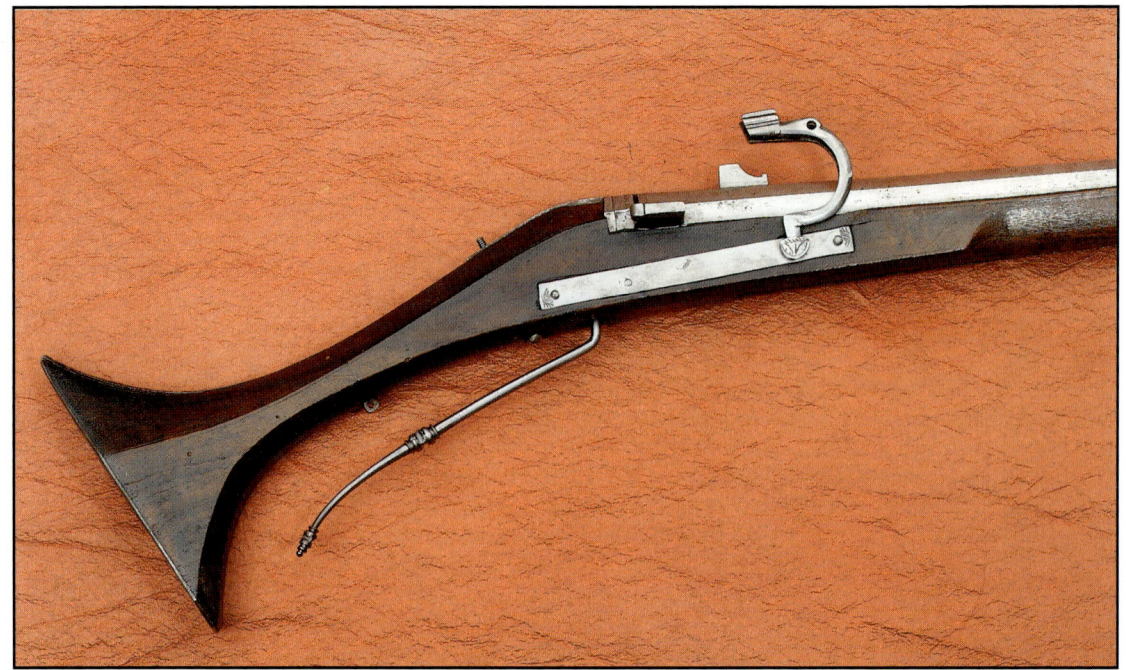

34

Muskete mit Luntenschloß [34]   *um 1590*

Kal. 15,5 mm, L. 1280 mm

Das Militärgewehr mit Luntenschloß, Stangenabzug und dreieckigem Kolben gehört zum älteren Typ der im 16. Jahrhundert verwendeten Muskete. Ähnliche Waffen benutzten die Musketiere in England, aber auch in anderen Ländern auf dem europäischen Festland. Am Lauf befinden sich eine unlesbare Meistermarke sowie eine Markierung mit den Buchstaben AC im Schild unter einer Krone, einem bisher unbekannten Hersteller gehörend.

Luntenschloßgewehr [35]   *um 1590*

Meister PM, L. 1560 mm

Ein Zivilgewehr mit Luntenschloß, das in seiner Gesamtkonstruktion, in verschiedenen Details (Stangenabzug, Röhrenvisier) und im Dekorstil stark an die auf Bild Nr. 33 dargestellte Waffe erinnert. Der Hahn, in dem die Lunte befestigt wurde, hat die stilisierte Form eines Drachenkopfes, was bei Luntenwaffen recht häufig ist. Am Lauf ist die Signierung PM zu erkennen, die einem bisher unbekannten, offenbar deutschen Büchsenmacher gehört.

Radschloßpistole [36]   *um 1590*

Meister GB, Nürnberg, Kal. 13,5 mm, L. 480 mm

Als typisches Merkmal der sogenannten Puffer-Pistolen endet der Handgriff der Waffe in einem großen Kugelknauf (vergleiche Nr. 31 und 37). Die Schäftung aus schwarz gebeiztem Kirschholz ist über die ganze Fläche gekörnt. Die Waffe ist schlicht verziert, die Schrauben- und Bolzenplatten sind aus Horn mit eingravierten geometrischen Or-

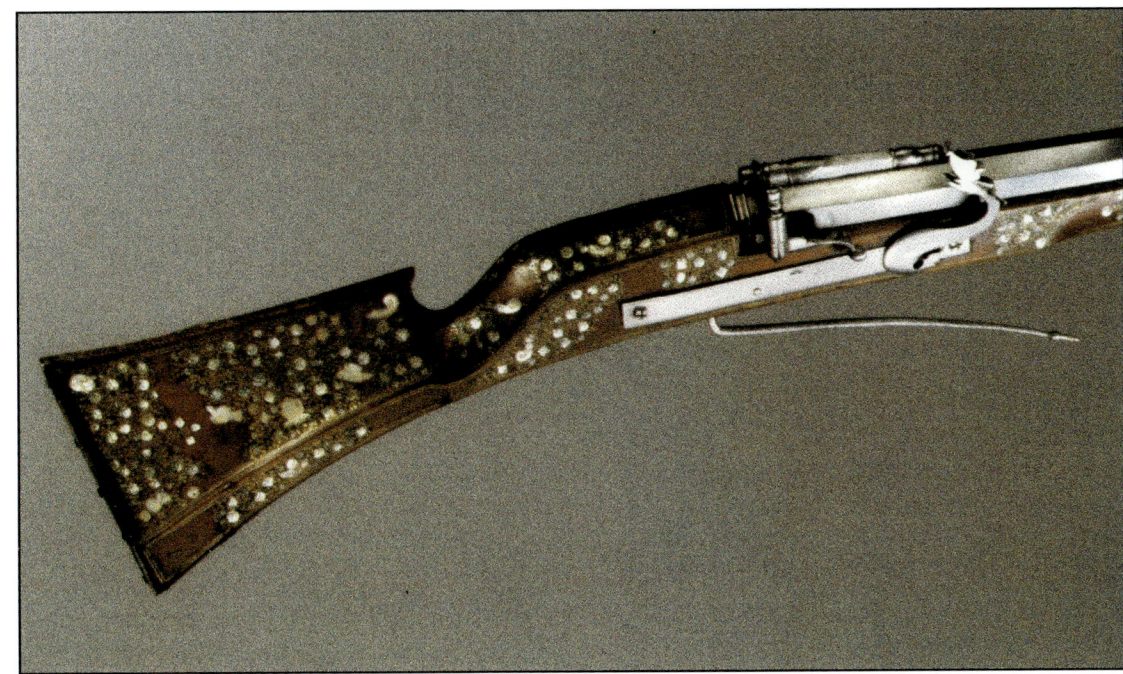

namenten und Meeresungeheuern. Der Ladestock wurde erneuert. Der Lauf ist mit dem Monogramm GB und mit einem einschwänzigen Löwen im Schild markiert (eine von Radschloßpistolen aus der Zeit zwischen 1570 und 1590 bekannte Signierung, die in der Regel vom Nürnberger Stadtwappen begleitet wurde). Am Lauf befindet sich weiter das Stadtwappen von Eger, das über ein anderes Zeichen geschlagen ist, offenbar das Nürnberger. Auf der Schloßplatte ist ebenfalls das Monogramm GB, in einem Schild das Stadtwappen von Eger und ebenso in einem Schild das Innungszeichen der

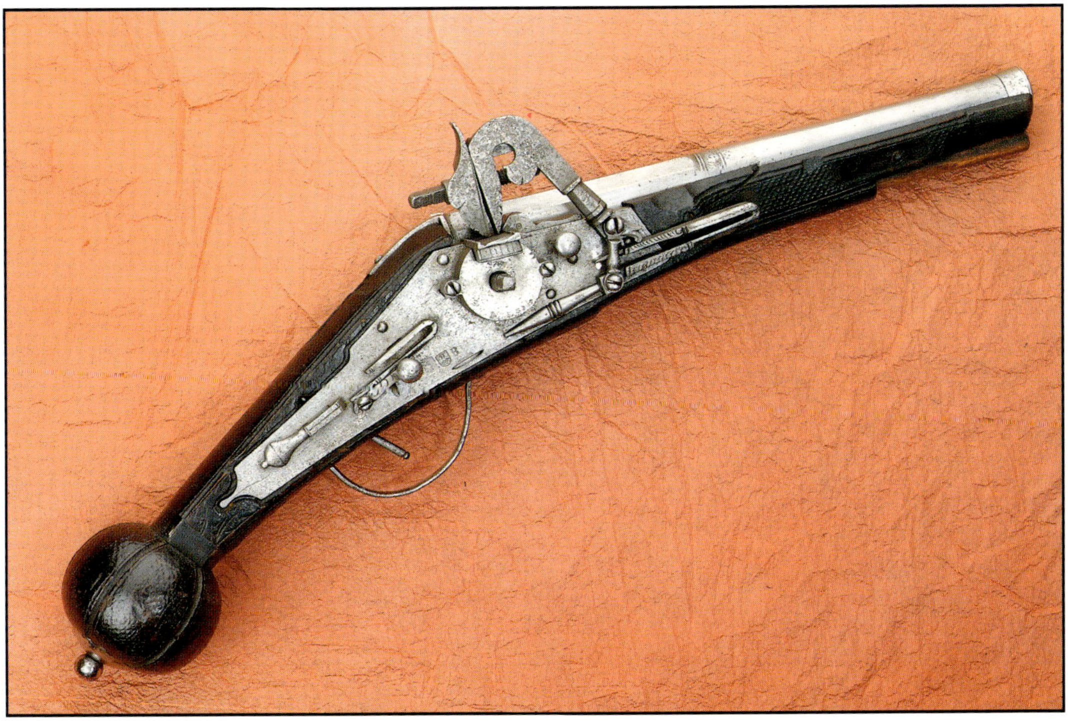

Egerer Stadtschützen. Die Pistole wurde von einem unbekannten Meister (Monogramm GB) in Nürnberg angefertigt und befand sich in der Ausrüstung der Egerer Stadtschützen (das auf der Waffe eingeschlagene Zeichen ist auch auf deren Siegel aus dem 16. Jahrhundert belegt).

Radschloßpistole [9, 37] *um 1590*

Augsburg, Kal. 13 mm, L. 525 mm

Die Puffer-Pistolen mit in großen Kugelknaufen endenden Handgriffen waren zumeist nur sparsam verziert (vergleiche Nr. 31 und 36), doch finden wir unter ihnen auch Exemplare mit reichem Dekor. Die Schäftung aus schwarz gebeiztem Kirschholz ist beim abgebildeten Stück mit weißem Bein mit Blattwerk, geometrischen Ornamenten sowie menschlichen Gesichtern belegt und ausgelegt, die linke Seite zeigt zwei Fabelwesen (Ungeheuer). Am Lauf befinden sich als Marken Reichsapfel und Pinienzapfen (Beschaumarke der Stadt Augsburg). Die Pistole ist auch auf der Abbildung Nr. 9 in der Einleitung dieses Kapitels dargestellt.

37

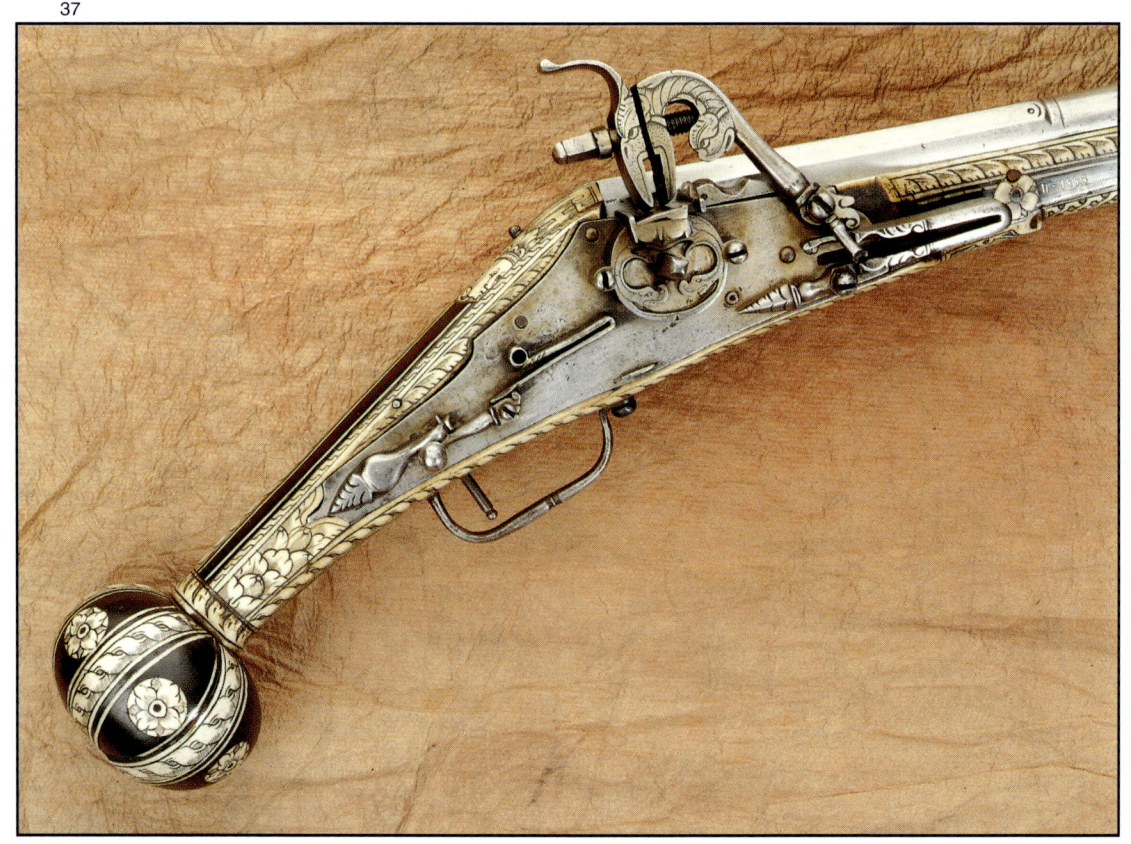

Miniaturradschloßpistole [38]   *um 1590*

Kal. 1 mm, L. 53 mm

Bereits im 16. Jahrhundert entstehen Miniaturfeuerwaffen und ähnliche Stücke kommen auch in späteren Zeiten vor. Zum Größenvergleich liegt neben dieser unscheinbaren Pistole eine damals übliche Pistole (bereits von den Abbildungen 27 und 28 bekannt). Wie man sieht, paßte die „Waffe" bequem in den Abzugsbügel der gebräuchlichen Pistole. Dabei ist diese Miniatur voll funktionsfähig. Sie ist im Stil der Ganzmetallpistolen des 16. Jahrhunderts gefertigt, die Schlagvorrichtung kann mit einem Schlüssel aufgezogen und die „Waffe" mit dem Abzug abgefeuert werden. Praktische Bedeutung hat diese Miniaturausführung nicht und die Wirkung des 1-mm-Geschosses ist unerheblich. Es handelt sich also vielmehr um ein Spielzeug und die „Pistole" konnte an der Öse am Laufrücken als Zieranhänger getragen werden. Diese funktionstüchtigen Miniaturexemplare sollten vor allem die Geschicktheit und handwerklichen Fertigkeiten ihres Herstellers nachweisen. Ein in Ausmaßen und Ausführung dem hier gezeigten Stück sehr ähnliches Pistolenpaar befindet sich im Londoner Victoria and Albert Museum.

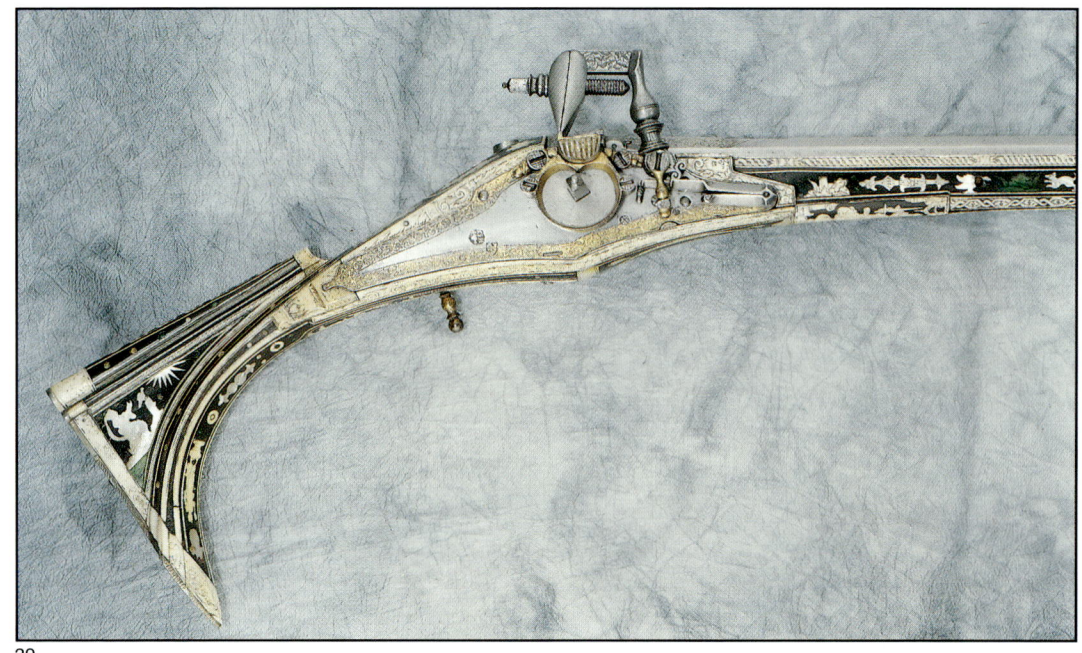

39

Radschloßbüchse [39, 40]   *um 1590*

Peter Danner und Meister GH, Nürnberg, Kal. 14 mm, L. 1125 mm

Die Danners waren im 16. Jahrhundert eine bedeutende Nürnberger Büchsenmacherfamilie. Peter Danner, im Jahr 1583 erwähnt und 1602 verstorben, war wahrscheinlich
der Sohn des Wolf Danner, dessen Pistole – gemeinsam mit Hans Stopler dem Älteren
angefertigt – auf Abbildung Nr. 19 dargestellt ist. Auch die hier abgebildete Waffe ist

40

das Werk zweier Meister – am Lauf ist sie mit den Buchstaben PD mit einer Schlange signiert (Meistermarke von Peter Danner), an der Schloßplatte mit den Buchstaben GH mit einem Herz (Marke eines unbekannten Nürnberger Meisters um 1585). Der Schaft hat einen kurzen Kolben vom Typ Petronell, bei dem die Waffe beim Schießen auf der Brust ruhte. Interessant ist die Verzierung des Schaftes mit eingelegtem Perlmutt und grün gefärbtem Bein, die einen Kämpfer mit Schwert und Dolchen, verschiedene Ornamente sowie Figuren- und Tiermotive darstellt.

Radschloßbüchse [41]   *1591*

Kal. 10 mm, L. 1333 mm

Die Jagdbüchse ist am Schaft mit der Jahreszahl 1591 datiert und von einem unbekannten Hersteller signiert. Die Waffe hat einen sogenannten deutschen Schaft, dessen kurzer Kolben nicht an die Schulter, sondern an die Wange gelegt wurde. Am Hahn befindet sich ein Daumenhebel zum leichteren Abklappen des Hahns. Dieses Teil fehlte bei den Hähnen älterer Radschlösser, später breitete sich diese Einrichtung zur besseren Handhabung des Hahn fast allgemein aus, entweder in Form eines Daumenhebels oder eines Ringes. Der Abzug ist mit einem Stecher ausgestattet. Plättchen aus weißem Bein mit eingravierten Ornamenten zieren den Schaft, im Ladenschuber am Kolben ist eine Maske eingraviert. Der Raddeckel aus Messing ist durchbrochen und der Hahn mit einer Gravur verziert, insgesamt ist die Ausschmückung der Waffe jedoch schlicht. Im Vergleich zu anderen zeitgenössischen Waffen hat die Büchse ein verhältnismäßig kleines Kaliber.

41

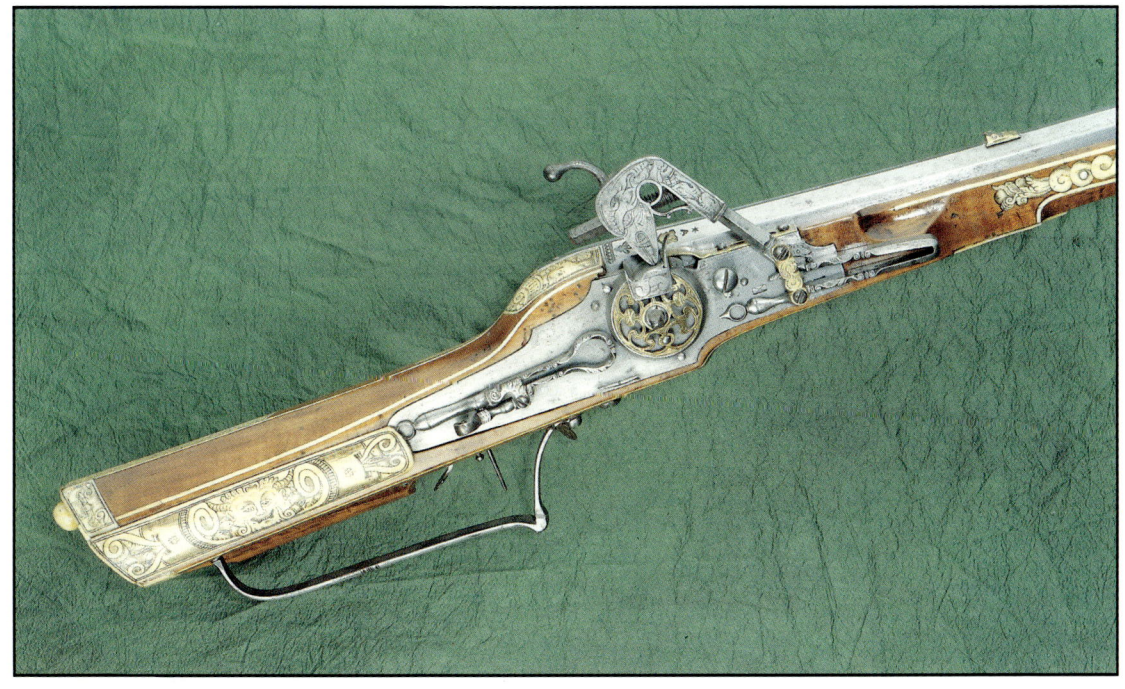

45

42

43

Büchse mit Radschloß [42, 43]

Hans Paumgartner, Graz, Kal. 18,5 mm, L. 1128 mm

Im Zierat der Waffe finden sich neben pflanzlichen und geometrischen Ornamenten vor allem Schlachten- und Jagdszenen sowie Darstellungen aus der Sagenwelt, doch sind auch andere Themen vertreten. Bei der abgebildeten Büchse ist der Schaft mit Bein ausgelegt, auf dem Scherzmotive dargestellt sind – ein Hase reitet auf einem Hund, ein Narr fängt einen Hasen am Hinterlauf u.ä. Die Waffe ist mit den ineinander verschlungenen Buchstaben HP gekennzeichnet, der Meistermarke von Hans Paumgartner, der ab 1556 in Graz erwähnt wird. Er war Schäfter von Erzherzog Karl II. und nicht nur ein erfahrener Waffenschmied, sondern auch ein hervorragender Schütze.

Bei einem Wettbewerb in Prag im September 1565 gewann er die abschließende Schieß-
disziplin, was ihm eine Belohnung von 100 Talern einbrachte.

Radschloßpistole [44, 45]   *um 1600*

Frankreich, Kal. 10 mm, L. 830 mm

Reiterpistolen maßen im 16. und 17. Jahrhundert nicht selten über einen halben Me-
ter, eine 83 cm lange Waffe gehört aber doch eher zu den Ausnahmen. Der Handgriff
läuft in einen birnenförmigen Knauf aus. Auf seiner gesamten Oberfläche ist der Schaft
mit Horn und teilweise grün gefärbtem weißen Bein intarsiert. Der Zierat besteht aus
Blumenornamenten, Medaillons mit Frauenköpfen, Männergestalten, allerlei Wild u.ä.
Dieser Ausschmückungsstil ist typisch für Frankreich, wurde allerdings auch anderswo verwendet und reiche Einlegearbeiten des Schafts mit Bein und Perlmutt mit
Ziermotiven sind auch von den im gesamten 17. Jahrhundert in Schlesien hergestellten Waffen bekannt.

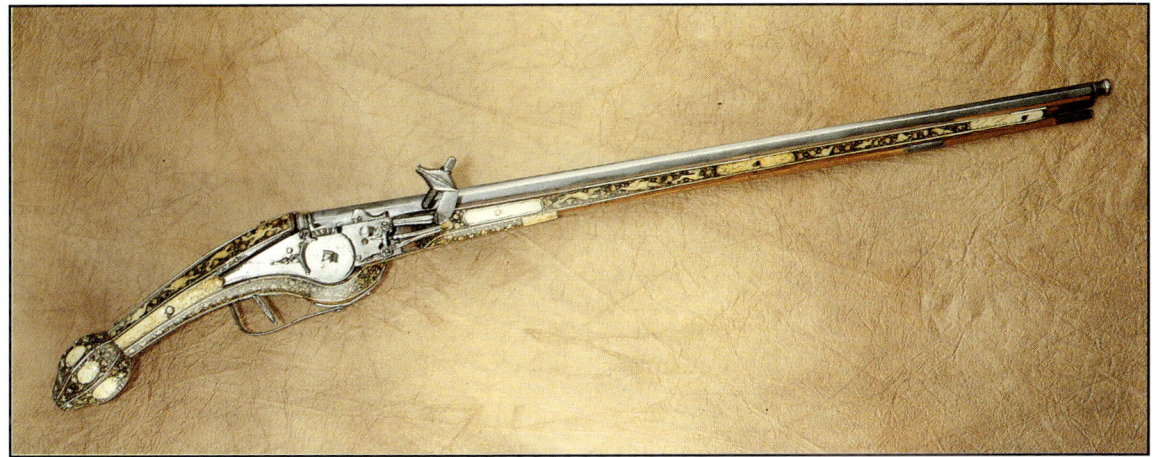

44
45

Kugelbüchse mit doppeltem Radschloß [46]   *um 1600*

Frankreich, Kal. 13 mm, L. 1305 mm

Die beiden Hähne mit einem einzigen Rad und einem einzigen Lauf ermöglichten es, bei Abnutzung oder Beschädigung des Feuersteins und Versagen des Abzugsmechanismus augenblicklich den zweiten Feuersteinhahn einzusetzen. Am Lauf ist eine schlecht zu identifizierende Meistermarke (Fliege, Mücke, Frosch?), an der Schloßplatte das Zeichen einer Hand, die eine Lilie hält. Der Schaft ist über die gesamte Fläche mit eingeschnittenem Blattwerk geschmückt und mit Beinplättchen mit eingravierten Pflanzen-, Tier- und Figurendarstellungen eingelegt. In der Laufbohrung dieser Büchse befinden sich 26 feine Züge.

47

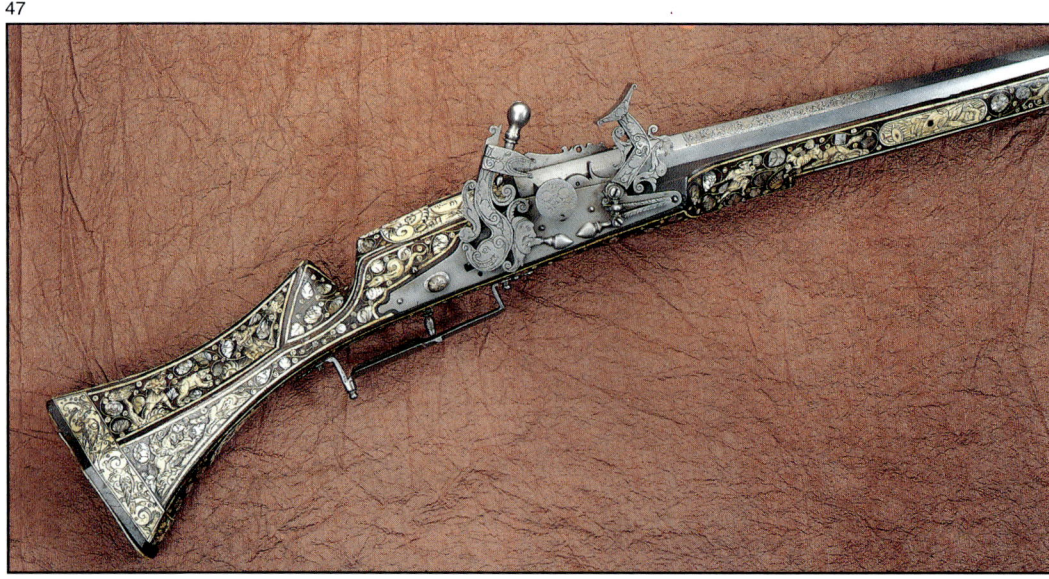

Gewehr mit englischem Schnappschloß [47, 48] *um 1600*

Thomas Addis, London, Kal. 17 mm, L. 1485 mm

Die ersten Berichte über Schnappschlösser aus England stammen aus der Zeit um 1580. Das englische Schloß ähnelte dem holländischen, die Schlagfeder liegt innen, Feuerstahl und Pfannendeckel sind getrennt, an der Pfanne befindet sich eine große Seitenplatte (meist rund), vor dem Hahn liegt eine Hahnrast (hier in Form eines Männerkop-

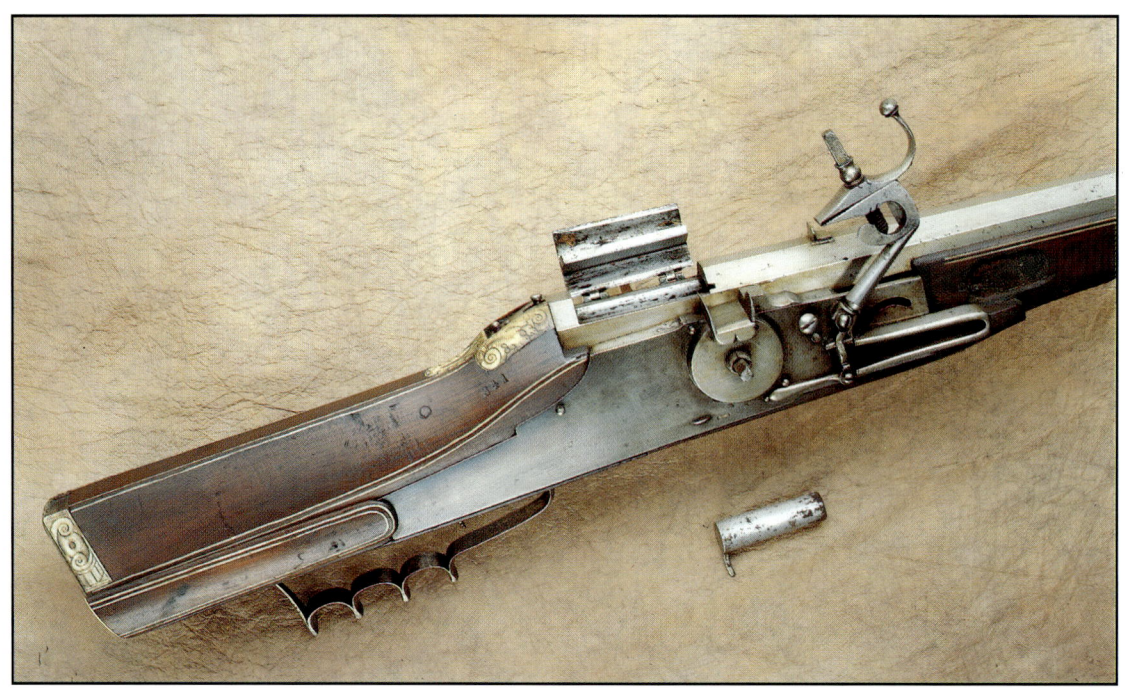

49

fes). Der Lauf ist mit den Buchstaben TA mit einem Hammer gekennzeichnet, der Signatur von Thomas Addis, der etwa ab 1590 in London arbeitete. Der Musketenschaft ist reich mit Bein und Perlmutt eingelegt, auch den Lauf zieren über die gesamte Länge Gravuren, wobei in der Verzierung der Waffe Jagdmotive überwiegen.

Radschloßgewehr – Hinterlader mit abklappbarem Verschluß [49]   *um 1610*

Kal. 18 mm, L. 1420 mm

Ein einfacheres und schnelleres Laden ermöglichte dieser Hinterlader mit nach links abkippbarem Verschluß. Der an Bändern befestigte Verschluß springt nach dem Zurückdrücken eines Stifts am Rücken der Schwanzschraube auf. Man kann dann eine zylindrische Patronenhülse aus Eisen in den Lauf schieben (auf der Abbildung unter der Waffe liegend), in die man zuvor Schießpulver schüttet und eine Kugel gibt. Von derartigen Patronenhülsen kann der Schütze eine größere Anzahl vorbereitet haben und durch ihren Austausch nach jedem Schuß die Feuergeschwindigkeit erhöhen. Ein aus der Patronenhülse hervorragender kleiner Stift sorgte für die richtige Lage der Patrone im Lauf (so daß das Schießpulver von der Pfanne aus gezündet werden konnte), und erleichterte nach dem Schuß das Herausziehen der Hülse aus dem Lauf. Die älteste Waffe dieses Systems stammt aus der ersten Hälfte des 16. Jahrhunderts und diese bis ins 18. Jahrhundert angewandte Technik (siehe Nr. 41) fand auch bei modernen Hinterladern Mitte des 19. Jahrhunderts Verwendung.

Radschloßpistole [50, 51]   *1599–1602*

Valentin Klett der Ältere, Suhl, Kal. 8 mm, L. 875 mm

Die Reiterpistole aus der Wende des 16. und 17. Jahrhunderts hat einen Handgriff mit Eierknauf. Der Lauf zeigt die Meistermarke des Büchsenmachers Valentin Klett des

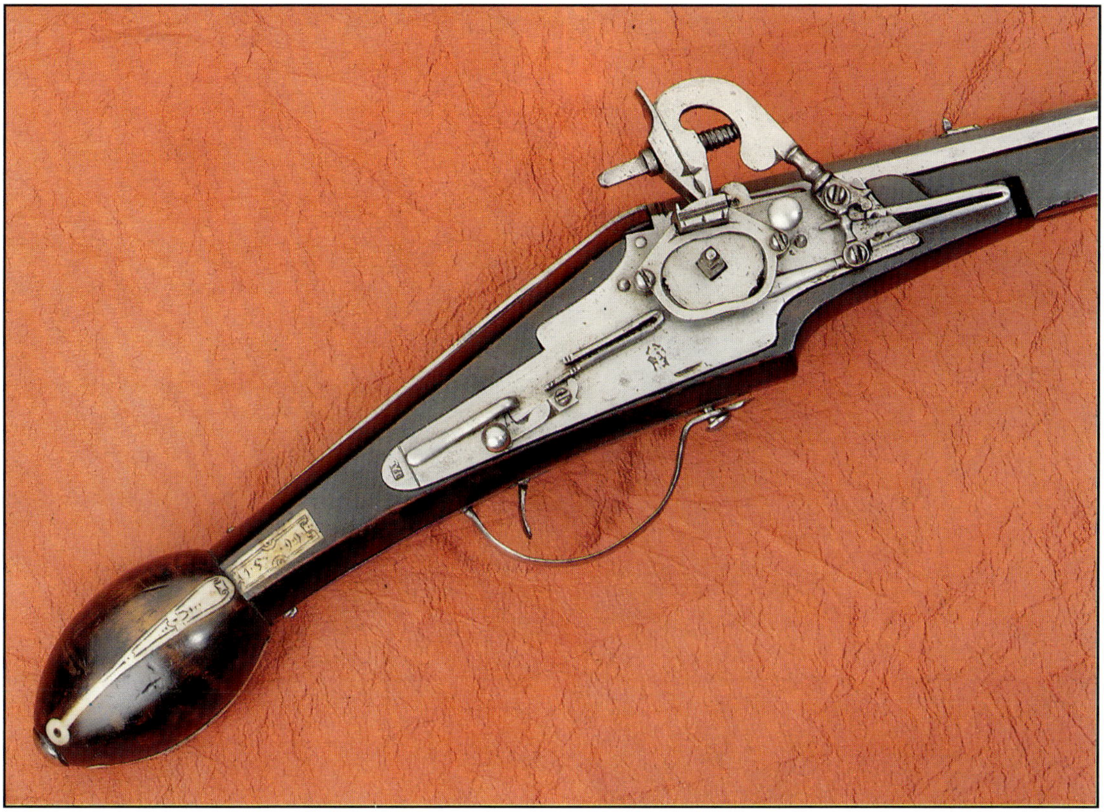

Älteren – die Buchstaben VK mit drei Klet-
tenblättern (eine sog. sprechende Marke in
Anlehnung an den Namen des Meisters).
Weiter trägt er das Zeichen einer Henne,
des Wappentiers der Grafschaft Henne-
berg, das sich auch im Stadtwappen von
Suhl wiederfindet, die Aufschrift SVL und
die Datierung 1602. Auf der Schloßplatte
befindet sich ebenfalls die Aufschrift SVL
und die Marke eines noch unbekannten
Meisters – ein Kreuz mit umringelnder
Schlange, am Schaft steht die Jahreszahl
1599.

Die Kletts waren eine bekannte und weitverzweigte Büchsenmacherfamilie, die in
Suhl tätig war. Valentin Klett der Ältere
wird hier in den Jahren 1580–1603 erwähnt,
er lieferte Waffen u.a. in die Zeughäuser von
Bern, Zürich und Basel.

Einige Familienmitglieder (Johann Paul
Klett mit seinen Söhnen – vgl. Nr. 92) zogen
1636 von Suhl nach Salzburg um.

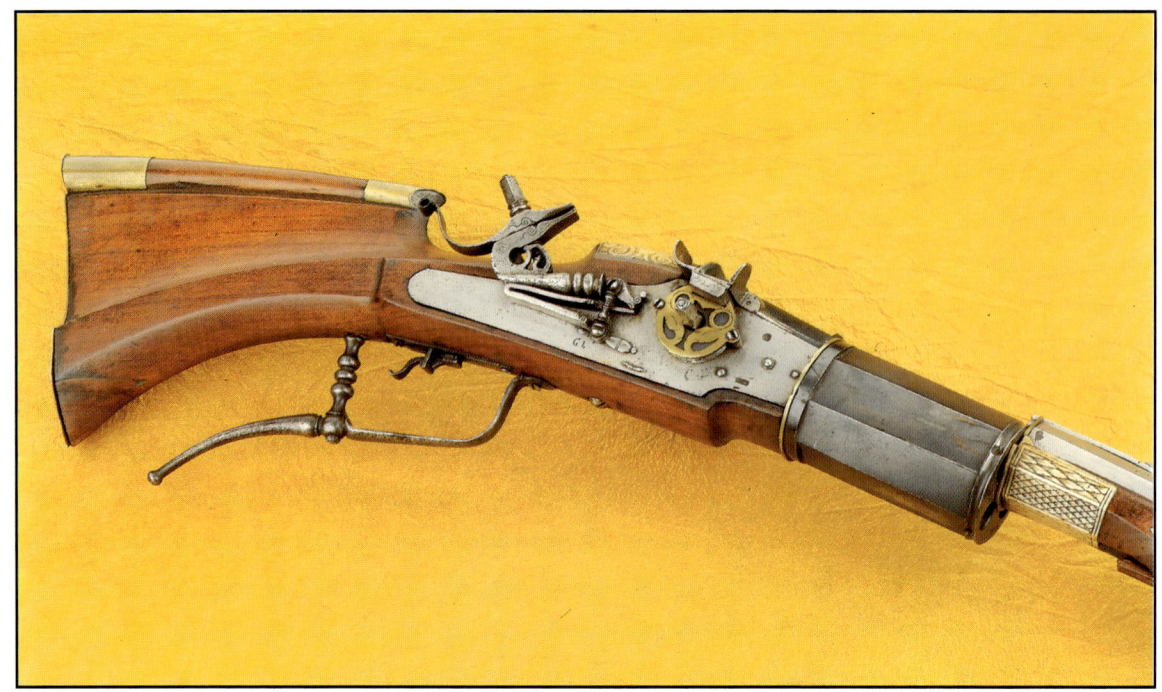

Revolverbüchse mit Radschloß [52]   *um 1610*

Meister GL und PM, Kal. 16 mm, L. 1520 mm

Eine noch größere Feuergeschwindigkeit als die einschüssigen Hinterlader boten die mehrschüssigen Waffen, unter denen sich vor allem die Revolverbüchsen durchsetzten. Vor jedem Schuß mußte allerdings (bei diesem Gewehr) erneut Schießpulver auf die Pfanne geschüttet werden. Die hier gezeigte Waffe hat eine per Hand gedrehte Vierkammerwalze. Vorn an der Walze befinden sich vier Öffnungen, in die ein Zahn der auf der oberen Fläche des Hinterlaufs montierten Klemme einrastete. Damit war die richtige Stellung der Walze vor dem Schuß sichergestellt. Auf dem Lauf und der Schloßplatte ist das Herstellermonogramm GL (auch von einer anderen, mit 1597 datierten Waffe bekannt) eingeschlagen, auf der beinernen Auflage hinter der Schwanzschraube das Monogramm PM, das höchstwahrscheinlich vom Verzierer oder Schäfter stammt. Eine ähnliche Revolverwaffe aus dem Jahr 1597 vom Nürnberger Meister Hans Stopler befindet sich in der Sammlung des Armeemuseums in Kopenhagen, die Kolben- und Abzugsbügelform des abgebildeten Stücks sind jedoch für Waffen aus dem ersten Viertel des 17. Jahrhunderts typisch.

Scheibenbüchse mit Schwammschloß [53, 54]   *1614*

Meister GT, Kal. 14 mm, L. 1300 mm

Zwar hat die Schloßplatte die bei Radschlössern übliche Form, einschließlich des typischen Rades, doch handelt es sich um ein Schwammschloß. Dies sowie weitere Details (Abzug mit Stecher) zeugen davon, daß die Büchse zum Scheibenschießen bestimmt war. Nach dem Drücken des Abzugs wird der Arm mit dem Schwamm mit Hilfe einer Feder schnell und rasant auf die Pfanne geschlagen.

Der Schaft der Scheibenbüchse ist auf der gesamten Länge reich mit Bein, Geweih und Perlmutt intarsiert, am Lauf mit über die ganze Länge eingravierten Ornamenten ist das Monogramm GT und die Jahreszahl 1614 eingeschlagen, reich verziert ist auch das Schloß, dessen Rad das Wappen des Fürsten von Brieg-Liegnitz zeigt. Die Scheibenbüchse ist das Beispiel einer Prunkwaffe mit Schwammschloß aus einer Zeit, in der sich bei den Zivilwaffen das Radschloß bereits völlig durchgesetzt hatte.

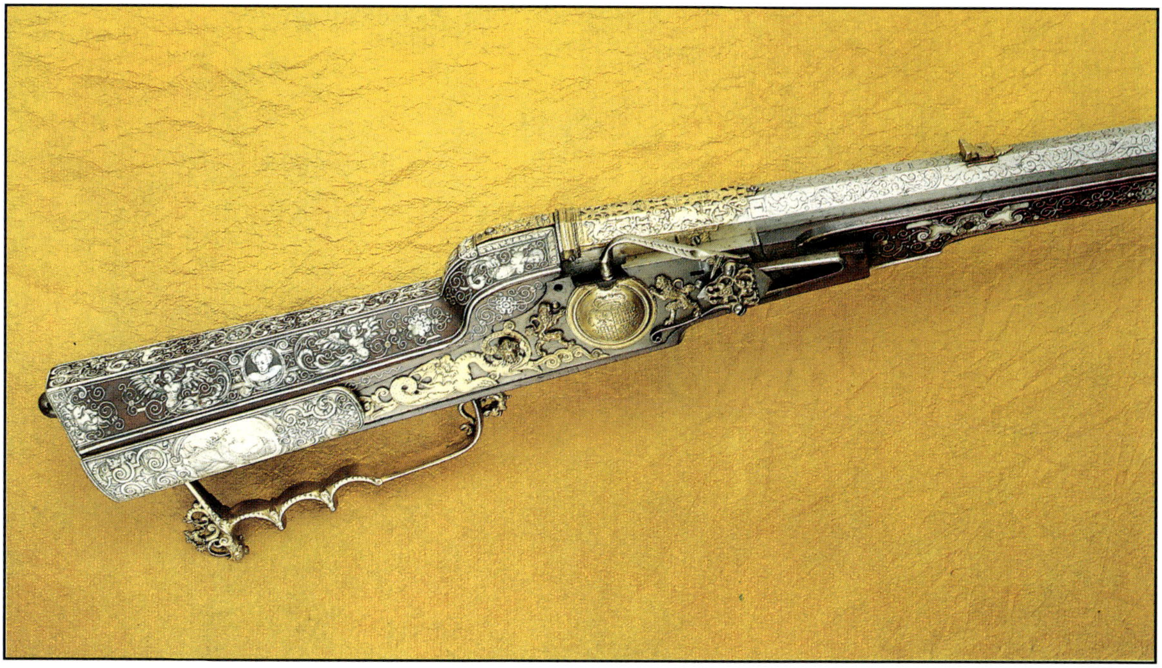

53
54

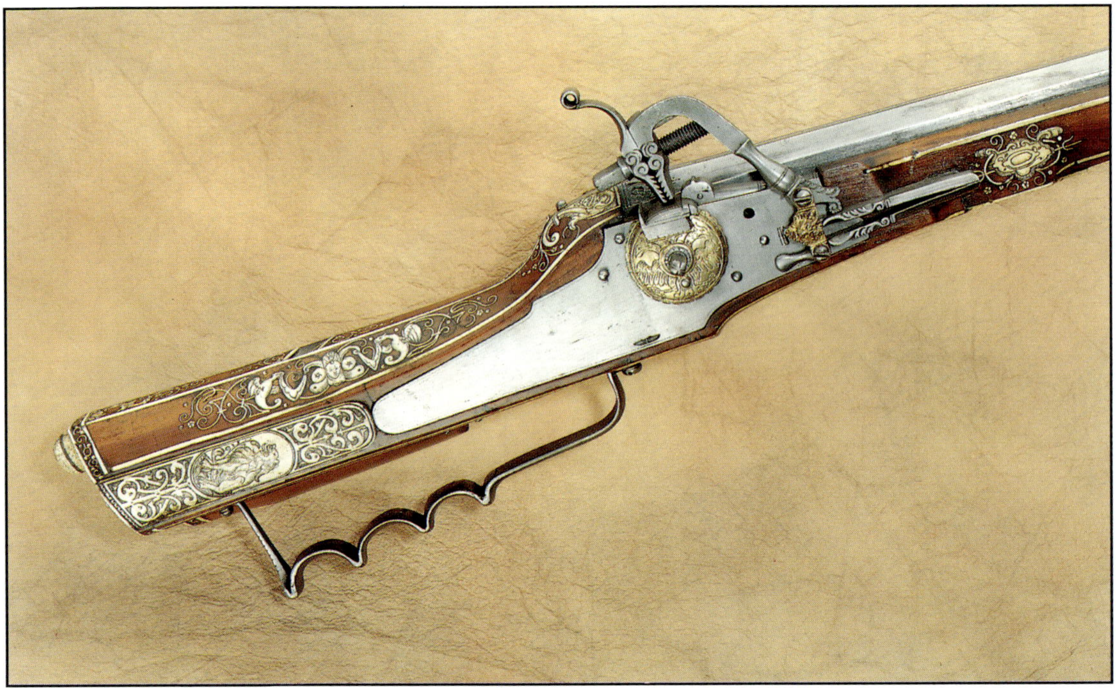

55

Radschloßbüchse [55, 56]   *1615*

Kal. 16 mm, L. 1342 mm

56

Die Büchse mit Radschloß und reich verziertem Schaft trägt keine Herstellersignierung und ist nur am Lauf mit der Jahreszahl 1615 versehen. Die Waffe dürfte höchstwahrscheinlich aus Sachsen stammen.

Die an der Ausschmückung von Waffen beteiligten Künstler schöpften aus ihren Erfahrungen und arbeiteten oft nach eigenen Entwürfen, doch standen ihnen bereits im 17. Jahrhundert auch Musterbücher zur Verfügung, die speziell für Waffendekorateure bestimmt waren. Eine Reihe von Vorlagen für die Verzierung von Büchsen und Pistolen wurde insbesondere in Frankreich herausgegeben, wo sich unter ihren Autoren François Marcou, Jean Baptiste Berain, Claude Simonin u.a. auszeichneten. Der Schaft der hier gezeigten Waffe, in weißem Bein mit Blumenornamenten und Vögeln eingelegt, ist nach einer Vorlage aus dem Buch „Ornamentstiche" von Theodor Bang gearbeitet, das 1610 in Nürnberg herausgegeben wurde.

Steinschloßgewehr [57] *um 1610*

Marin le Bourgeoys, Lisieux

Unter den Schlössern, bei denen das Schießpulver mit Funken entzündet wurde, die vom Schlag des Feuersteins auf den Feuerstahl hervorgerufen wurden, setzte sich als geeignetste Variante das Anfang des 17. Jahrhunderts in Frankreich konstruierte Steinschloß durch. Als Urheber wird allgemein Marin le Bourgeoys aus der Stadt Lisieux in der Normandie angesehen, der in den Jahren 1608–1624 in Paris tätig war (er starb 1634 in Lisieux).

Beim französischen Steinschloß liegt die Schlagfeder auf der Innenseite der Schloßplatte, Feuerstahl und Pfannendeckel bilden ein einziges Bauteil, der Hahn kann in zwei Positionen gebracht werden (Ruhrast und Spannrast) und der Abzugshebel bewegt sich senkrechter (bei den vorhergehenden Steinschloßvarianten waagerecht).

Marin le Bourgeoys arbeitete für den französischen König Heinrich IV., für den er u.a. auch eine Windbüchse mit Luftreservoir um den Lauf herum entwickelte. Auch das abgebildete Gewehr, die älteste bekannte Waffe mit französischem Steinschloß, stammt aus dem Besitz König Heinrich IV. (heute wird sie in der Ermitage in Sankt Petersburg aufbewahrt). Sie ist mit M.LE.BOURGEOYS.A.LISIEUL signiert und reich mit Gold, Silber, Perlmutt und anderen Materialien dekoriert. Neben der abgebildeten Waffe waren in der ehemaligen Sammlung der französischen Könige noch zwei weitere ähnliche Steinschloßgewehre.

57

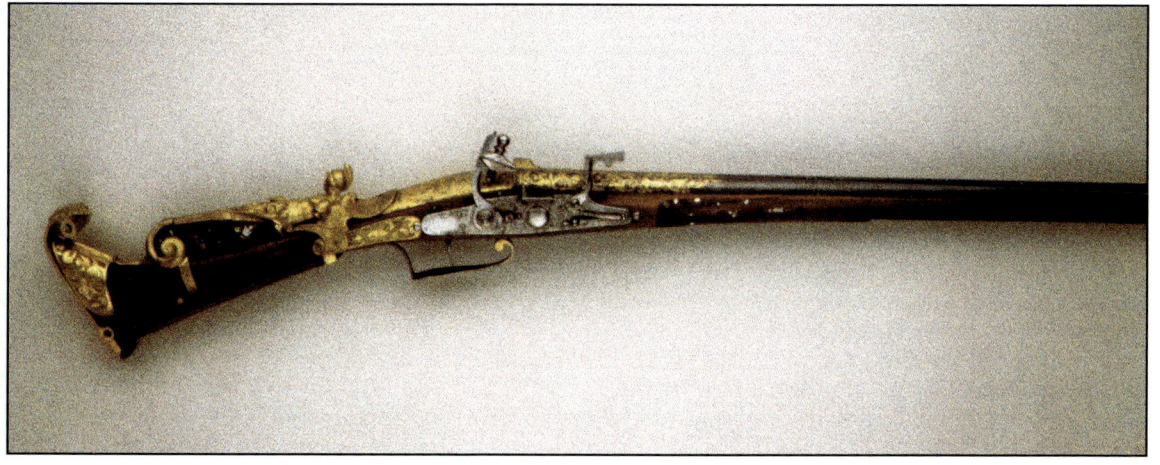

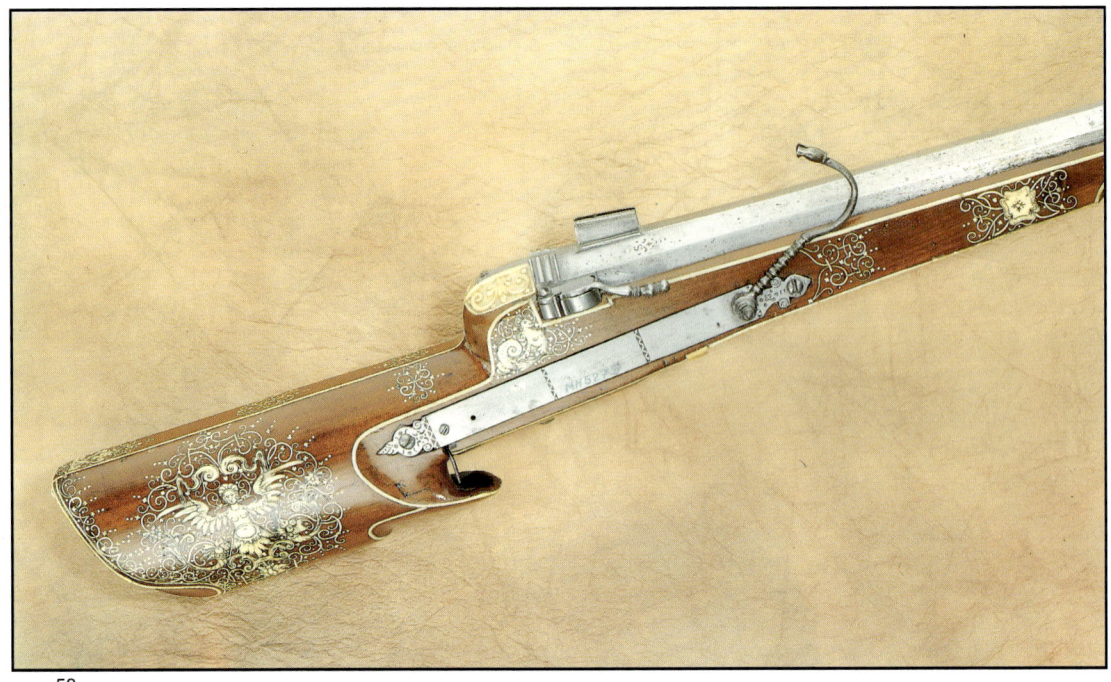

58

Kugelbüchse mit Schwammschloß [58] *1618*

Hans Stockmann, Dresden, Kal. 15 mm, L. 1360 mm

Ein weiteres Beispiel einer Zivilwaffe mit Schwammschloß (siehe auch Nr. 53–54) ist diese mit 1618 datierte Büchse. Sie diente offenbar auch zum Scheibenschießen. Die Schloßplatte besitzt die bei Luntenwaffen übliche Gestalt, der Schaftschmuck hat den gleichen Charakter, wenn auch mit anderen Motiven, wie bei der Waffe auf den Abbildungen Nr. 55–56.

Der Lauf zeigt die Meistermarke HS des Dresdner Büchsenmachers Hans Stockmann. Er stammte aus Breslau, arbeitete für den sächsischen Kurfürsten und im Dresdner Zeughaus blieb eine Vielzahl seiner Stücke erhalten. Seine älteste bekannte Waffe stammt aus dem Jahr 1590, die letzte ist mit der Jahreszahl 1623 datiert. Im Jahr 1639 lebte er noch, doch besagt der letzte Bericht über ihn aus der Hand seines Schwiegersohns, daß er ein „alter verlebter und fast kindischer Mann" sei.

Arkebuse mit Radschloß [59] *um 1620*

Georg Klett, Suhl, Kal. 17,5 mm, L. 1205 mm

Arkebusen waren kürzere und leichtere Waffen als die Musketen und befanden sich im 16. und 17. Jahrhundert in der Ausrüstung der Arkebusiere – berittener Schützen mit anderer Bewaffnung und Aufgabenstellung als die schwere (Kürassiere) und die leichte Reiterei (Dragoner).

Georg Klett (Laufmarkierung GK und Kleeblatt) war ein weiterer Vertreter der bekannten Suhler Büchsenmacherfamilie (vergleiche Nr. 50–51) und Waffenhändler. Im Jahr 1601 lieferte er Musketen an den Herzog Adolf von Gottorp und 1622 an die sächsische Armee.

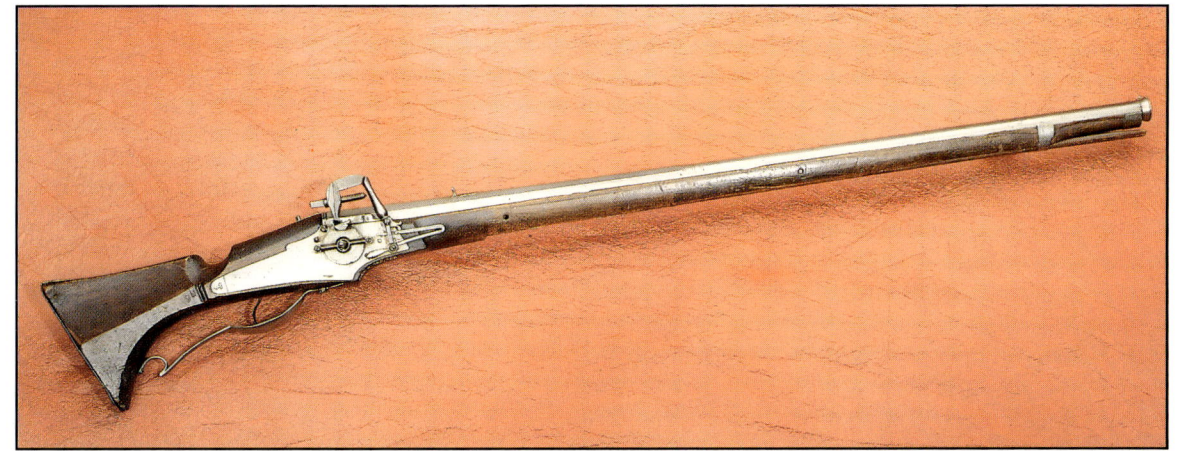

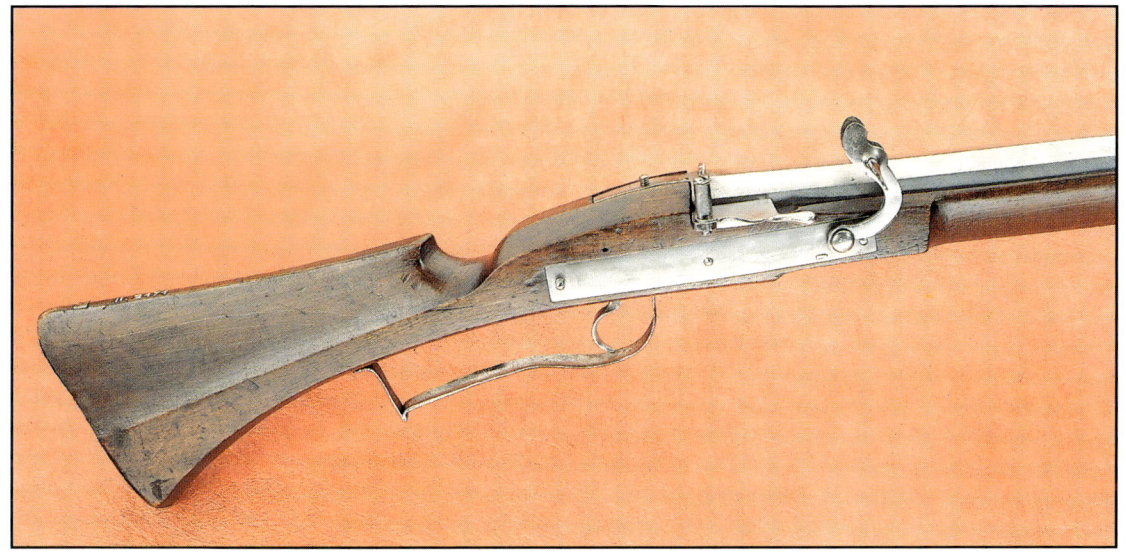

Muskete mit Luntenschloß [60]   *um 1630*

Monogramm SGH, Kal. 18 mm, L. 1460 mm

Der Dreißigjährige Krieg (1618–1648) rief eine ungeheure Nachfrage nach Militärwaffen hervor, die von einzelnen Büchsenmachern, aber auch bereits massenweise in einigen Manufakturen hergestellt wurden. Die hauptsächliche Feuerwaffe der Infanterie waren Musketen mit Luntenschloß, deren typischer Vertreter die dargestellte Waffe ist. Am Lauf findet sich die Marke SGH, doch ist der Hersteller unbekannt. Ähnliche Waffen verwendete man im 17. Jahrhundert im großen Maßstab in ganz Europa. Ihre Herstellung war noch nicht genormt, doch bewegte sich die Länge zumeist zwischen 140–150 cm, das Kaliber lag um 18 mm und ihr Gewicht betrug rund 4,5 kg (das Exemplar auf der Abbildung 4,6 kg). Trotz ihrer Einfachheit verlangten die Musketen einen gut ausgebildeten Soldaten, denn eine ständige Bedrohung stellte die Bewegung der glimmenden Lunte in der Nähe des Schießpulvers dar.

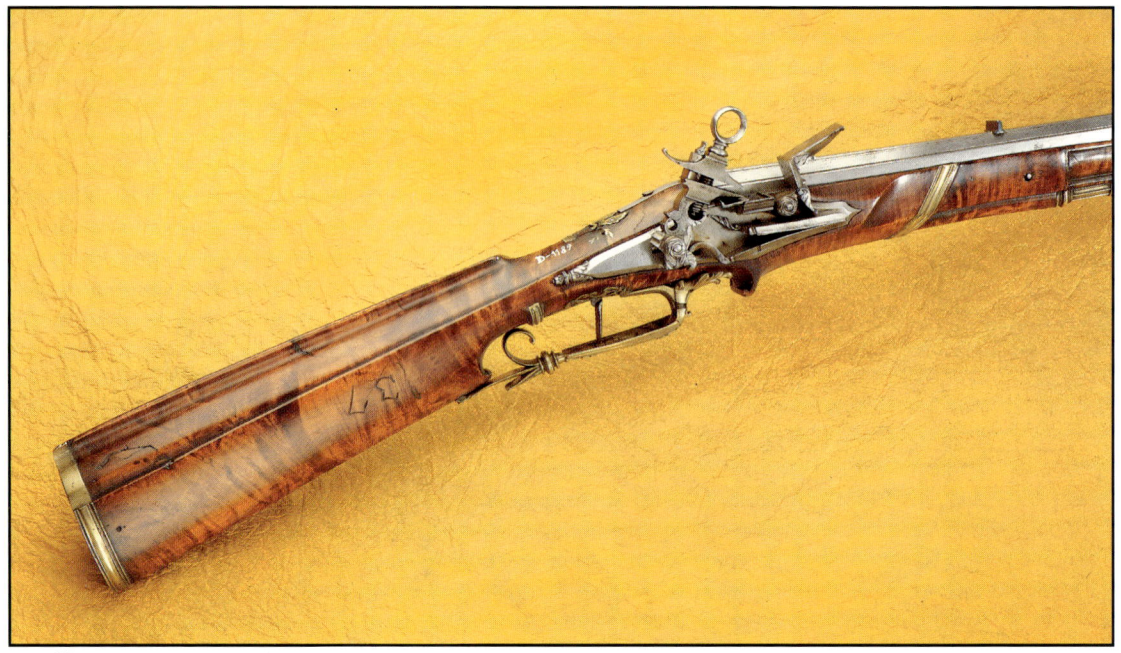

61

Einzelladergewehr mit Schloß alla romana [61]   *um 1630*

Giovanni Battista Francino, Brescia, Kal. 18 mm, L. 1760 mm

Beim Römischen Schloß wirkt die äußere Schlagfeder von oben auf die Hahnferse, Feuerstahl und Pfannendeckel sind aus einem Stück (die sog. Batterie) und es trägt weitere charakteristische Merkmale. Man verwendete das Schloß von der ersten Hälfte des 17. Jahrhunderts bis Anfang des 19. Jahrhunderts in ganz Italien und in geringerem Maß auch in Spanien und Portugal.

Franzini (Franzino, Francino) war der Name einer Büchsenmacherfamilie, deren mehrere Dutzend Angehörige im 16.–19. Jahrhundert in Brescia und Gardone Val Trompia tätig waren. Im 16. und 17. Jahrhundert gab es unter ihnen fünf Meister mit dem Vornamen Giovanni Battista. Hersteller der dargestellten Waffe kann der 1601 geborene Büchsenmacher, aber auch der jüngere, 1647 geborene Meister sein und die Waffe kann bis aus der zweiten Hälfte des 17. Jahrhunderts stammen.

Radschloßbüchse [62, 63]   *um 1630*

Maximilian Wenger, Prag, Kal. 14,5 mm, L. 1035 mm

Die Büchse hat einen mit weißem Bein eingelegten Schaft (Ornamente, Kämpfer mit Schwert und Schild). Ihr Radschloß besitzt eine innere Hahnfeder, die hinter der Schloßplatte angeordnet ist, was keine allzu häufige Lösung ist. Der Lauf ist mit den Buchstaben MAX und einem Kreuz mit den Initialen M.W. signiert. Es handelt sich um eine Arbeit von Maximilian Wenger, der seit 1604 in Prag kaiserlicher Büchsenmacher von Rudolf II. war und dessen verschwenderisch geschmückte und technisch interessante Waffen in der Rüstkammer des Herrschers reich vertreten sind. In Prag blieb er auch nach dem Tod von Rudolf II. und zog erst 1638 nach Wien.

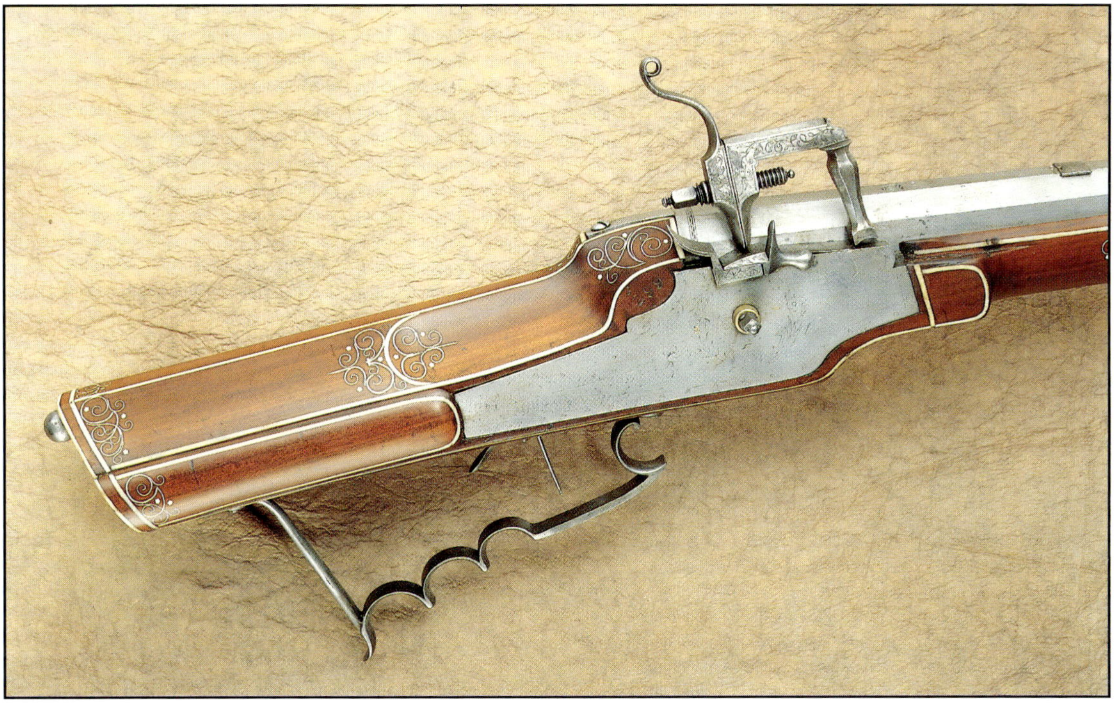

62
63

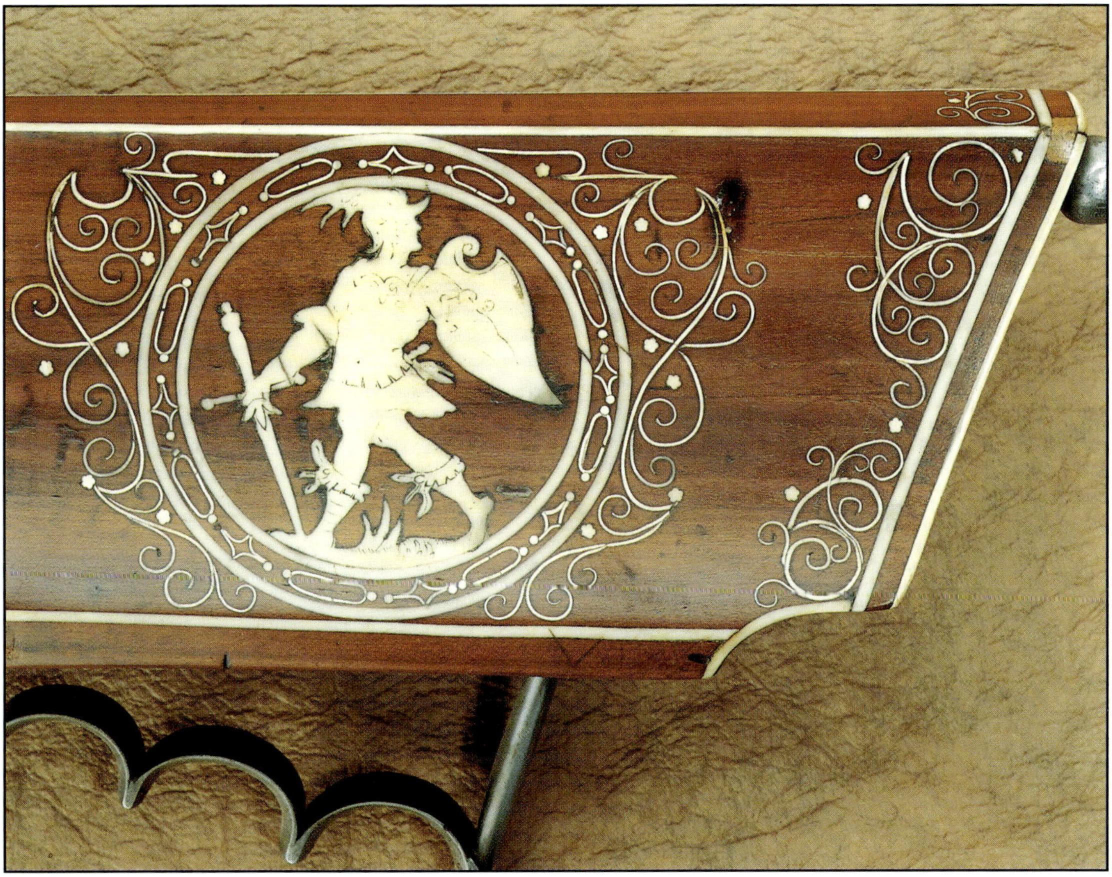

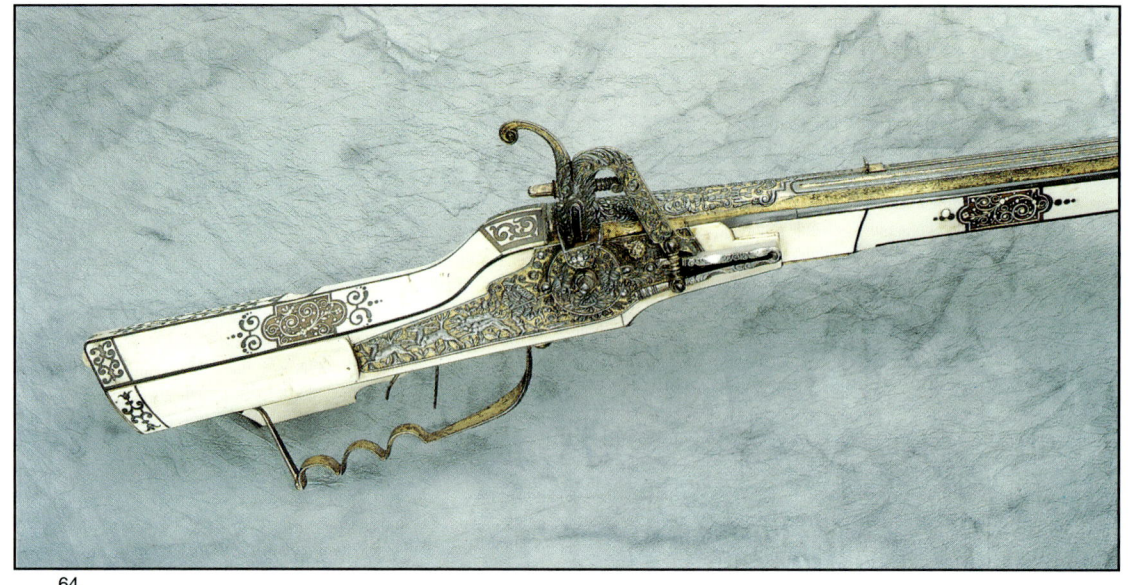

64

Radschloßbüchse [64, 65, 66]   *1630*

Daniel Sadeler und Hieronymus Borstorfer, München, Kal. 13 mm, L. 1085 mm

Eine Probe der Meisterschaft zweier in München für Albrecht VI. von Bayern arbeiten-
der Künstler ist diese am Lauf mit 1630 datierte Büchse. Den völlig mit weißem Bein
belegten und mit Ornamenten aus Horn und Edelhölzern eingelegten Schaft fertigte
Hieronymus Borstorfer an. Meister in München wurde er 1598 und er wird hier bis 1637
erwähnt. Lauf, Schloß und die weiteren Metallteile (Montierung genannt) wurden von
Daniel Sadeler mit vergoldetem Reliefschnitt auf gebläutem Grund verziert. In den
Jahren 1603–1610 arbeitete er am kaiserlichen Hof von Rudolf II. in Prag und 1610 zog
er nach München um, wo er 1632 an der Pest starb. Eine Waffe der gleichen Meister mit
sehr ähnlichem Zierat befindet sich in der Sammlung des Kunsthistorischen Museums
Wien.

65

Meister WW und Meister der Tierkopfranke, Kal. 14 mm, L. 985 mm

Annähernd in den Jahren 1630–1660 arbeitete in Österreich ein Schäfter, dessen Dekorstil mit den Werken anderer Meister unverwechselbar ist. Die gesamte Oberfläche seiner Schäfte ist mit Rankenverschneidungen geschmückt, die durch Tierdarstellungen ergänzt sind. Bislang ist es nicht gelungen, die Identität dieses Künstlers festzustellen und nach seinen charakteristischen Schmuckelementen wird er in der Fachliteratur „Meister der Tierkopfranke" genannt. Es sind mehrere Dutzend seiner Arbeiten überliefert, überwiegend Kugelbüchsen mit Radschloß, in geringerem Umfang auch andere Radschloßwaffen (Pistolen, Karabiner). Oft arbeitete er mit dem Wiener Büchsenmacher Hans Faschang zusammen, ebenso jedoch auch mit anderen Herstellern. Das abgebildete Waffenpaar ist am Lauf mit dem Monogramm des unbekannten Büchsenmachers WW markiert und mit der Jahreszahl 1630 datiert. Der mit einer für den „Meister der Tierkopfranke" typischen Verschneidung geschmückte Schaft zeigt am Kolben ein in weißem Bein eingelegtes Dekor, was auch an mehreren anderen Arbeiten aus dieser Werkstatt vorkommt.

Reich verziert mit Silberornamenten auf schwarzem Untergrund sind ebenso Lauf und Schloßplatte, der Raddeckel ist zur Form eines Doppelkopfadlers durchbrochen. Die Büchsen des Waffenpaars sind nicht völlig identisch und unterscheiden sich in geringfügigen Dekordetails. Die leicht abweichende Hahnform kann auch bei einer spä-

67

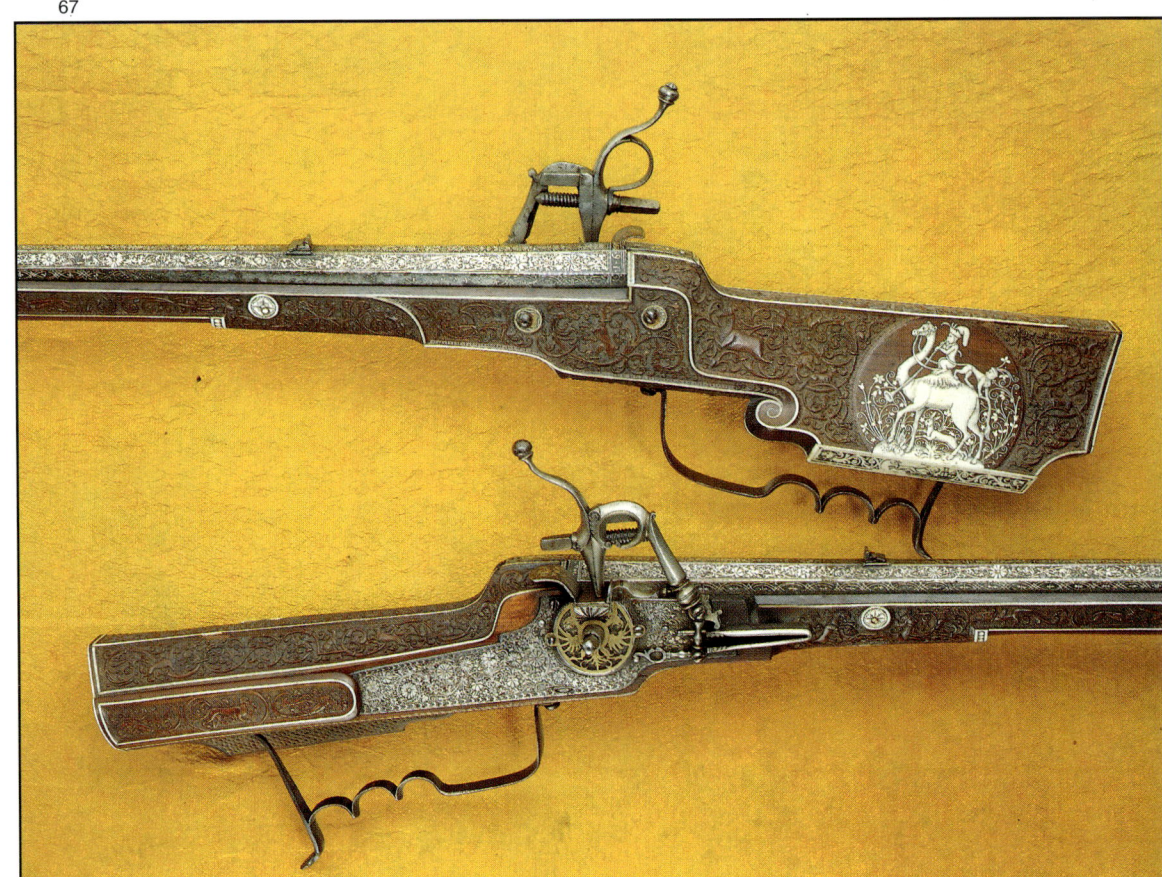

teren Änderung der Waffe entstanden sein. Eine weitere Arbeit aus dieser Meister-
werkstatt zeigen die Abbildungen Nr. 70–71.

Paar wasserdichter Doppelradschlösser [69]   *um 1635*

Pierre Bergier, Grenoble, L. 147 mm

Der Begriff „wasserdichtes Schloß" bedeutet nicht, daß man aus einer Waffe mit diesem Schloß unter Wasser schießen könnte. Die Konstruktion sollte lediglich ein Feucht-
werden des Schießpulvers verhindern und es ermöglichen, die Waffe auch bei Regen
zu benutzen. Der Feuerstein ist am abklappbaren Pfannendeckel befestigt, der hier zugleich als Hahn dient. Die zum Spannen der Schlagvorrichtung dienende Radachse
geht nicht nur durch die Schloßplatte, sondern ragt auf der gegenüberliegenden, linken Seite der Waffe heraus. Diese Lösung ist typisch auch für andere Schlösser, zumeist aus Frankreich stammende Radschlösser. Ein weniger häufiges Element ist die
spiralig gebogene Schlagfeder. Auch kommt ein Doppelradschloß seltener vor als die
einfache Variante.
    Der Urheber der abgebildeten Schlösser, der Uhrmacher und Büchsenmacher Pierre
Bergier aus Grenoble, wird als Erfinder dieser Konstruktion angesehen. In der Rüstkammer des französischen Königs Louis XIII. befanden sich drei Büchsen und ein Pistolenpaar von Bergier zum „Schießen in Wasser", die mit 1634 und 1635 datiert sind.
Wasserdichte Schlösser wurden auch von weiteren französischen und deutschen Büchsenmachern angefertigt.

69

Radschloßbüchse [70, 71] *wahrscheinlich 1631*

Meister der Tierkopfranke, Kal. 14 mm, L. 1110 mm

Eine weitere Arbeit des „Meisters der Tierkopfranke" (vergleiche Nr. 67–68). Auf der Schaftbacke der Waffe befindet sich ein vergoldetes Messingmedaillon (hier nicht erkennbar) mit dem Relief des Doppelporträts von König und Königin und der Inschrift REX BOHE. Die Porträts stellen zweifellos Ferdinand III. und dessen Gattin Maria Anna von Spanien dar. Da in der Inschrift der Titel des böhmischen Königs betont wird, stammt die Waffe aus der Zeit vor 1637, als Ferdinand den Rang eines Römischen Königs erwarb. Aus dem Doppelporträt mit der Königin läßt sich schließen, daß die Büchse mit der Eheschließung des Königs im Jahr 1631 zusammenhängt und wohl auch zu den Hochzeitsgeschenken gehörte.

Weder am Lauf, noch an der Schloßplatte kommt eine Marke vor und man weiß nicht, mit welchem Büchsenmacher der „Meister der Tierkopfranke" an dieser Radschloßbüchse zusammenarbeitete.

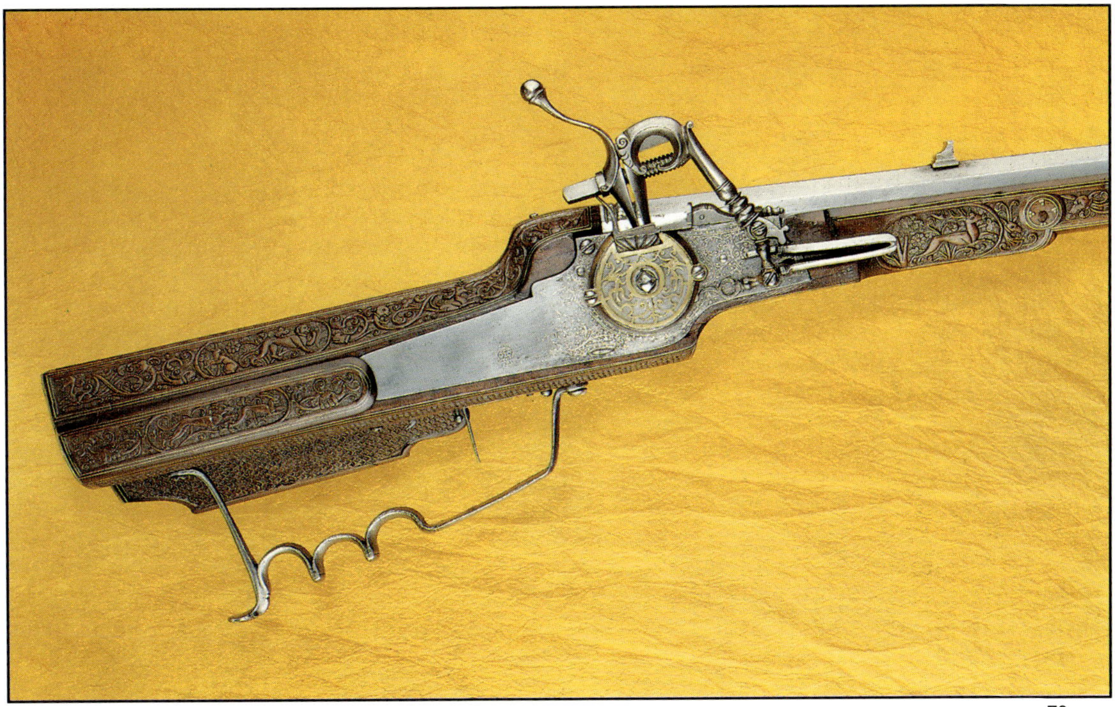

70

71

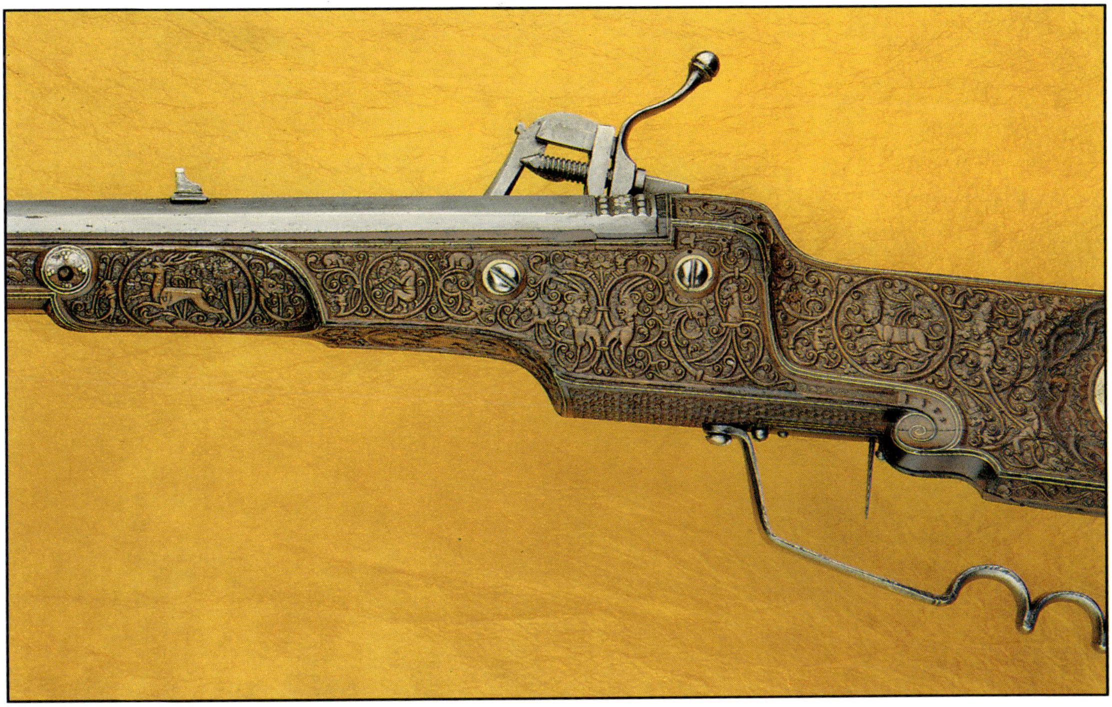

Suhl, Kal. 13 mm, L. 620 mm

Die Pistole mit wasserdichtem Radschloß, eine Erfindung französischen Ursprungs (siehe Nr. 69), ist am Lauf nur mit dem Herstellungsort (SVL) und der Henne als dem Suhler Wappentier (siehe Nr. 50–51) gekennzeichnet. Die Radachse ragt auf der rechten Seite hervor, wie dies bei den Radschlössern (mit Ausnahme der französischen Variante) üblich ist, der Pfannendeckel ist zur leichteren Handhabung mit einem langen Daumenhebel versehen. Auf der Schloßplatte erscheinen Pflanzen- und Vogelgravuren in einem auf Waffen niederländischen Ursprungs verwendeten Dekorstil.

Der Handgriff ist sparsam mit ornamentaler Verschneidung und Messingnägeln dekoriert, der Messingknauf mit einem durchbrochenen und gravierten Pflanzenornament. Ausmaße und Ausführung verraten die typische Reiterpistole aus der Mitte des 17. Jahrhunderts, offenbar die Waffe eines Offiziers, der sie sich mit einem damals neuen und modischen Schloßtyp versehen ließ.

In der Ermitage von Sankt Petersburg befindet sich ein Paar ähnlicher Pistolen mit wasserdichtem Schloß und auch mit ähnlicher Ausschmückung der Schloßplatte, das 1652 in Arzberg vom Büchsenmacher Jakob Gsell angefertigt wurde. In gewissen Details unterscheidet es sich allerdings von der abgebildeten Waffe, insbesondere durch das Aufziehen der Schlagvorrichtung von links.

72

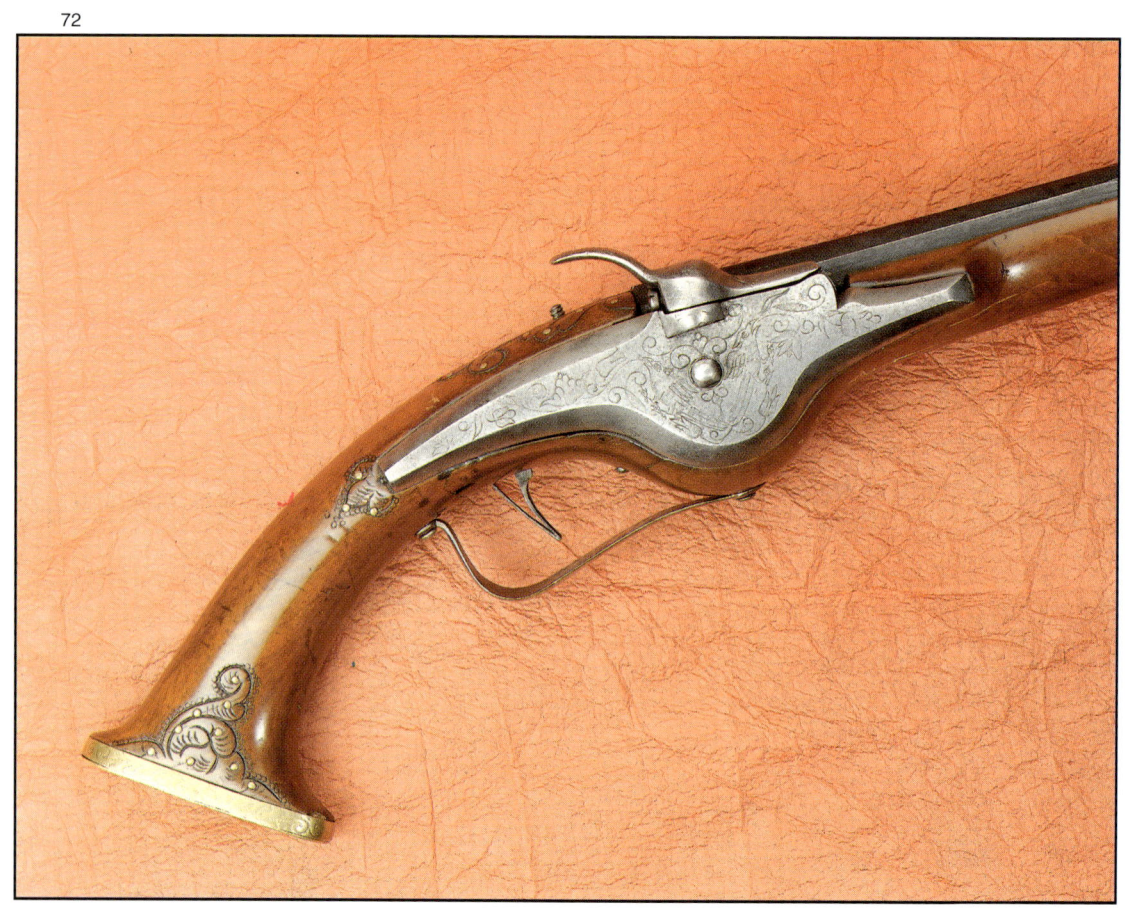

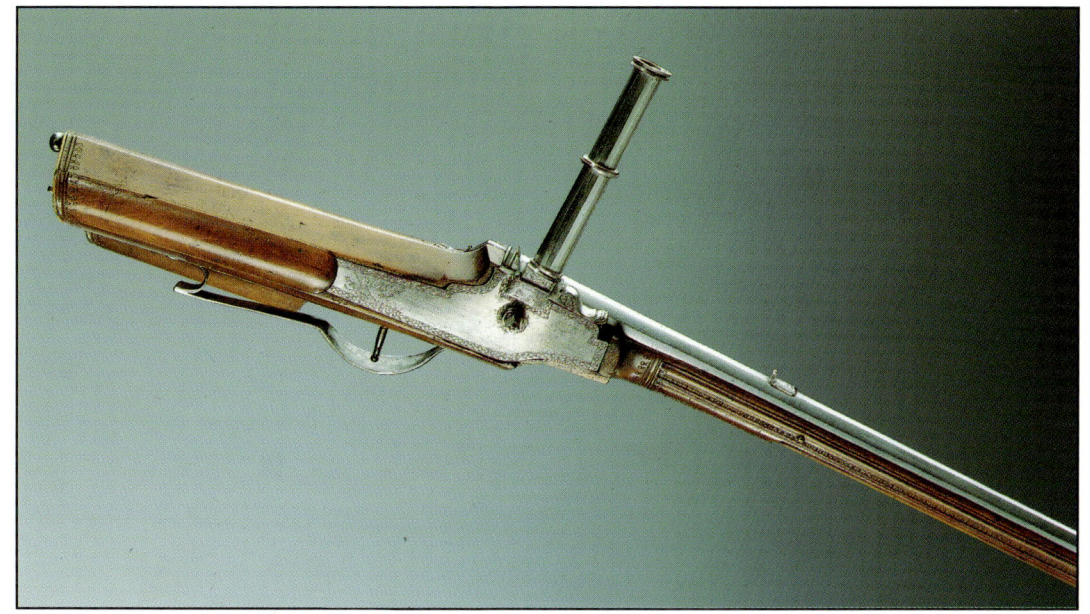

Radschloßbüchse mit Rauchabzug [73] *1640*

Christian Baier, Wien

Um die Mitte des 17. Jahrhunderts stellten einige mitteleuropäische Büchsenmacher (österreichische und böhmische) Radschloßbüchsen mit Rauchabzug her. Dieser sollte den durch das Verbrennen des Schießpulvers entstehenden Rauch höher über die Waffe hinaus ableiten und so den Ausblick des Schützen freihalten. Es war offensichtlich eine unpraktische und unnötige Maßnahme, denn bei den einschüssigen Waffen verflüchtigte sich der Rauch, noch bevor die Waffe neu geladen war. Deshalb kommen Radschlösser mit Rauchabzug auch nur vereinzelt vor.

Christian Baier, der Hersteller der abgebildeten Waffe, wurde 1611 geboren und war ab 1630 „Büchsenspanner" am kaiserlichen Hof zu Wien. Dieses Amt bekleidete er 33 Jahre, bis zu seinem Tod im Jahr 1663. Aufgrund seines Titels eines Hofhandwerkermeisters konnte er also bereits Waffen anfertigen, bevor er – erst im Jahr 1662 – Meister der Büchsenmacherinnung in Wien wurde.

Christian Baier wurde in der Wiener Minoritenkirche begraben und die Inschrift auf der Grabplatte erinnert an seine langjährige Tätigkeit in den Diensten des Kaisers. Hofbüchsenmacher von Ferdinand III. war auch Baiers Zeitgenosse, der Prager Büchsenmacher Johann Mendtel, der ebenso Waffen mit Radschloß und Rauchabzug herstellte.

Der Rauchabzug läßt sich in eine waagrechte Lage über dem Lauf abklappen, so daß Schießpulver auf die Pfanne gebracht werden kann. Der hochstehende Rauchabzug würde auch beim Transport der Waffe Schwierigkeiten bereiten.

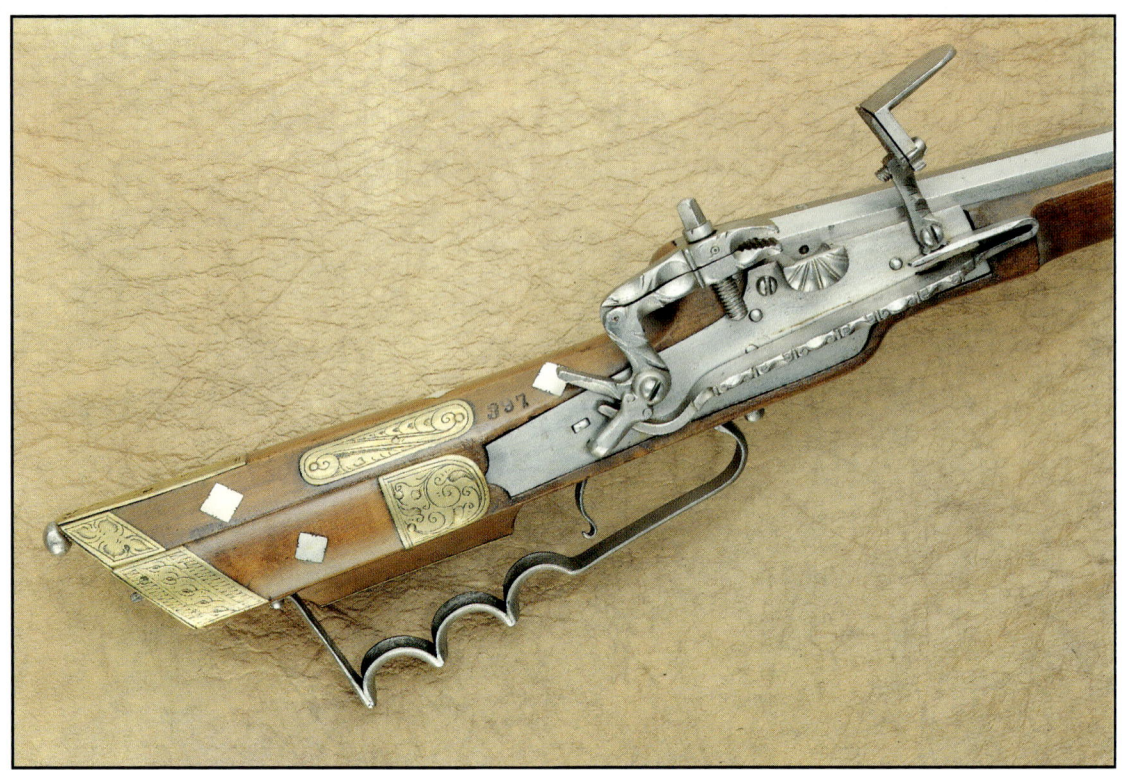

74

Kugelbüchse mit skandinavischem Schloß [74] *um 1640*

Meister IK, Kal. 9 mm, L. 970 mm

Skandinavische Schlösser besitzen einen außenliegenden Mechanismus mit einer einzigen gemeinsamen Feder für Hahn und Batterie. Erst in der zweiten Hälfte des 17. Jahrhunderts wandert die Schlagfeder auf die Innenseite der Schloßplatte und die Batterie erhält eine eigene Feder (vergleiche Nr. 124). Nach der Form des Hahnes werden die skandinavischen Schlösser weiter unterschieden in schwedische, norwegische und baltische. Der Lauf der abgebildeten Büchse ist mit IK signiert, der Schaft mit Perlmutt und einem gravierten Messingblech verziert. Man kann den Feuerstahl zur Seite drehen, was bei der schußbereiten Waffe als Sicherung vor einem ungewollten Auslösen dient.

Vierschüssige Steinschloßpistole [75, 76] *um 1645*

Niederlande, Kal. 14 mm, L. 660 mm

Der in einen vergoldeten Messingknauf in Gestalt eines Menschenkopfes auslaufende Pistolengriff sowie der frühe Typ des französischen Steinschlosses weisen auf den niederländischen Ursprung der Waffe aus der Zeit von 1645–1650 hin. Die vom Hersteller nicht signierte Pistole ist eine technisch interessante Waffe, in deren Lauf hintereinander vier Pulverladungen und vier Geschoße geladen wurden. Aus der Pfanne führt nach vorn am Lauf entlang ein schmales Röhrchen mit dem Zündkanal zur ersten Pulverladung. Zugleich liegt hier auch die Öffnung in das Röhrchen auf die entgegenge-

setzte Laufseite, aus dem die Zündkanäle für die zweite und dritte Ladung münden. Die ersten drei Schüsse wurden auf einmal abgefeuert, in kurzen Intervallen. Dann mußte erneut Pulver auf die Pfanne geschüttet, der den hinteren Zündkanal verschließende Schieber zurück gedrückt und die vierte und letzte Ladung abgefeuert werden. Es handelt sich um eine einzigartige Konstruktion, die jedoch offenbar nicht völlig zuverlässig und sicher war.

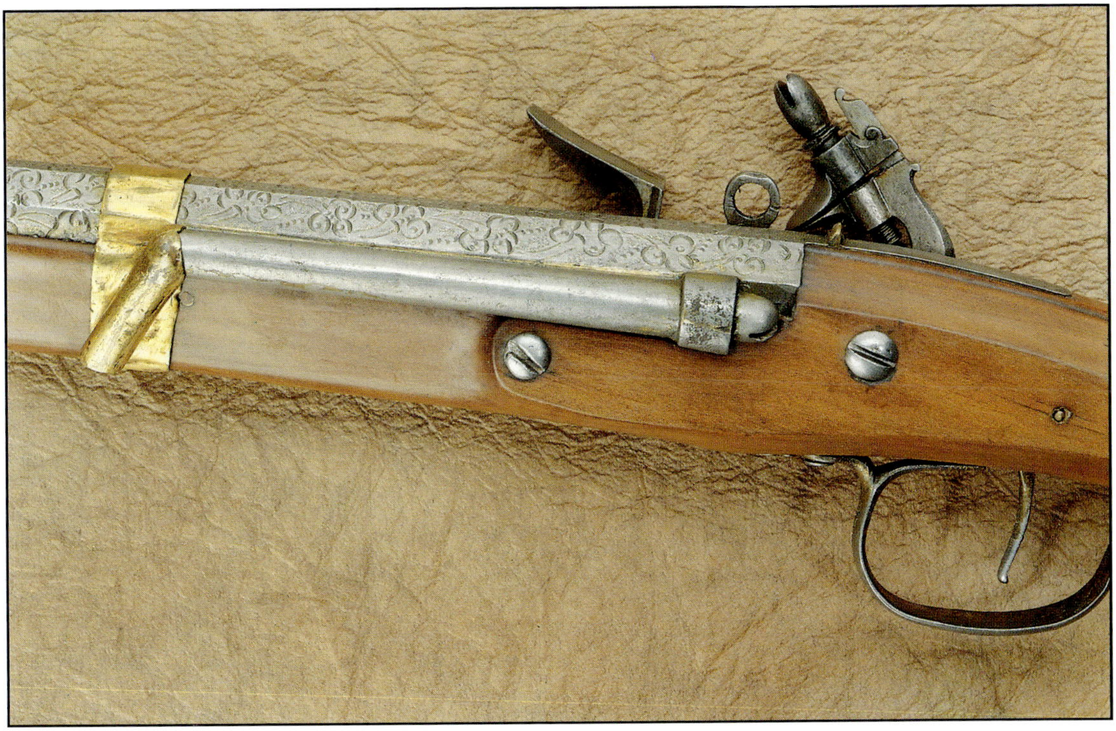

77

Radschloßbüchse [77]

1648

Meister G. Zickh, Kal. 13,5 mm, L. 1100 mm

Der Lauf ist vom bisher unbekannten Büchsenmacher G. ZICKH markiert, dessen Monogramm (GZ) ebenfalls auf der Schloßplatte zu sehen ist. Auf der beinernen Schafteinlage an der Schwanzschraube befindet sich die Datierung 1648 und das Monogramm HZ (Dekorateur oder Schäfter).

Der Schaft ist mit graviertem weißem Bein ausgelegt (Ornamente, Wild) und auf einem Großteil der Fläche durch Rändeln aufgerauht. Interessant ist auch die technische Lösung des Schlosses. Das Rad liegt bereits völlig hinter der Schloßplatte verborgen, was zur Entstehungszeit der Waffe schon üblich war. Der Schlüssel zum Spannen der Schlagvorrichtung wird jedoch nicht auf die Radachse aufgesteckt, sondern auf einen Vierkant neben dem Rad, von wo die Kraft über ein Zahnradwerk im Schloß übertragen wird. Diese Konstruktion war wenig üblich, kommt allerdings auch bei verschiedenen anderen Waffen vor (vergleiche Nr. 121).

Kugelbüchsenpaar mit Radschloß [78]

1650

Martin Gummi, Kulmbach, Kal. 11,5 mm, L. 1262 mm

Der aus Prenzlau in Brandenburg stammende Martin Gummi wird im bayrischen Kulmbach ab 1628 erwähnt und starb hier 1651. Als Büchsenmacher waren in Kulmbach auch drei seiner Söhne tätig. Das am Lauf mit seiner Meistermarke signierte und mit der Jahreszahl 1650 datierte Büchsenpaar gehört zu seinen letzten Arbeiten. Der

78

Schaft ist mit ornamentaler Verschneidung dekoriert, Schloß und Garnitur sind mit messingnen, vergoldeten, verschnittenen und gravierten Figuren- und Tiermotiven, einer Kampfszene des hl. Georg mit dem Drachen u.a. geschmückt.

79
80

Radschloßbüchse [79, 80]

um 1650

Meister MK (?), Kal. 13 mm, L. 1062 mm

Das Rad an der Schloßplatte und die Garnitur sind aus vergoldetem Messing mit Ziergravur. Hauptsächliches Schmuckelement ist jedoch der Büchsenschaft. Zur Schaftdekorierung verwendete man Bein, Horn, Perlmutt, Messing, Edelhölzer und weitere Materialien, in Ausnahmefällen wurde der Holzschaft ganzflächig mit Schildpatt ausgelegt.

Leider ist die Meistermarke am Lauf schlecht lesbar. Sie besteht aus einem Schild mit dem Monogramm MK (MH ?) über einem springenden Tier (Pferd, Hirsch?). Eine ähnliche Marke mit den Initialen MK ist von Waffen bekannt, die in den Jahren 1667–1669 in Augsburg entstanden, eine Marke mit dem Monogramm MH verwendete Michael Haas, der in Schwäbisch Gmünd von 1635 bis zu seinem Tod im Jahr 1701 erwähnt wird. In beiden Fällen handelt es sich um ähnliche, jedoch keinesfalls übereinstimmende Meistermarken und keiner dieser beiden Büchsenmacher ist Hersteller der abgebildeten Waffe.

Eine ähnliche Büchse mit Radschloß und Schildpattschaft fertigte 1652 der Büchsenmacher Matthäus Mätl in Linz an. Ähnlich ist auch die Verzierung der Garnitur, einschließlich der eingravierten Jagdszene (mit anderem Motiv) auf dem Ladenschuber am Kolben. Weder Matthäus Mätl, noch seinen Verwandten mit anderen Vornamen kann jedoch die hier dargestellte Waffe zugeschrieben werden, nur die Entstehungszeit dieser Waffen mit Schildpattschaft wird annähernd gleich sein.

Radschloßpistole [81]

um 1640

Kal. 12 mm, L. 725 mm

Die vom Meister nicht gekennzeichnete Waffe ist das Beispiel einer typischen Reiterwaffe aus den letzten Jahren des Dreißigjährigen Krieges (1618–1648). Ähnliche Militärwaffen wurden zu jener Zeit in ganz Europa verwendet, ihr Gewicht lag in der Regel zwischen 1100–1200 g (hier 1150 g), das Kaliber konnte auch ein wenig größer, die Länge dagegen eher geringer als beim abgebildeten Exemplar sein.

81

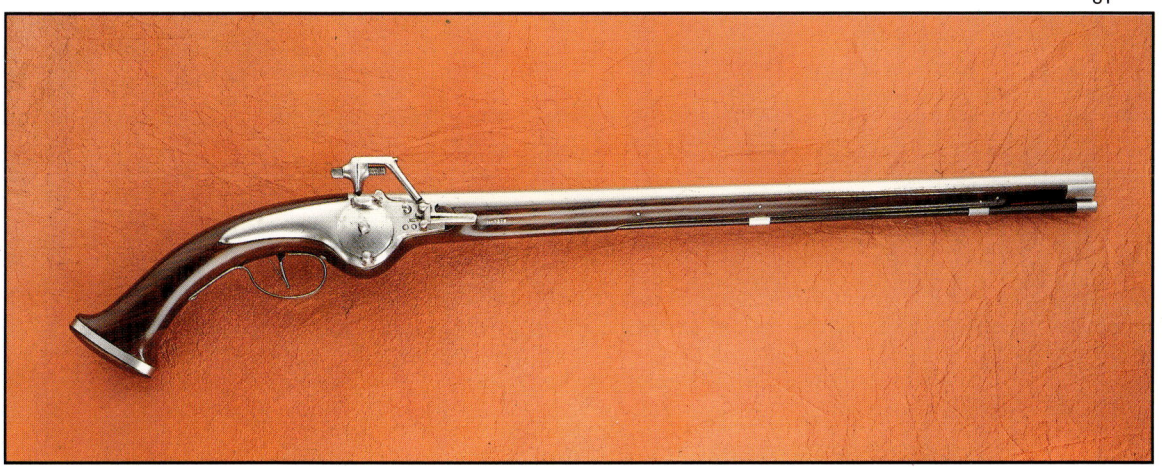

Kal. 16 mm, L. 1565 mm

Die lange und schwere Waffe ist mit einem wasserdichten Radschloß versehen, einer Erfindung französischer Herkunft (vergleiche Nr. 69 und 72), die auch in Mitteleuropa Verbreitung fand. Die Schlagvorrichtung wird von links aufgezogen, was typisch für französische Radschlösser ist, jedoch auch bei deutschen wasserdichten Schlössern

82

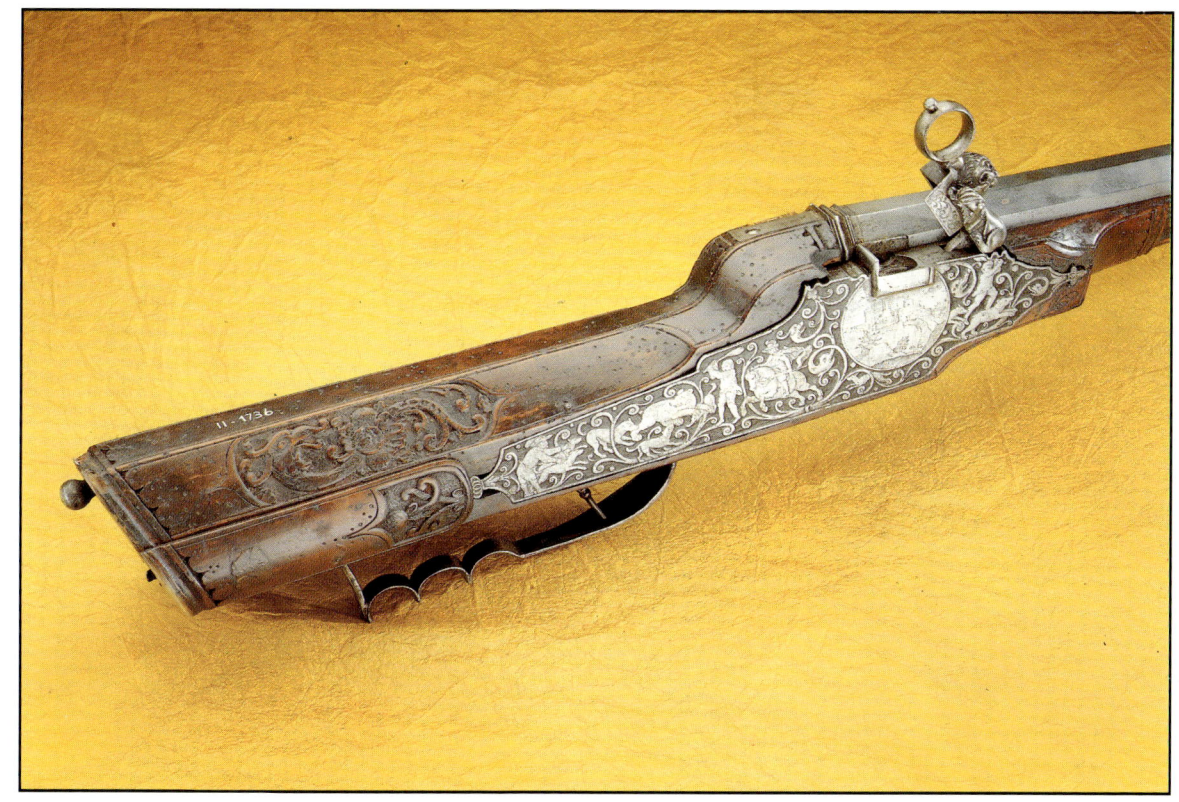

vorkommt. Höchstwahrscheinlich in Mitteleuropa entstand auch das abgebildete unmarkierte und undatierte Stück. Der Dekorstil der Schloßplatte verweist eher in die
älteren Zeitabschnitte, doch kommt das wasserdichte Radschloß in dieser Form in Mitteleuropa frühestens um 1640 auf. Die Schlagfeder hat die Form eines U (im Unterschied zu den französischen Exemplaren mit Spiralfeder). Der Hahn, der zugleich auch
Pfannendeckel ist, ist zu einem liegenden Löwen gestaltet.

Tschinken [84, 85]   *um 1650*

Schlesien, Kal. 8 mm, L. 1170 mm

Tschinken (auch Tesching) sind leichte Jagdgewehre, deren Name von der Stadt Těšín
(zu deutsch Teschen) stammt. Man stellte sie seit Ende des 16. Jahrhunderts und das
ganze 17. Jahrhundert über in Schlesien und auch anderswo her. Sie sind mit einem
Radschloß mit äußerem Mechanismus ausgestattet (die Schlagfeder ist nicht hinter der
Schloßplatte verborgen), was zu dieser Zeit bereits veraltet und eine bei anderen Feu-
erwaffentypen bereits verworfene Radschloßform war. Hier war das jedoch notwendig
aufgrund des leichten, schlanken Schafts mit stark geneigtem Hals, in den der Schloßmechanismus nicht eingearbeitet werden konnte.
   Neben dieser Radschloßvariante und neben der typischen Schaftform zeichnen sich
die Tschinken weiter durch eine reiche Ausschmückung des Schaftes in Form von Bein-
intarsien mit Figuren und Tiermotiven aus, oft wird auch beim Zierat Perlmutt und Messing verwendet. Der Lauf der Tschinken besitzt stets eine gezogene Bohrung. Im Vergleich zu anderen zeitgenössischen Waffen haben die Tschinken ein kleineres Gewicht
und ein ungewöhnlich kleines Kaliber (6,5–9 mm). Tschinken werden als Waffen für die

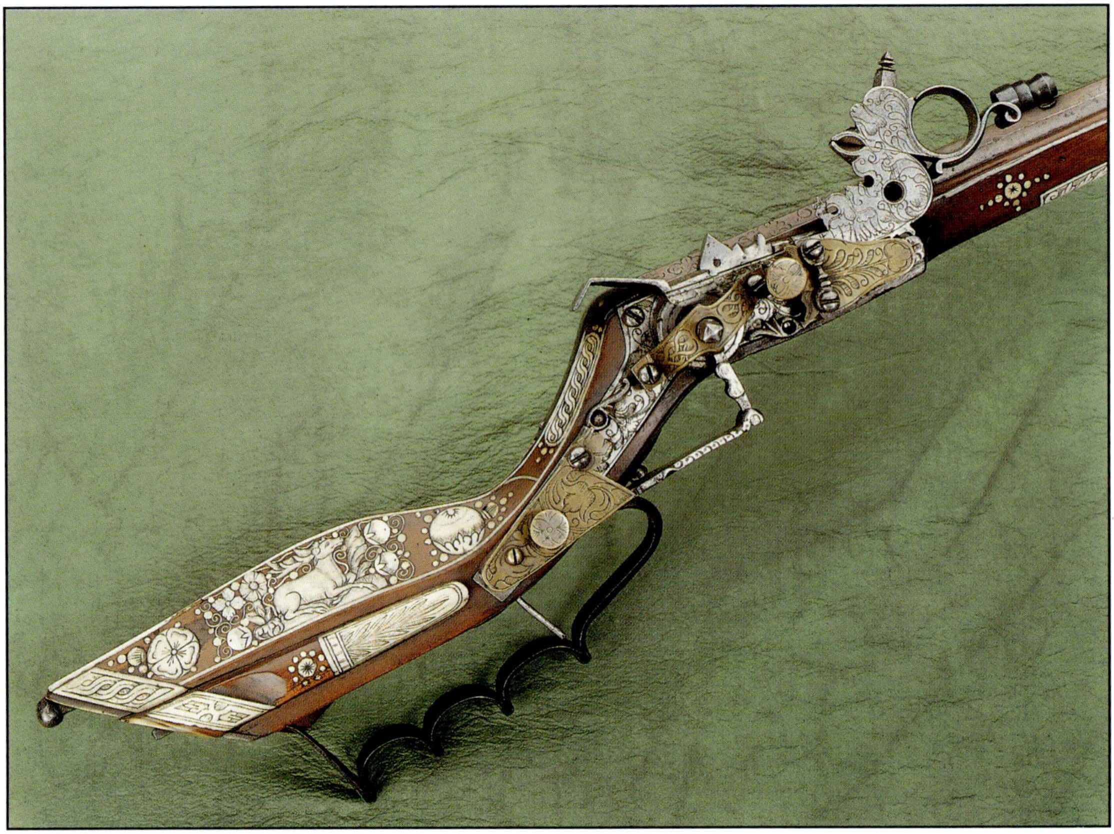

84

Vogeljagd angesehen, aufgrund ihres geringen Gewichts und dem reichen Schmuck trat auch die Ansicht auf, daß es sich um für Damen bestimmte Waffen handelt.

85

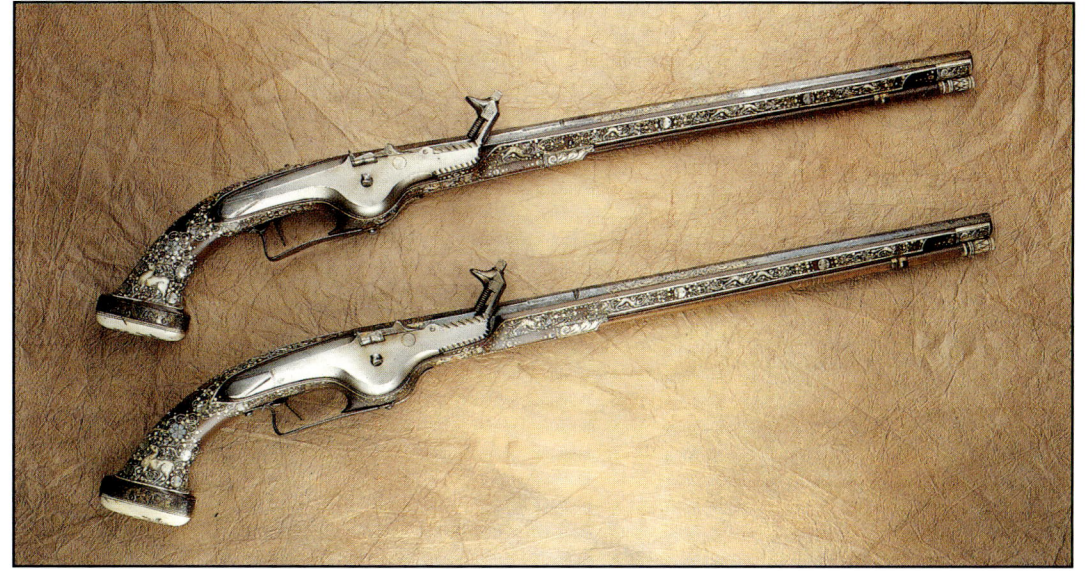

Pistolenpaar mit Radschloß [86, 87]   *um 1650*

Pavel Kalivoda, Těšín, Kal. 13 mm, L. 700 mm und 695 mm

Die Ausschmückung der Schäfte mit reich intarsiertem weißem Bein, eventuell auch
Perlmutt und Geweih, und zwar in verschiedenen Ornamenten sowie Figural- und Tiermotiven, hat die Bezeichnung „im schlesischen Stil" erhalten. Wir finden sie vor allem
an Tschinken (Nummer 84–85), aber auch an anderen Waffen (Kugelbüchse, Pistolen,

87

Kombinationswaffen), die im 17. Jahrhundert in diesem Gebiet entstanden. Ein Beispiel ist dieses Pistolenpaar – mit geringfügigem Längenunterschied beider Stücke –, das am Lauf mit PK gekennzeichnet ist, einer vom Teschener Büchsenmacher Pavel Kalivoda verwendeten Signatur. Das Radschloß würde in der Form seines Hahns ohne Daumenhebel eher auf die erste Hälfte des 17. Jahrhunderts hinweisen, doch wurde Pavel Kalivoda erst 1650 Bürger von Teschen und dortiger Büchsenmachermeister (1662 war er Zunftvorstand). Die Pistolenläufe sind mit eingraviertem Rankenwerk mit Überresten einer Vergoldung verziert.

Steinschloßpistole [88]   *um 1650*

Kal. 14 mm, L. 605 mm

Das Anfang des 17. Jahrhunderts in Frankreich konstruierte Steinschloß (vergleiche Nr. 57) breitete sich in der ersten Hälfte dieses Jahrhunderts vor allem in Westeuropa (Frankreich, Niederlande) erfolgreich aus. Hier (Nordfrankreich?) hat offensichtlich auch die Pistole ihren Ursprung, deren Eisenteile (Lauf, Schloßplatte und Garnitur) im Reliefschnitt verziert sind. In der Ausschmückung überwiegen zeitgenössische Kampfszenen – der Lauf zeigt Reiter, Fähnrich und Lanzenträger zu Fuß vor einem Stadttor, am Knauf ist ein Feldlager dargestellt. Weiter besteht das Dekor aus Kriegstrophäen, Blumenornamenten u.a. Auf der Schloßplatte ersticht sich ein antiker Kämpfer mit dem eigenen Schwert und könnte mit dem Frauenkopf an der Hahnferse Antonius und Kleopatra darstellen. Die überwiegenden Kriegsszenen deuten darauf hin, daß es sich offenbar um eine Offizierswaffe handelt.

88

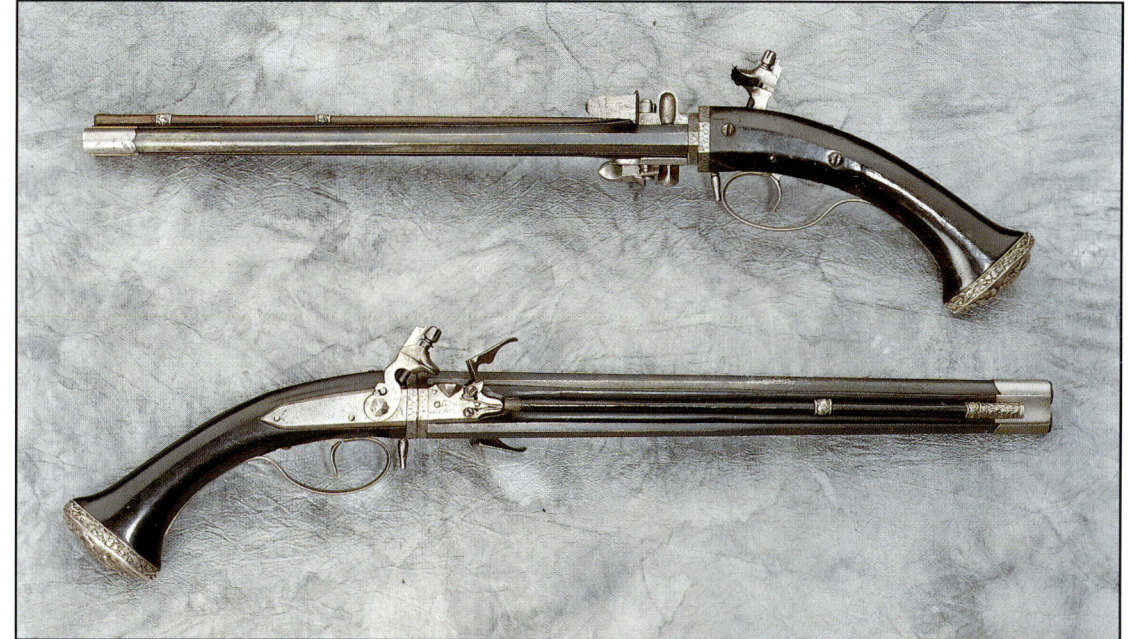

Paar doppelläufiger Steinschloßpistolen [89, 90]   *um 1650*

Guilielmus De la Pierre, Maastricht, Kal. 11 mm, L. 550 mm

Die Pistolen haben übereinander angeordnete drehbare
Läufe, der Schlüssel zum Lösen
der Läufe befindet sich vor dem
Abzugsbügel. Jede Waffe hat
nur einen Hahn, doch hat jeder
Lauf eine eigene Pfanne und
Batterie. Den Knauf schmückt
der Reliefschnitt eines Reiters
über seinem liegenden Rivalen
– bei der einen Waffe in Vorder-
ansicht, bei der anderen von
hinten. Die Pistole wurde von
Guilielmus De la Pierre angefertigt, der ab 1643 in Maastricht erwähnt wird und 1667
hier stirbt. Prunkwaffen des
gleichen Meisters werden auf
dem schwedischen Schloß Sko-
kloster aufbewahrt. Sie befanden sich bereits im Jahr 1651
dort, als man in der Schloßin-
ventarliste einträgt, daß sie
eine Schäftung „aus brasiliani-
schem Holz" besitzen.

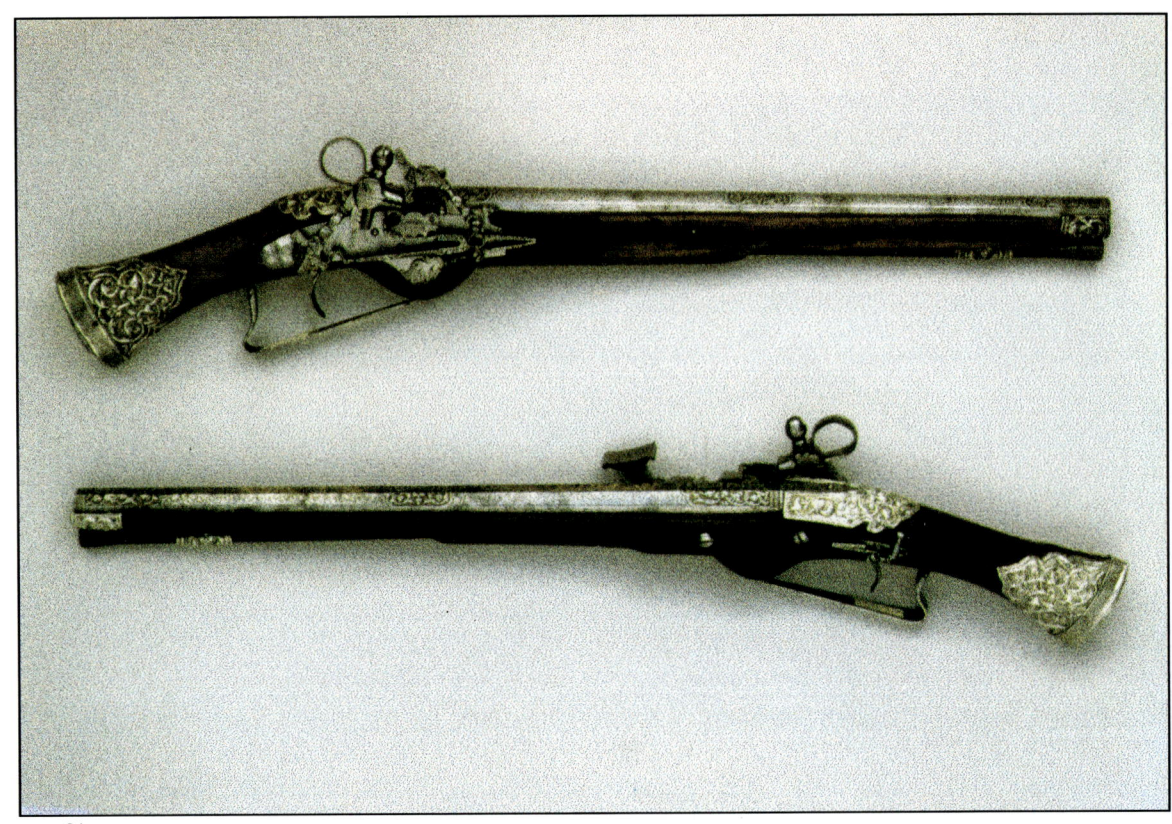

91

Pistolenpaar mit russischem Steinschloß [91]   *um 1650*

Meister Fjodor (?), Moskau

Vor der allgemeinen Ausbreitung des französischen Steinschlosses wurden in verschiedenen Regionen örtliche Steinschloßvarianten verwendet. Eine davon ist auch
das russische Schloß, das wohl vom älteren holländischen Schloß beeinflußt war.
  Das Pistolenpaar mit russischem Schloßtyp entstand um die Mitte des 17. Jahrhunderts in Moskau, in den Werkstätten der Kreml-Rüstkammer. Eine der Schloßplatten
trägt die Initialen FDR, die wahrscheinlich den Namen des Meisters (Fjodor?) bezeichnen, der die Waffe angefertigte. Auf den Knaufen ist eine Inschrift eingraviert, die mit-
teilt, daß die Pistolen Alexander Bogdanowitsch Mussin-Puschkin gehören, der in den
Diensten von Zar Alexander Michailowitsch stand. Die Waffen sind reich mit Verschneidungen, Gravuren und Vergoldungen geschmückt.

Zweiläufige, sechsschüssige Steinschloßpistole [92]   *1650*

Johann Paul Klett, Salzburg, Kal. 12 mm, L. 370 mm

Das langwierige Laden der Vorderlader zwang die Büchsenmacher, nach Konstruktionen mehrschüssiger Waffen zu suchen, um eine höhere Feuergeschwindigkeit zu erzielen. Einer der Lösungswege bestand darin, in einem Lauf mehrere Ladungen hintereinander anzubringen (vergleiche Nr. 75–76). Die älteste Waffe, bei der mehrere
Zündkanäle in die Pfanne münden, ist eine italienische Büchse mit Radschloß, die aus
der Zeit um 1580 stammt.

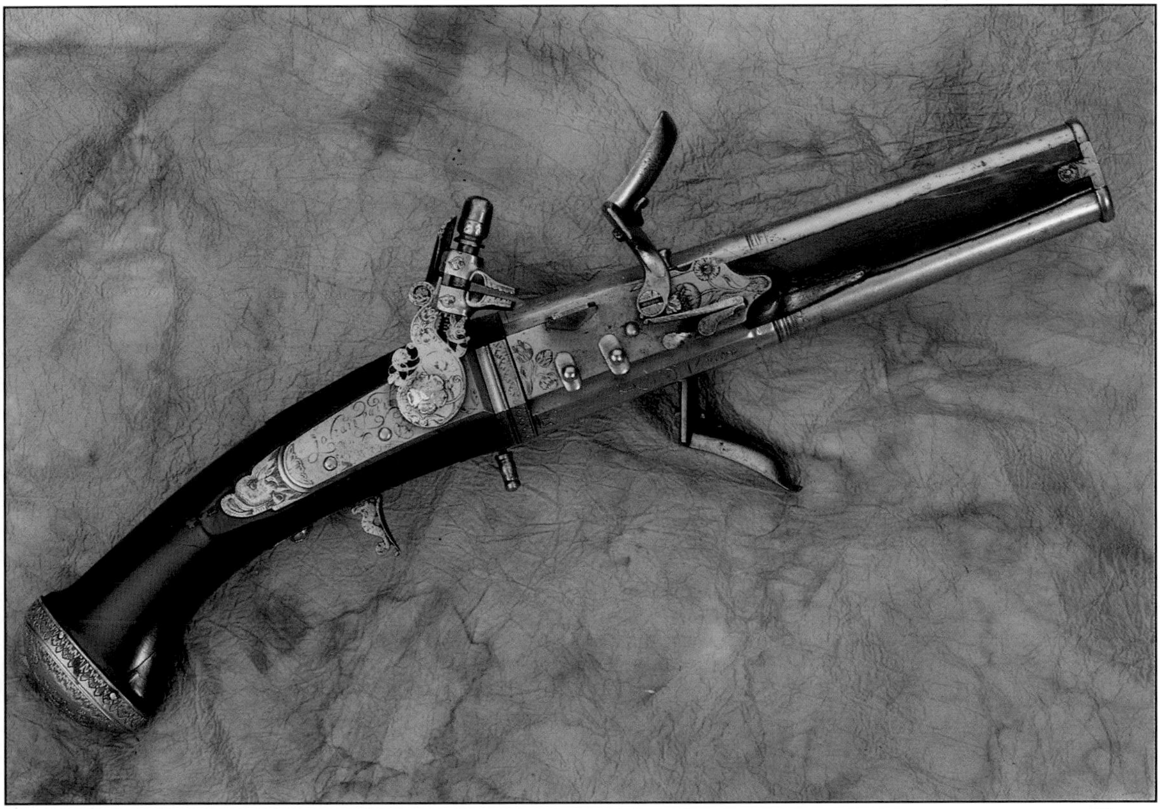

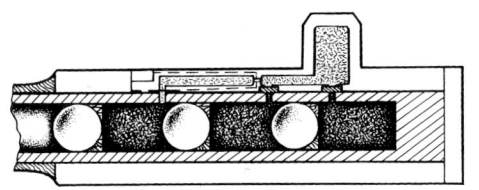

92

Die hier dargestellte Pistole hat in jedem Lauf drei Zündkanäle, von denen sich die beiden hinteren durch Schieber verschließen lassen. Eine nach der anderen wurden also die erste, zweite und dritte Kugel abgefeuert und nach dem Drehen der Läufe (die man durch Drücken eines Hebels vor dem Abzugsbügel löste, der hier allerdings fehlt) wurden auf die gleiche Weise drei Geschoße aus dem zweiten Lauf abgefeuert. Vor jedem Schuß mußte erneut Schießpulver auf die Pfanne geschüttet werden, was durch einen kleinen Pulverbehälter in der Batterie beschleunigt wurde.

Die Schloßplatte trägt die Signatur Johann Paul Klett und die Läufe sind mit „Kletten Ao 1650" markiert. Die Kletts waren in Suhl tätig (vergleiche Nr. 50–51 und 59), doch nach der Plünderung der Stadt durch die Kroaten und der erheblichen Zerstörung von Suhl durch den Brand im Jahr 1634 zog Johann Paul Klett 1636 mit seinen vier Söhnen nach Salzburg um, wo er für den Erzbischof arbeitete. Die Kennzeichnung „Kletten" verwendete Johann Paul mit seinen Söhnen nur in den Jahren 1645–1650. Für die Kletts typisch sind auch die auf dem Schloß und weiteren Waffenteilen eingravierten Blumenmuster. Die Salzburger Kletts zählten zu den bedeutendsten Büchsenmachern ihrer Zeit; sie wurden durch die Herstellung verschiedener Hinterlader und Repetiergewehre berühmt und gehörten zu den ersten österreichischen Büchsenmachern, die Waffen mit französischem Steinschloß anfertigten.

Anordnung von Kugeln und Schießpulver im Lauf

Pulverbehälter in der Batterie und senkrecht bewegliche Schieber auf der Schloßplatte

Kapitel 3   Die Periode von 1650 bis 1820

Um die Mitte des 17. Jahrhunderts beginnen die Waffen mit Steinschloß zu überwiegen. Sie dominieren in West- und Südeuropa und nur im mitteleuropäischen Raum (Deutschland, Österreich, Böhmen) dauert die Beliebtheit des Radschlosses weiter an, das hier bei Jagd- und Scheibenbüchsen bis tief in die zweite Hälfte des 18. Jahrhunderts verwendet wurde. Auch hier beginnen sich jedoch immer stärker die Schnappschloß- und Steinschloßwaffen durchzusetzen. Fast allgemein verbreitete sich das französische Schloß, wenn auch in einigen, insbesondere südeuropäischen Gebieten weiterhin ebenso lokale Steinschloßvarianten benutzt wurden (Schloß alla catalana, alla fiorentina u.a.). Lunten- und Schwammschlösser verschwinden bei Zivilwaffen endgültig, während sich das Luntenschloß bei den Militärmusketen bis zum Ende des 17. Jahrhunderts hielt.

Jäger (Steinschloßgewehr), um 1725

Beim Militär wurde das Radschloß für Reiterwaffen verwendet, in der zweiten Hälfte des 17. Jahrhunderts kommt es zu vereinzelten Versuchen, diese Konstruktion auch bei Infanteriewaffen anzuwenden, doch ab Anfang des 18. Jahrhunderts gehen die Armeen allgemein zu Steinschloßwaffen über. Die in großen Serien hergestellten Militärwaffen sind genormt und erhalten ihre Modellbezeichnungen. Neben den Infanteriegewehren entstehen Varianten für andere Waffenarten (Reiterei, Artillerie usw.) sowie verschiedene Spezialwaffen (Wallbüchsen, Granatwerfer u.a.).

Auch bei den Jagdwaffen entstehen verschiedene Gewehrtypen entsprechend den unterschiedlichen Jagdarten (Kugelbüchsen und Schrotflinten, lange Wagenbüchsen, kurze Waffen für die Jagd im dichten Unterholz u.ä.). Öfter als früher treten Versuche auf, Hinterlader verschiedenen Typs und sogar Repetierwaffen zu konstruieren. Diese Stücke waren jedoch nicht nur wesentlich teuer in der Herstellung, sondern dazu noch wenig zuverlässig, so daß unter den Feuerwaffen weiterhin die einschüssigen Vorderlader völlig überwiegen. Soweit man zweiläufige Jagdwaffen herstellte, waren die Läufe übereinander angeordnet und erst Ende des 18. Jahrhunderts treten die ersten Waffen mit zwei nebeneinander liegenden Läufen auf.

Das Radschloß wurde voll vom Steinschloß abgelöst, auch bei den Pistolen, und dies bei allen Typen von den langen Reiterpistolen bis zu den kurzen Taschenpistolen. Im letzten Drittel des 18. Jahrhunderts kommen spezielle Duellpistolen auf, und zwar in Zusammenhang mit der steigenden Anzahl an Ehrenkämpfen, in denen zunehmend das Schießen aus Pistolen dem Zweikampf mit Degen oder Säbel vorgezogen wird. Das liegt darin begründet, daß beim Pistolenduell beide Rivalen gleiche Chancen haben, während beim Kampf mit Blankwaffen der größere Duellant mit dem längeren Arm im Vorteil ist. Es entstehen auch weitere Spezialwaffen, wie z.B. kurze Kutschenbüchsen (zur einfacheren Handhabung im engen Raum der Kutsche) oder Tromblone, auch Blunderbüchsen genannt – Waffen mit trompetenartig erweiterter Mündung, die gegen eine größere Anzahl Angreifer zugleich verwendet wurden. Letztere fanden nicht nur bei der Bewaffnung von Gefängnisaufsehern Anwendung, sondern wurden ebenso zum Schutz von Postkutschen vor Überfällen sowie in erster Reihe in der Bewaffnung von Festungs-

Zierat am Lauf eines einschüssigen Gewehrs mit Schloß alla fiorentina [93] (s. Waffe Nr. 201)

besatzungen und der Kriegsflotte eingesetzt.
Zur Herstellung der großen Serien an Militärwaffen
entstanden einige Manufakturen, ansonsten änderte
sich allerdings der Charakter der individuellen handwerklichen Feuerwaffenproduktion wenig. Bereits in der
Renaissance entstanden ganzflächig verzierte Luxuswaffen und einer reichen Ausschmückung war auch die
Barockzeit zugeneigt. An zahlreichen Waffen sind in verschiedenen Techniken (Gravur, Schnitt, Intarsien, Vergoldung u.a.) nicht nur alle Hauptteile (Lauf, Schloß,
Schaft) dekoriert, sondern auch die Garnitur (Kolbenkappe, Abzugsbügel u.a.). Ab Mitte des 17. Jahrhunderts
ist es auch üblich, die Waffen mit dem vollen Namenszug
des Herstellers sowie dem Entstehungsort zu kennzeichnen, das bedeutet jedoch nicht, daß es nicht auch unmarkierte, oft sogar sehr wertvolle, Exemplare geben würde.

Englischer Infanterist,
um 1760

94

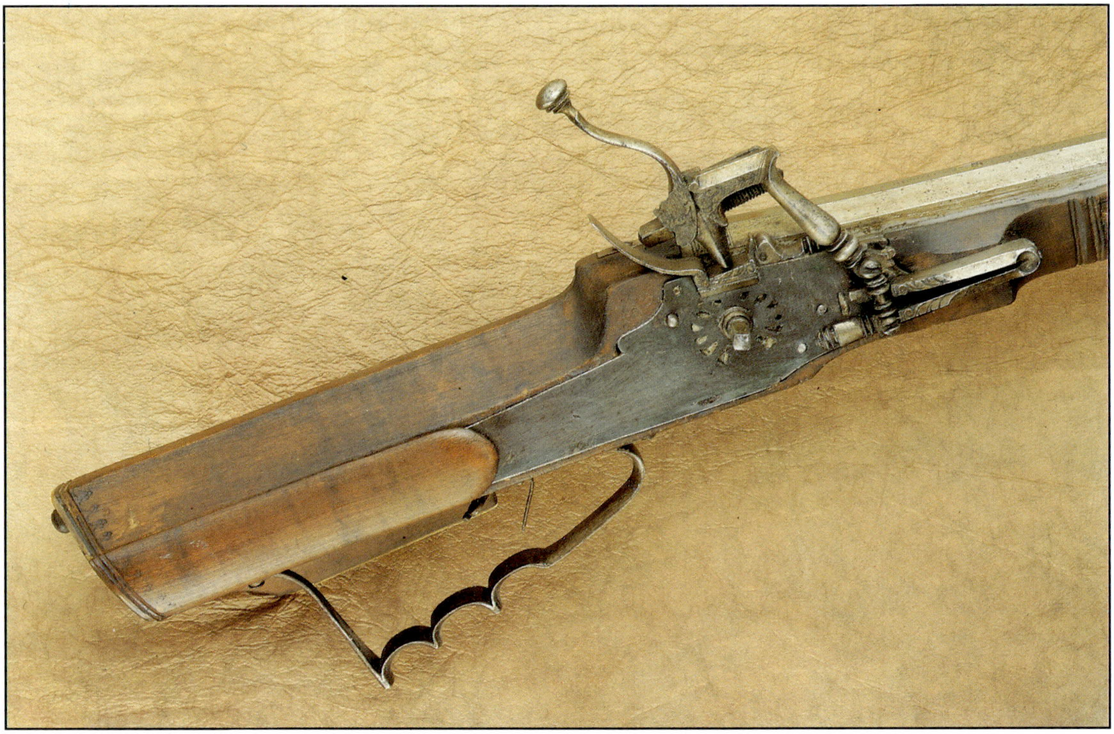

Radschloßbüchse [94, 95]   *1651*

Michael Gull, Wien, Kal. 12,5 mm, L. 1050 mm

Mitte des 17. Jahrhunderts ist es in Mitteleuropa bereits üblich, die Waffe mit dem vollen Namen des Büchsenmachers zu kennzeichnen. Am Lauf der abgebildeten Büchse befindet sich zwar eine Meistermarke (die Buchstaben MG mit Hahn), jedoch auch der volle Name des Büchsenmachers MICHAEL GULL und die Datierung 1651. Die Schloßplatte ist um die Radachse herum durchbrochen und mit dem eingravierten Symbol eines Doppelkopfadlers mit Krone verziert, der Schaft ist mit graviertem Bein intarsiert, die Schaftbacke zeigt das Motiv eines äsenden Hirsches.

Michael Gull wurde 1647 in Wien Meister und 1650 Bürger der Stadt (er starb 1679). Die abgebildete Waffe gehört also zu den frühen Arbeiten des Meisters, der später ein berühmter Büchsenmacher wurde und auch für den kaiserlichen Hof tätig war. Von seiner Hand blieben reich geschmückte Büchsen mit Schäften aus Elfenbein erhalten, aber auch technisch interessante Hinterlader mit einzulegenden Patronenhülsen, sowohl mit Kippverschluß (zum System siehe Nr. 49), als auch mit Kipplauf. Auch die abgebildete Waffe mit dem kaiserlichen Adler auf der Schloßplatte kann zu seinen Hoflieferungen gehören.

96

Muskete mit Luntenschloß [96]   *1657*

Wiener Neustadt, Kal. 20 mm, L. 1480 mm

Zur Zeit der Stein- und Radschlösser waren Musketen mit Luntenschloß technisch rückständig, wegen ihrer billigen Herstellung und der einfacheren Reparatur beschädigter Stücke hielten sie sich jedoch bis Ende des 17. Jahrhunderts in den Armeen. Gegenüber den älteren Vorgängern (siehe Nr. 34 und 60) waren sie allerdings in verschiedenen Details abgeändert – man verbesserte die Kolbenform, die Gestaltung des Abzugsbügels usw. Eine genauere zeitliche und örtliche Einordnung dieser Waffen ist trotzdem nicht einfach und beim abgebildeten Exemplar ist sie nur durch die Aufschrift am Lauf möglich: Neustadt 1657. Es handelt sich also um eine Waffe der Habsburger Armee aus der Zeit nach dem Ende des Dreißigjährigen Krieges.

Steinschloßpistole [97]   *um 1660*

Lamotte, Saint-Étienne, Kal. 14 mm, L. 568 mm

Die Pistole erinnert im Dekorstil und in den verwendeten militärischen Motiven teilweise an die Waffe Nr. 88, die Form des Steinschlosses (Hahn, Schloßplatte) sowie weitere Details beweisen jedoch, daß die Waffe etwas jünger ist. Der Lauf ist im hinteren Abschnitt mit dem Reliefschnitt einer Reitergruppe in Bewaffnung aus der Mitte des 17. Jahrhunderts geschmückt, der Knauf zeigt plastisch geschnittene Reiter und Infanteristen.

Die Schloßplatte ist mit LAMOTTE signiert. Die Lamottes waren eine Büchsenmacherfamilie mit zahlreichen im 18. Jahrhundert und im ersten Viertel des 19. Jahrhunderts in Saint-Étienne tätigen Mitgliedern. Der älteste bekannte Büchsenmacher dieses Namens ist Jean Baptiste Lamotte, der in den Jahren etwa von 1680 bis 1730 erwähnt wird, doch ist die dargestellte Pistole zweifellos älter. Entweder handelt es sich um die Arbeit seines Vaters oder um das Werk eines anderen, bislang noch unbekannten Meisters.

Steinschloßpistole [98]   *um 1660*

Kal. 13 mm, L. 645 mm

Diese Pistole mitteleuropäischen Ursprungs stammt aus der gleichen Zeit wie das vorhergehende französische Exemplar, von dem es sich jedoch in Konstruktion und Dekorstil wesentlich unterscheidet. Das Steinschloß ist älteren Typs als bei der französischen Pistole und die Schloßplatte aus Messing hat die bei Radschloßwaffen übliche Form. Auf der Schloßplatte ist eine Landschaft mit Haus (Burg?) eingraviert, das gleiche Motiv kehrt auf dem Abzugsbügel wieder.

   Die Schäftung ist in weißem Bein und Perlmutt mit Pflanzenornamenten, menschlichen Gestalten, Tieren und Maskaronen eingelegt, auf der linken Seite befindet sich ein Perlmuttmedaillon mit einem Männerkopf mit Lorbeerkranz. Die Garnitur ist aus Messing. Die Ausschmückung steht dem „schlesischen Stil" nahe und die Waffe könnte

aus diesem Gebiet stammen. Das in Westeuropa bereits übliche Steinschloß beginnt sich in Mitteleuropa erst in der Mitte des 17. Jahrhunderts stärker durchzusetzen.

Pistolenpaar mit wasserdichtem Radschloß [99]   *um 1660*

Kal. 14 mm, L. 625 mm

Das Pistolenpaar mit wasserdichtem Radschloß ist ein weiterer Beleg dafür, daß dieses System Mitte des 17. Jahrhunderts eine gewisse Beliebtheit erlangte (vergleiche Nr. 69, 72, 82–83). Die Schloßplatten sind mit eingravierten Pflanzenmotiven verziert, auf den vergoldeten Knaufen sind Kriegsszenen dargestellt. Die zum Spannen des Mechanismus dienende Radachse befindet sich wie üblich auf der rechten Seite.

An den Pistolenläufen sind drei verschiedene Marken eingeschlagen – das in einem Schild durch einen Querbalken geteilte Monogramm DD ist auch von einer anderen Pistole bekannt, die als deutsche Arbeit aus der Zeit um 1680 angesehen wird. Eine weitere, bisher unbekannte Marke besteht aus den Buchstaben IWN, die dritte Marke ist schlecht lesbar.

Der Dekorstil nähert sich dem einiger westeuropäischer Arbeiten, doch wird die Pistole eher mitteleuropäischen Ursprungs sein (Deutschland?).

99
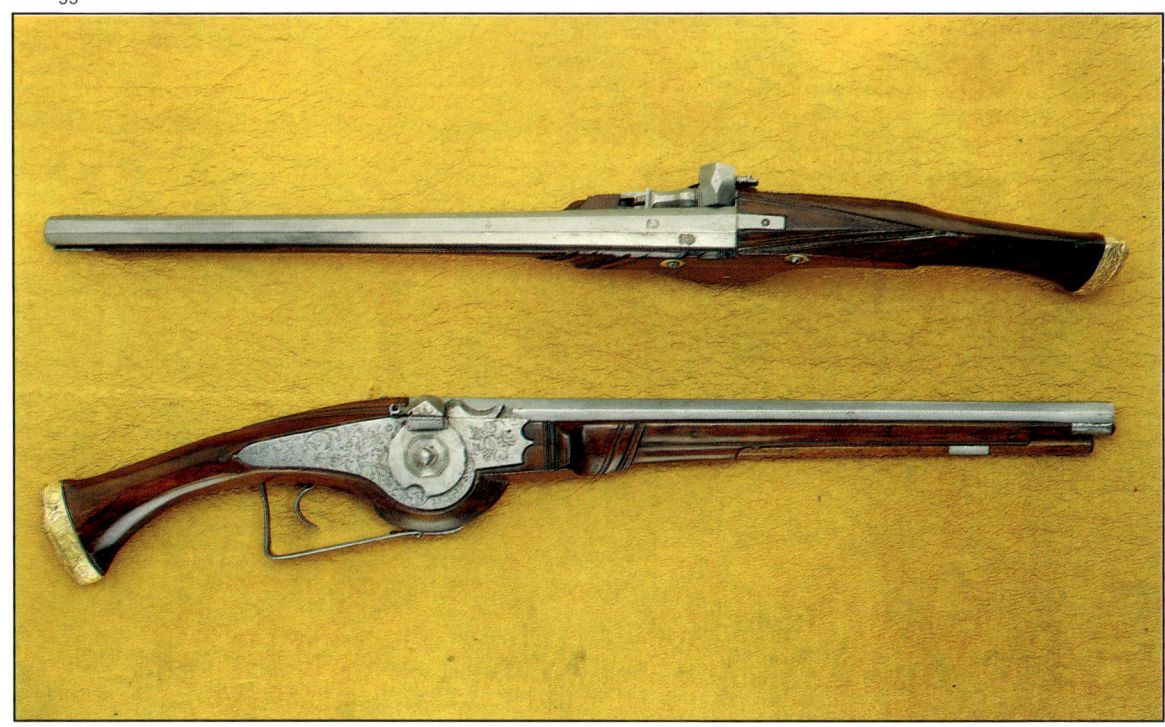

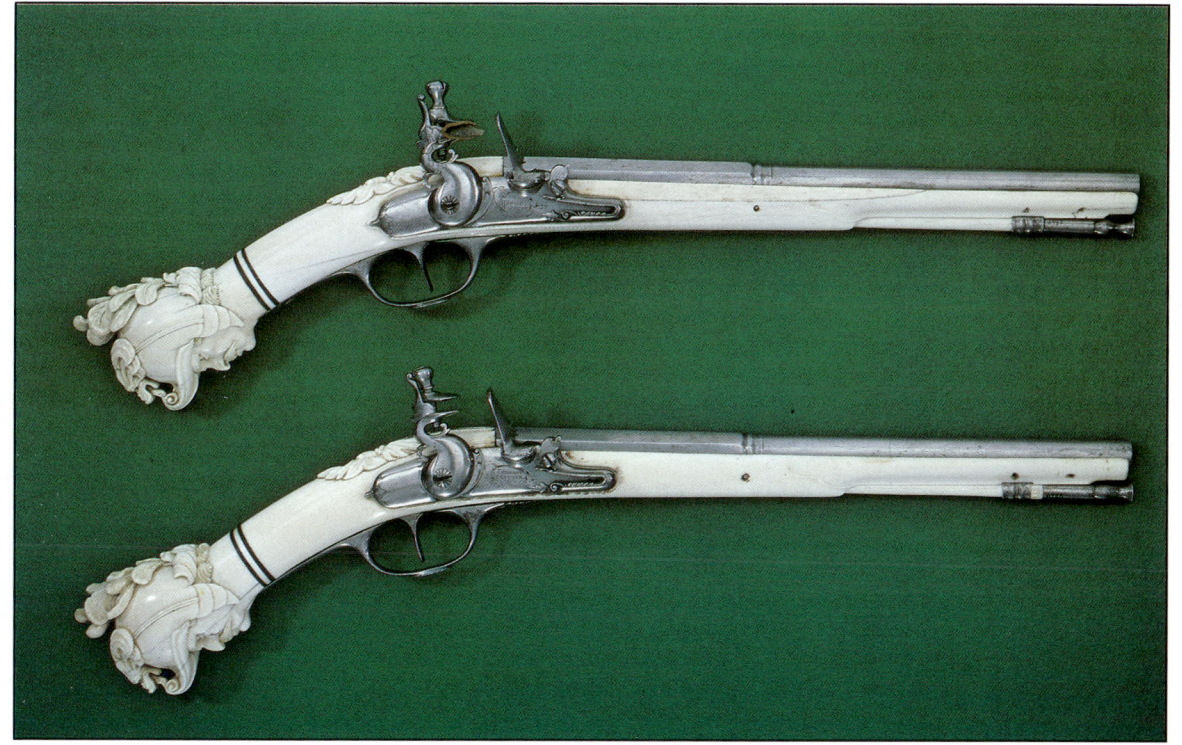

Pistolenpaar mit Steinschloß [100]   *um 1660*

Leonard Cleuter, Maastricht, Kal. 13 mm, L. 485 mm

Elfenbein wurde als wertvoller Rohstoff häufig zur Ausschmückung von Luxuswaffen verwendet. Pistolen mit einer Schäftung gänzlich aus Elfenbein sind eine niederländische Spezialität, die Mitte des 17. Jahrhunderts in Maastricht und Umgebung hergestellt wurde. Elfenbein war zwar teuer, aber auch vorteilhaft wegen seiner Härte und einfachen Bearbeitung.

Bei den niederländischen Elfenbeinpistolen endet der Handgriff zumeist in einem Männerkopf, mitunter auch in einem Tierkopf. Es bestehen rund zehn Varianten, am häufigsten kommt am Griffende ein Männerkopf mit Helm vor. Weitere Motive sind Türkenkopf mit Turban, Kopf mit polnischer Husarenmütze oder mit Lorbeerkranz, Herkuleskopf und Januskopf mit Doppelgesicht. Insgesamt sind heute an die einhundert erhaltene Pistolen dieses Typs bekannt, überwiegend mit Steinschloß (rund 15 Exemplare haben ein Radschloß). Es sind Luxuswaffen, die als Präsent für höhere Offiziere und andere bedeutende Persönlichkeiten dienten.

Zu den Büchsenmachern, die diese Pistolen in Maastricht fertigten, gehören insbesondere Jacob Kosters, Charles Fabri, Johan Louroux und Leonard Cleuter u.a.. Cleuter, der zuweilen auch Cloeter, Kleuter, Cluijtter oder Kluter geschrieben wird, stammte höchstwahrscheinlich aus Lüttich und war in Maastricht annähernd in den Jahren 1660–1700 tätig.

Tromblon mit Radschloß [101, 102]   *um 1660*

Niederlande, Kal. 43 mm (Mündung), L. 835 mm

Tromblone sind Feuerwaffen, zumeist Karabiner oder Pistolen, die eine trichterförmig
erweiterte Laufmündung besitzen. Sie wurden mit einer größeren Anzahl kleiner Kugeln (gewöhnlich 12–15) oder mit großen Schrotkörnern geladen und auf kurze Entfernung in Situationen abgefeuert, in denen mit einem Schuß eine größere Angreiferzahl
unschädlich gemacht werden mußte. Die erweiterte Laufmündung sollte bewirken,
daß die Geschoße möglichst weit streuen (diese Vorstellung war jedoch ein Irrtum).
  Die Tromblone kamen im 16. Jahrhundert auf (sie sind bereits aus dem Jahr 1566 belegt) und wurden bis ins 19. Jahrhundert hergestellt. Als ihr Entstehungsort werden die
Niederlande angesehen, was jedoch nicht sicher erwiesen ist. Die wirksame Reichweite der Tromblone war nicht groß. Man verwendete sie zum Schutz der Postkutschen,
denen im dichten Forst oder in anderweitig unübersichtlichem Gelände Überfälle
drohten, sie wurden von Gefängniswärtern und Wachpersonal in Banken getragen. Sie
waren aber auch offiziell eingeführte Waffe in den Streitkräften, insbesondere in der
Marine. Die Länge der Karabinertromblone liegt in der Regel zwischen 75 und 100 cm,
ihre Mündung ist auf 30–70 mm erweitert, das häufigste Maß schwankt um 45 mm.
  Das eingravierte Blumenornament mit Tierköpfen am Schloß der abgebildeten Waffe
ist typisch für die Niederlande.

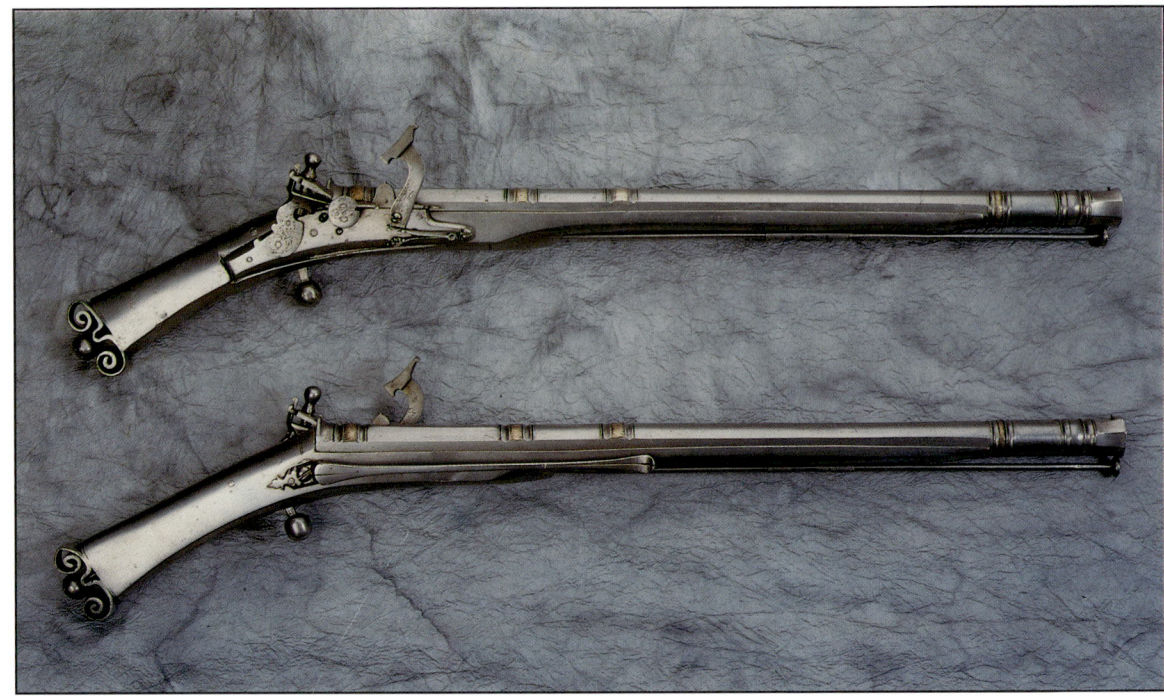

103

Paar schottischer Pistolen [103, 104]   *1662*

Kal. 16 mm, L. 600 mm

Die vom Anfang des 17. Jahrhunderts bis zum 19. Jahrhundert in Schottland hergestellten Pistolen tragen eine Reihe von Merkmalen, durch die sie sich von den Waffen des übrigen Europas unterscheiden. In der Regel sind sie mit der schottischen Steinschloßvariante mit innerer Schlagfeder, getrennter Feuerstahl und Pfannendeckel sowie mit seitlichem rundem Pfannenschild versehen. Die Pistolen sind Ganzmetallwaffen, stets mit einem Gürtelhaken ausgestattet, haben keinen Abzugsbügel und der Handgriff endet in einer der wenigen typischen Varianten – hier dem „Widdergehörn", anderswo hat der Knauf die Form einer Kugel oder Zitrone, eines Herzens oder „Schwalbenschwanzes". Paarweise angefertigte Waffen hatten stets Schlösser auf den entgegengesetzten Seiten.

Die meisten dieser charakteristischen Züge ergeben sich aus der Verwendungsweise der Waffen. Die schottischen Hochländer – berühmte Krieger – benutzten beide Waffen gleichzeitig, eine in der rechten, die andere in der linken Hand, und daher haben die Pistolen Schlösser an verschiedenen Seiten. Sie kämpften zu Fuß und ihre Pistole mußte einen Gürtelhaken haben, um sie hinter den Riemen schieben zu können (Reiter trugen ihre Waffe in einem Sattelfutteral). Nach dem Schuß dienten die Pistolen als Schlagwaffe und in diesem Fall war der eiserne Griff vorteilhafter als ein Holzgriff.

Die abgebildeten Pistolen wurden von ihrem Hersteller nicht markiert, das runde Pfannenblech ist mit 1662 datiert. Eine sehr ähnliche Pistole in The Burrell Collection in Glasgow ist am Pfannenblech mit 1649 datiert und ihr Ursprung ist mit „wahrscheinlich Aberdeen" bestimmt. Ein anderes ähnliches Exemplar trägt die Jahreszahl 1682, was davon zeugt, daß über einen langen Zeitraum gleiche oder ähnliche Waffen ohne Änderung angefertigt wurden.

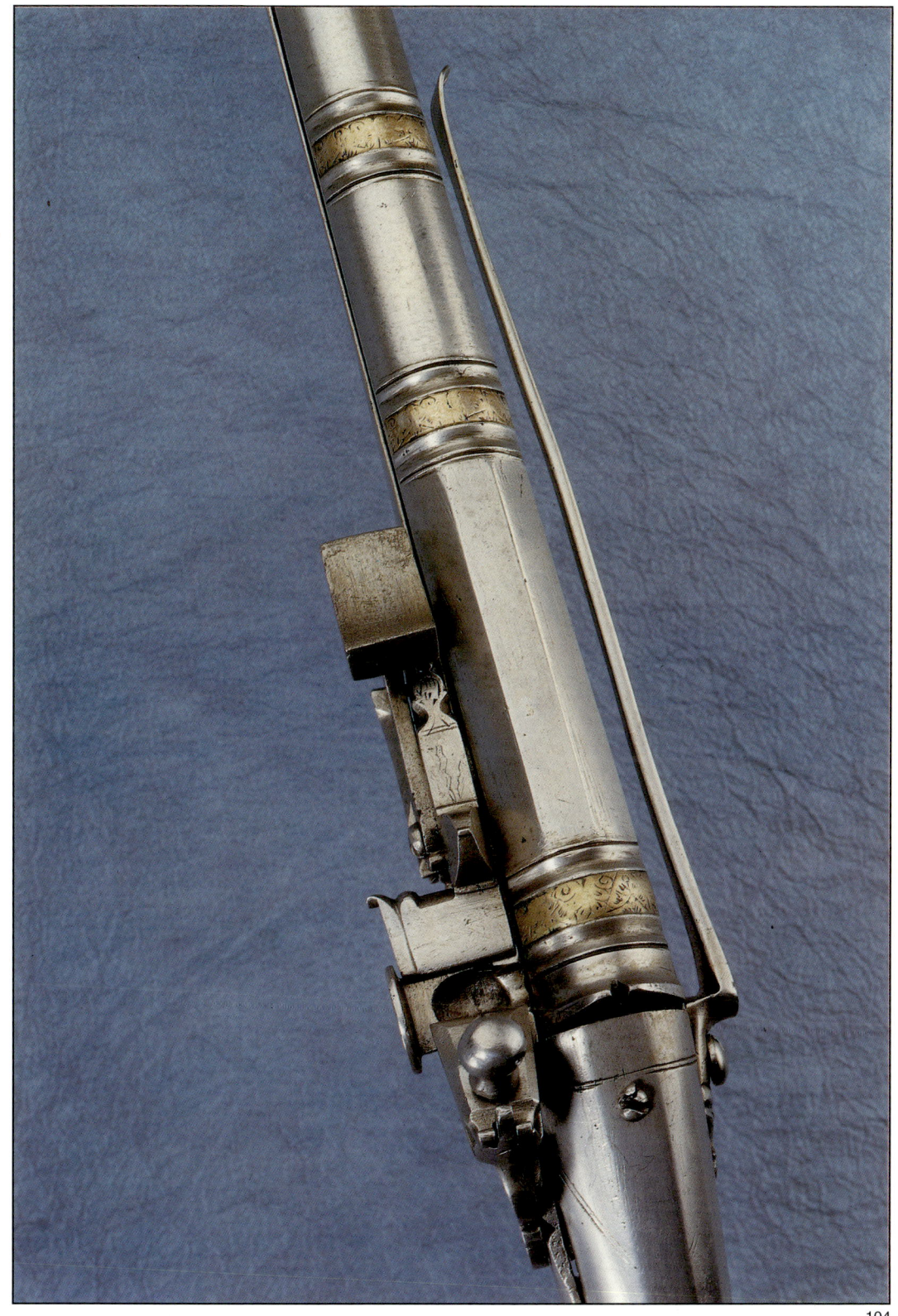

105

Radschloßbüchse [105]

1663

Johann (?) Gsell, Arzberg, Kal. 13,5 mm, L. 1185 mm

Auf Schloßplatte, Raddeckel und Hahn sind Blumenornamente eingraviert. Der Lauf ist mit Platten aus weißem Bein mit gravierten Pflanzenornamenten und Tiermotiven ausgelegt, eine Hirschgravur schmückt im beinernen Oval die Schaftbacke. In der schlecht lesbaren Markierung am Lauf läßt sich der Nachname des Büchsenmachers GSELL erkennen, nicht jedoch sein Vorname, weiter der Entstehungsort ARTZBERG und die Datierung 1663.

Die Gsells waren eine vielköpfige Büchsenmacherfamilie, die im bayrischen Arzberg ansässig war und im 17.–18. Jahrhundert arbeiteten hier 17 Büchsenmacher aus dieser Familie. Die abgebildete Büchse aus dem Jahr 1663 kann von Georg Gsell (geboren 1598, gestorben 1675), Jacob Gsell (geboren 1628, gestorben 1665) oder von Johann Gsell (geboren 1610, gestorben 1669) angefertigt worden sein.

Der Letztgenannte zog 1668 nach Schleiz um, doch arbeitete er zuvor in Arzberg, so daß er der Urheber dieser Waffe sein kann. Das ist zudem recht wahrscheinlich, da sich die Waffe heute in der gleichen Sammlung wie die kuriose Jagdbüchse mit Glaslauf (siehe Nr. 107-108) befindet, die von Johann Gsell für seinen neuen Auftraggeber in Schleiz gemacht wurde.

Adam Brandt, Prag

Feuerwaffen verzierte man am häufigsten mit Gravuren und Verschneidungen, auch mit anderen Schmucktechniken, doch Malereien treten an ihnen nur ausnahmsweise auf. Der Schaft der abgebildeten Waffe mit reichem Reliefschnitt zeigt grün gefärbte Pflanzenmotive mit gelben und roten Blumen und ebenfalls farbig gestalteten Hirschen und Hetzhunden. Die Schloßplatte ist mit einer gravierten Figurengruppe am Brunnen sowie mit einer Burg im Hintergrund dekoriert. Auf der Schloßplatte befindet sich der Name des Herstellers – ADAM BRANDT, der auch am Lauf zusammen mit dem Herstellungsort (Prag) und der Jahreszahl 1665 angeführt ist.

Die Waffe stammt aus der ehemaligen Rüstkammer des Fürsten Kounic und ist die älteste bekannte Arbeit des Büchsenmachers Adam Brandt, der auch Brand, Prant u.a. geschrieben wird. Er kam aus Österreich nach Prag und wurde im Jahr 1668 Bürger der Prager Kleinseite. Im gleichen Jahr heiratete er auch die Witwe des Büchsenmachers Martin Kogler (Trauzeuge war ein anderer Kleinseitner Büchsenmacher, Tomas Freimeniger). In den Jahren 1670–1677 wurden ihm vier Kinder geboren – zwei Knaben und zwei Mädchen. Wir wissen nicht genau, wann er starb, aber 1696 lebte er bereits nicht mehr, als seine verwaiste Tochter den Büchsenmacher Peter Paul Heffele heiratete (siehe dessen Waffe Nr. 154).

Alle erhalten gebliebenen Arbeiten von Adam Brandt sind hervorragende Stücke. Sie sind heute im Münchener Jagdmuseum, im Dresdner Zeughaus, im Prager Militärmuseum und in verschiedenen tschechischen Schlössern aufbewahrt. Es handelt sich vorwiegend um Kugelbüchsen mit Radschloß, eine weitere mit Malereien dekorierte Waffe befindet sich jedoch nicht unter ihnen.

106

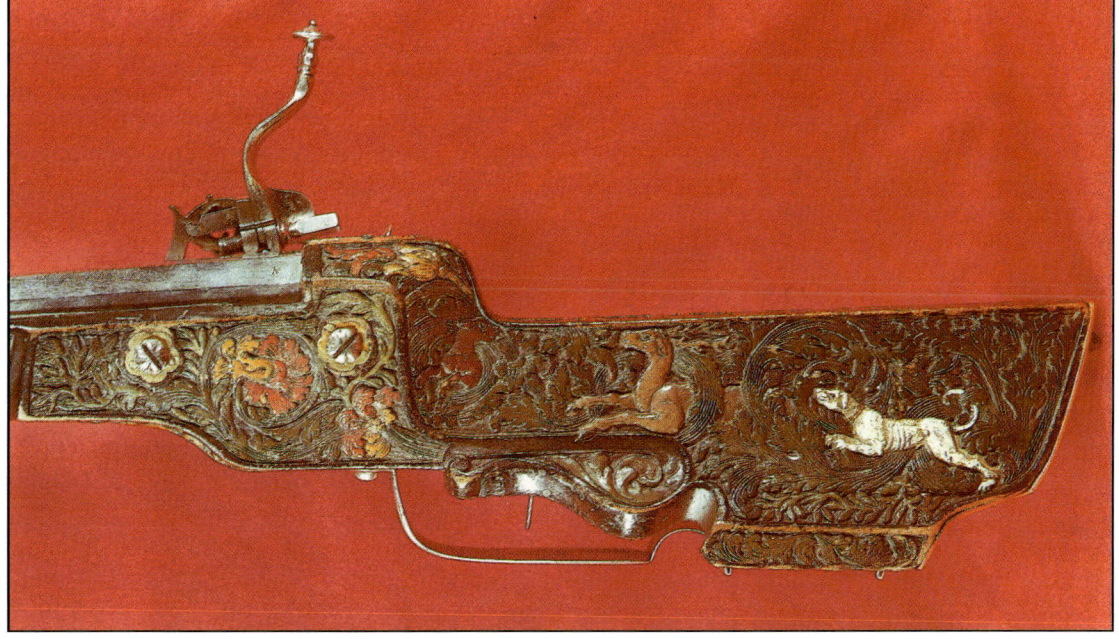

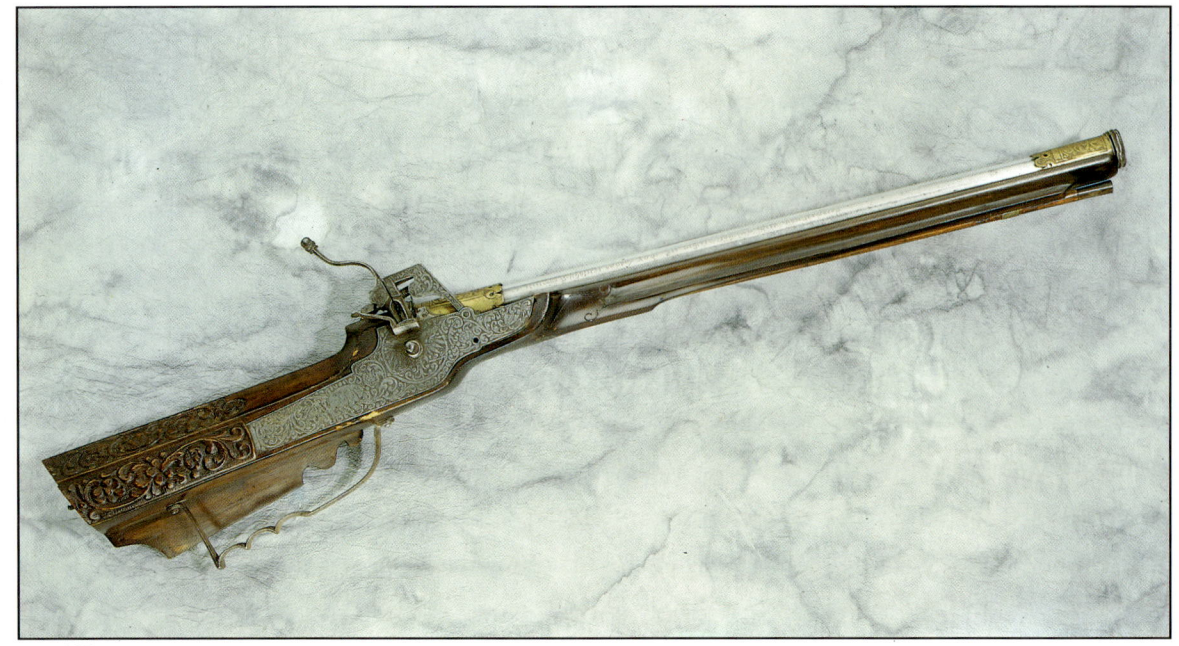

107

Radschloßbüchse [107, 108]

1667-1668

Johann Gsell, Schleiz, Kal. 11 mm, L. 805 mm

Die kurze Kugelbüchse von Johann Gsell, einem aus Arzberg stammenden Büchsenmacher (vergleiche Nr. 105), ist eine kuriose Waffe, deren normaler Lauf von einer Glas-
röhre umgeben ist. Den Grund erklärt der umfangreiche Text, der in das Glas eingra-

108

viert ist: Diese Erfindung kommt daher, daß Ihre Gnaden Hochwohlgeboren Graf Albert von Schwarzburg und Hohenstein auf seinem Jagdschloß Schmachenbuch mir einmal lachend sagte, ob man mit Glas schießen könnte. Dies sorgsam erwägend habe ich ausgeführt, was hier augenscheinlich zu sehen ist. Es ist dies das einzige Glas, mit dem je geschossen wurde. Die Inschrift ist datiert mit Schleiz 1667, an den Laufringen ist neben dem Hersteller das Jahr 1668 angegeben. Johann Gsell ist in diesem Jahr von Arzberg nach Schleiz umgezogen, doch starb er bereits ein Jahr später.

Steinschloßpistole [109]   *um 1670*

Lazarino Cominazzo und Pietro Fiorentino, Brescia, Kal. 15 mm, L. 440 mm

Der mit LAZARINO COMINAZZO markierte Lauf ist eine Arbeit der berühmtesten Büchsenmacherfamilie in Brescia – der Cominazzos, die hier in mehreren Generationen Büchsen- und Pistolenläufe herstellten. Die Schloßplatte ist mit Pietro Fiorentino signiert, einem auf zahlreichen Waffen auftretenden Namen, der bisher jedoch in den schriftlichen Quellen noch nicht entdeckt werden konnte.

Der Lauf ist vorn zylindrisch und im hinteren Abschnitt kantig, was für italienische Erzeugnisse typisch ist und sich aus Italien auch in andere Gebiete ausbreitete. Als Verzierung zeigt der Lauf Maskenverschneidungen und im Vorderteil dächerartige Rillen. Die Pistole hat eine für Italien charakteristische Ausschmückung der Eisengarnitur mit reich durchbrochenen Pflanzenornamenten, Köpfen von Seeungeheuern, Drachen u.ä.

109

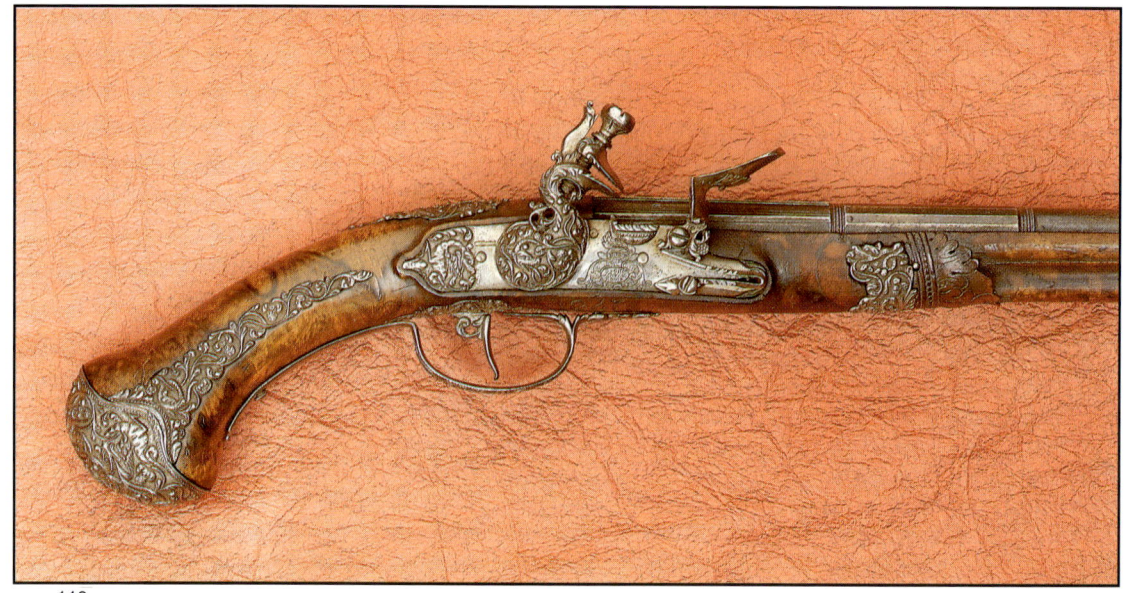

110

Steinschloßpistole [110]   *um 1670*

Lazarino Cominazzo und Giovanni Maria Boni, Brescia, Kal. 12 mm, L. 570 mm

Ebenso wie die vorhergehende Waffe ist auch diese Pistole ein typisches italienisches Produkt der zweiten Hälfte des 17. Jahrhunderts. Die eiserne Garnitur, die einen größeren Teil der Schäftung bedeckt als bei anderswo hergestellten Waffen, ist mit Pflanzenornamenten, Delphinköpfen und einem geflügelten Drachen dekoriert. Die Garnitur des Stücks ist nicht durchbrochen, sondern mit Reliefverschneidungen verziert. An der linken Seite hat die Pistole einen Gürtelhaken. Der vorn zylindrische und hinten kantige Lauf ist wiederum mit LAZARINO COMINAZZO markiert, auf der Schloßplatte befindet sich in einer Kartusche die Signatur Giova/Maria/Boni. Der Büchsenmacher Giovanni Maria Boni (auch Bono) wurde 1629 geboren und wird im Jahr 1664 in Brescia erwähnt, bis jetzt sind allerdings lediglich vier von ihm signierte Pistolen bekannt.

Zweischüssiges Gewehr mit Steinschloß [111, 112]   *1674*

Domenico Bonomino und Filippo Spinone, Brescia, Kal. 14 mm, L. 1340 mm

Nach den Pistolen mit Steinschloß (siehe Nr. 75–76 und 92) ist dieses Gewehr des gleichen Systems ein weiteres Beispiel einer Waffe mit mehreren Ladungen (hier zwei) hintereinander in einem einzigen Lauf. Die Schloßplatte hat zwei Pfannen übereinander. Zum Abfeuern des ersten Geschosses dient die obere Pfanne mit einem schräg nach vorn weisenden Zündkanal. Nach Abgabe des zweiten Schusses wird die obere Pfanne durch das Spannen des Hahns automatisch beiseite geschoben und gibt die untere Pfanne frei, die über einen zweiten Zündkanal mit der hinteren Ladung verbunden ist.

   Der Lauf, über seine gesamte Länge mit gravierten Ornamenten verziert, ist mit DOMENICO BONOMINO gezeichnet, einer auf zahlreichen Waffen aus der Zeit etwa von 1640 bis 1700 vorkommenden Signatur, die offenbar mehreren Meistern gehört (in den schriftlichen Quellen kommen in der zweiten Hälfte des 17. Jahrhunderts mehrere Hersteller oder Waffenhändler mit diesem Namen vor). Der gesamte Schaft ist mit

111

durchbrochenem und graviertem Messingblech mit Pflanzen- und Tierornamenten eingelegt, an der Schaftunterseite hält ein Adler ein Spruchband mit der Inschrift FI-LIPPUS SPINONUS FECIT 1674. Filippo Spinone war ein Schäfter und Dekorateur, der die Waffen mit seinem Namen in lateinischer Form markierte, außer dem abgebildeten Gewehr sind von ihm jedoch lediglich zwei Pistolenpaare bekannt. Eines davon – im gleichen Dekorstil – wird im Londoner Victoria and Albert Museum aufbewahrt.

112

113

Radschloßbüchse [113]   *1675*

Nicolaus Jahns, Osterwick, Kal. 14,5 mm, L. 835 mm

Die kurze Büchse mit Radschloß ist eine zur Jagd im dichten Unterholz und in schlecht
begehbarem Gelände oder zur Verwendung in der Kutsche bestimmte Waffe, wo die
beengten Bedingungen ebenfalls eine kurze Waffe erforderten, mit der besser umzu-
gehen war.

   Die Waffe ist nur sehr schlicht verziert. Der Lauf ist mit der Jahreszahl 1675 datiert
und mit der Meistermarke eines bislang unbekannten Büchsenmachers signiert, der
höchstwahrscheinlich im westfälischen Osterwick tätig war.

Radschloßbüchse [114, 115]   *1680*

Kal. 12,5 mm, L. 1130 mm

Der Lauf ist mit 1680 datiert, doch ist der Hersteller auf dieser reich verzierten Waffe
weder am Lauf, noch an der Schloßplatte vermerkt. Das Radschloß hat schon die Form,
wie sie bei mitteleuropäischen Waffen auch im 18. Jahrhundert üblich war. Das Rad
liegt voll hinter der Schloßplatte verborgen, der Hahn hat einen langen Daumenhebel
und ist seitlich mit einem Zierplättchen verdeckt. Auf der Schloßplatte ist eine Jagdszene eingraviert.

   Der Schaft ist reich mit graviertem weißem Bein eingelegt. Dieser Dekorstil, so beliebt in den vorangegangenen Epochen, nimmt Ausgang des 17. Jahrhunderts ab und
kommt später nur noch in geringem Umfang vor. In der Schaftausschmückung überwiegen Kriegsszenen.

   An der Waffe ist deutlich zu erkennen, daß der Kolben nachträglich mit einem Holz-
plättchen und einer Kolbenplatte aus weißem Bein um 43 mm verlängert wurde, der
Unterteil der Kolbenplatte ist mit Leder abgedeckt. Diese Änderung wurde offenbar

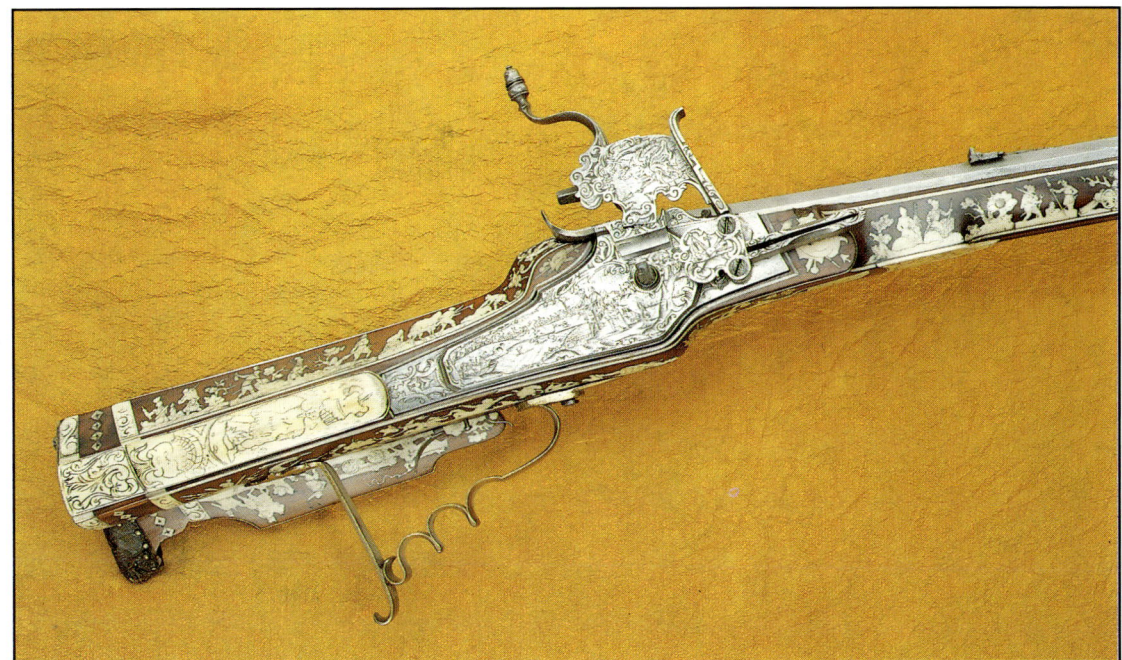

114

durch einen späteren Besitzer beansprucht veranlaßt, um die Ausmaße der Waffe besser an seine Körpermaße anzupassen. Waffen wurden oft über mehrere Generationen verwendet und ähnliche Änderungen sind daher auch an anderen Stücken zu finden.

115

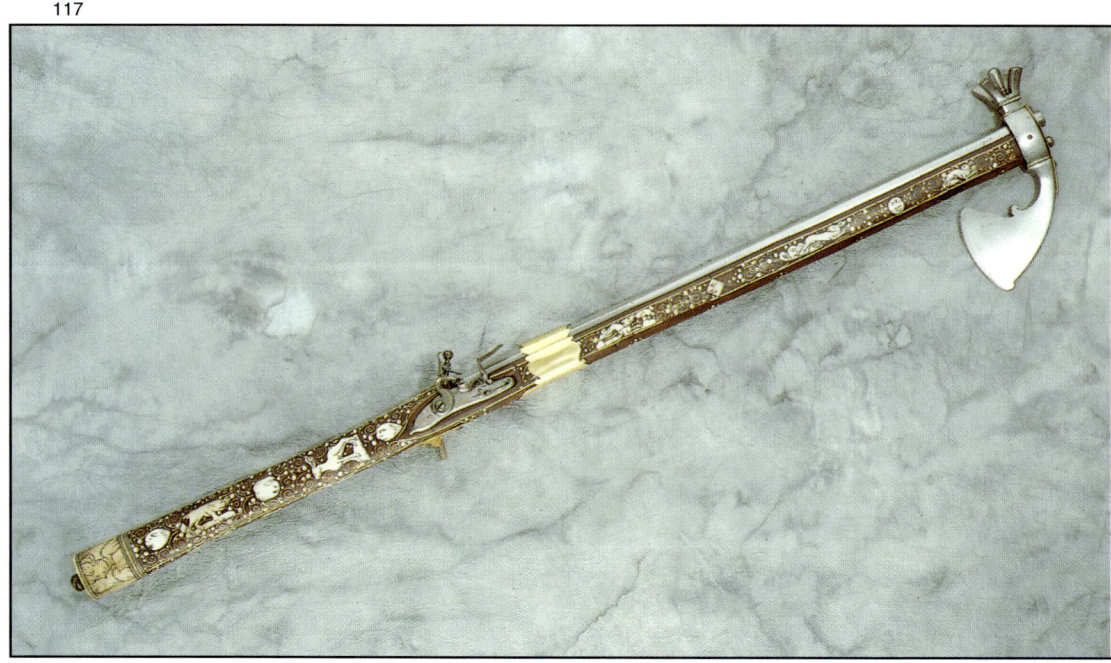

Steinschloßpistole [116]   *um 1680*

Marcantonio Berte und Picin Frusca, Brescia, Kal. 13 mm, L. 480 mm

Diese weitere Pistole mit typisch italienischem Zierat (vergleiche Nr. 109 und 110) ist wiederum von zwei verschiedenen Meistern an Lauf und Schloßplatte gekennzeichnet worden, was bei italienischen Arbeiten aus dieser Zeit häufig vorkommt. Ein Marcan-

117

tonio Berte wurde als Inhaber einer Rohrzieherei in den Jahren 1723–1763 festgestellt, doch ist diese Person ganz sicher nicht mit dem Handwerker gleichen Namens identisch, dessen Signatur sich auf dem Lauf der abgebildeten Pistole befindet und der annähernd von 1660 bis 1680 tätig war. Die Schloßplatte trägt die Markierung Picin Frusca, doch gab es zwei Büchsenmacher dieses Namens. Der ältere, Mithersteller dieser Pistole, starb 1704, der jüngere (sein Enkel?) war in den zwanziger Jahren des 18. Jahrhunderts in Brescia tätig.

Streitaxt, kombiniert mit einer Steinschloßpistole [117]   *um 1680*

Schlesien, Kal. 12 mm, L. 870 mm

Kombinationswaffen, die in einem einzigen Stück eine Feuerwaffe mit einer Blankwaffe vereinen, waren keine Ausnahmefälle. Am häufigsten waren es Pistolen in Kombination mit Streitäxten, aber auch mit Jagdspeeren und es gab noch weitere Varianten. Der Besitzer konnte so eine einzige Waffe sowohl zum Schießen, als auch zum Hauen oder Stechen benutzen.

Die Herstellung von mit einer Pistole kombinierten Streitäxten breitete sich in Schlesien in der zweiten Hälfte des 17. Jahrhunderts in recht großem Umfang aus und die Holzteile dieser Waffen waren reich mit weißem Bein ausgelegt, das „in schlesischem Stil" dekoriert war (siehe auch Nr. 84–87). Die abgebildete Waffe ist nicht signiert, doch ist sie ihrem Ursprung nach zweifellos schlesischem Gebiet zuzuordnen.

Radschloßpistole [118]   *um 1680*

Suhl(?), Kal. 14,5 mm, L. 560 mm

Die Militärradschloßpistole aus der zweiten Hälfte des 17. Jahrhunderts ist zwar am Lauf markiert, doch ist die Marke nicht zu entziffern. Ähnliche Waffen, in der Form übereinstimmend und in ihren Abmessungen kaum voneinander abweichend, verwendete die österreichische Kavallerie und wurden für das Habsburger Heer im deutschen Suhl hergestellt. Die zeitliche Einordnung der Pistole ist unbestritten und wahrscheinlich ist auch ihre Verwendung in der Ausrüstung der Habsburger, gegebenenfalls auch anderer mitteleuropäischer Armeen.

118

119

Steinschloßpistole [119, 120]   *um 1680*

Lazarino Cominazzo, Brescia und Vivier, Sedan, Kal. 15 mm, L. 550 mm

Die Cominazzos (vergleiche Nr. 109 und 110) waren eine vielköpfige Rohrschmied-Dynastie, die im 17. und 18. Jahrhundert im italienischen Brescia tätig waren. Einige von ihnen sind am Vornamen zu unterscheiden, viele markierten ihr Produkte jedoch mit LAZARINO COMINAZZO. Diese Signatur kommt zwar in verschiedener Gestalt vor, die einzelnen Meistermarken den konkreten Familienmitgliedern genau zuzuordnen ist schwierig. Die von den Cominazzos hergestellten Läufe wurden bei den Arbeiten zahlreicher italienischer Büchsenmacher verwendet, jedoch auch breit exportiert und wir finden sie ebenso an Pistolen und Gewehren wieder, die in vielen anderen Ländern angefertigt wurden. Ihrer Berühmtheit wegen war die Meistermarke der Cominazzos oft Gegenstand von Fälschungen.

Der Lauf der abgebildeten Waffe ist mit einer Gravur verziert und im hinteren kannelierten Bereich mit LAZARINO/COMINAZZO gekennzeichnet. Die Schloßplatte trägt die Markierung VIVIER A SEDAN, eines französischen Büchsenmachers, über den lediglich bekannt ist, daß er in der Zeit um 1680 tätig war. Der Pistolenschaft besteht aus einem besonders geschätzten Material – aus Nußbaumwurzelholz. Auf der Schloßplatte befinden sich Gravuren von Trophäen und einer sitzenden Frau, auf der durchbrochenen Gegenplatte Motive mit Seejungfrauen und Köpfen von Meeresungeheuern. Maskarons in verschiedener Ausführung gehören zu den häufigen Zierelementen von Feuerwaffen, die Verschneidung am Knauf ist hier besonders gelungen.

121

Radschloßbüchse [121] *um 1680 (?)*

Sachsen (?), Kal. 20 mm, L. 1425 mm

Die unmarkierte und undatierte Büchse hat ein Radschloß mit indirektem Spannme-
chanismus (vergleiche Nr. 77). Zum Spannen dient ein Vierkantbolzen, der aus der
Schloßplatte hinter der Radachse hervortritt. Innen ist dieser Bolzen mit einem Räd-
chen mit 18 Zähnen verbunden, auf das die Schlagfeder vermittels einer kleinen Kette
wirkt. Die Zähne dieses Rädchens greifen in ein kleineres Zahnrad mit sechs Zähnen,
das auf der Achse des üblichen Schloßrades mit gerillter Oberfläche aufgesetzt ist.
Durch diese Lösung wurde eine rund dreifach höhere Drehgeschwindigkeit des gerill-
ten Rades erzielt und damit auch eine größere Sicherheit, daß sich das Pulver in der
Pfanne entzündet.

Diese Lösung ist von Waffen bekannt, die mit 1615, 1621, 1648 (vergleiche Nr. 77) und
1663 datiert sind, sowie von mehreren undatierten Exemplaren, von denen eines erst
aus dem letzten Viertel des 17. Jahrhunderts stammt. Für die meisten dieser Waffen
nimmt man Sachsen als Entstehungsort an. Es handelt sich um eine recht seltene Konstruktion, die bei einer komplizierteren Fertigung offenbar den gewünschten Vorteil
brachte.

Die gravierten Jagdszenen auf der Schloßplatte entsprechen der Zeit um 1660, der
Hahn mit Deckplatte und mächtigem Daumenhebel wird jedoch erst ab etwa 1680 verwendet. Auch die Ausschmückung des Schaftes mit intarsiertem und graviertem Bein
scheint aus einer früheren Zeit zu stammen. Entweder entstand die Waffe um das Jahr

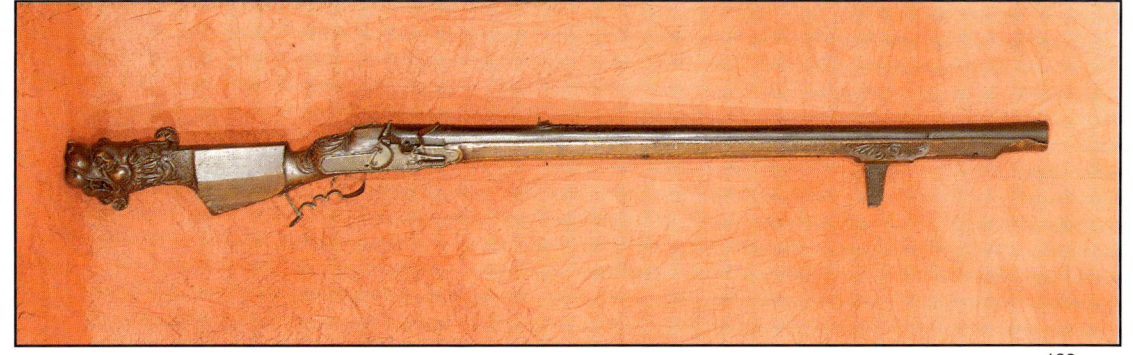

1680 mit einem Dekor bereits älteren Typs oder die ganze Waffe ist älter und der Hahn wurde erst später erneuert.

Wallbüchse mit Steinschloß [122, 123]   *um 1680*

Andreas Prantner, Regensburg, Kal. 26 mm, L. 1945 mm

Die mächtigen Wallbüchsen stellte man auch für den Verteidigungsbedarf der Städte her. In Regensburg arbeiteten die Prantners als Büchsenmacher in drei Generationen über einhundert Jahre und Andreas Prantner wurde hier im Jahr 1668 Meister und Bürger der Stadt. Der Kolben der rund 25 kg wiegenden Wallbüchse endet in einem Tierkopf, der eine Kugel im Maul hält (Hahnsicherung und obere Hahnlippe fehlen).

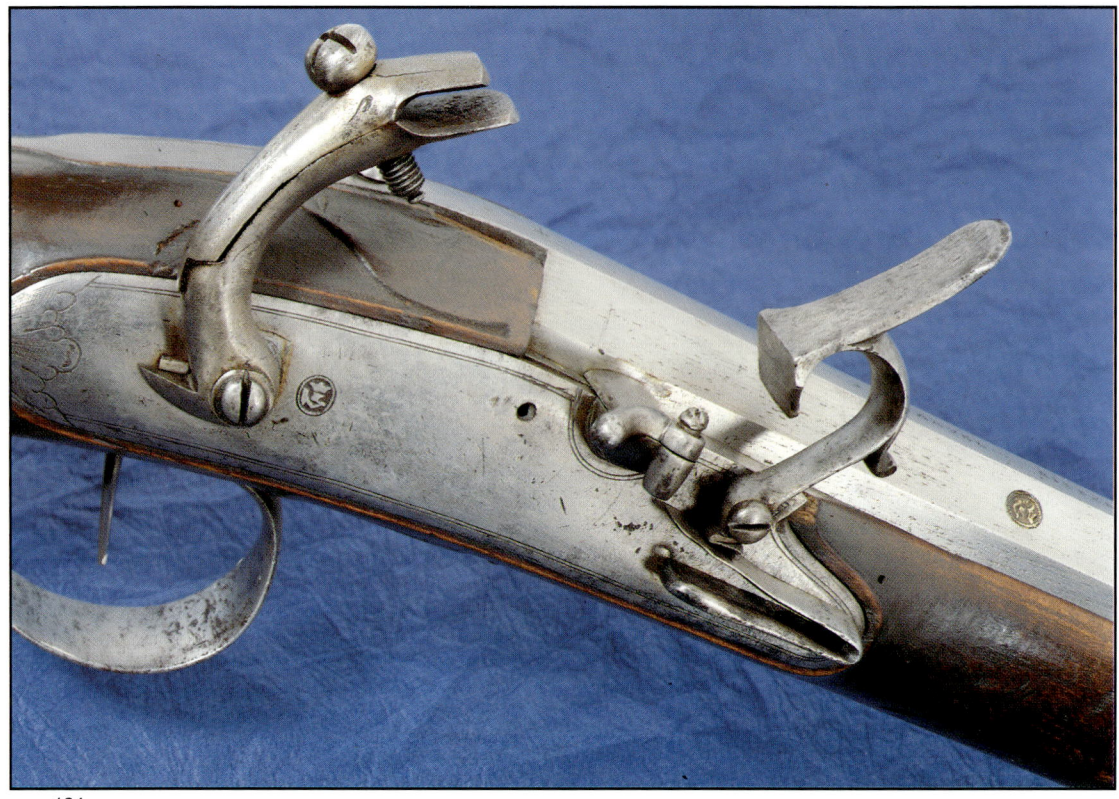

124

Kugelbüchse mit schwedischem Schloß [124]   *um 1685*

Samuel Ridderspore, Norrköpping, Kal. 15 mm, L. 1430 mm

Die Schlösser hatten ursprünglich eine einzige äußere Feder (vergleiche Nr. 74), nach
Mitte des 17. Jahrhunderts wandert die Schlagfeder jedoch auf die Innenseite und der
Feuerstahl erhält seine eigene Feder. Nach der Hahnform werden die skandinavischen
Schlösser in norwegische, baltische und schwedische unterschieden. Zum letzteren
Typ gehört die abgebildete Waffe. Bei ihr sind auch Pfannendeckel und Feuerstahl von-
einander getrennt, bei anderen zeitgenössischen Waffen kommt eine Batterie vor.
    Auf dem Lauf befindet sich der volle Name und die Meistermarke von Samuel Rid-
derspore, der 1653 geboren wurde und bis etwa 1700 tätig war. Lauf und Schloßplatte
zeigen die Beschaumarken der Stadt Norrköpping.

Büchse mit Steinschloß – Hinterlader mit Kipplauf [125, 126]   *um 1690*

Kal. 15 mm, L. 1445 mm

Eine eiserne Einlegepatrone zum schnelleren Feuern haben wir bereits beim Hinterlader mit Kippverschluß und Radschloß (vergleiche Nr. 49) kennengelernt. Nach Mitte
des 17. Jahrhunderts kommen in Europa Waffen mit Steinschloß und Kipplauf auf, die
ebenfalls Einlegepatronen verwenden, die zuvor mit Pulver und Kugel gefüllt werden.
Die Batterie (Feuerstahl und Pfannendeckel) ist zumeist Bestandteil der Patronenhülse, wenn auch Exemplare existieren, bei denen sie ein nicht abnehmbares Teil des
Schlosses ist. Bei dem unmarkierten und undatierten Stück wird der Lauf zum Abkip-

125

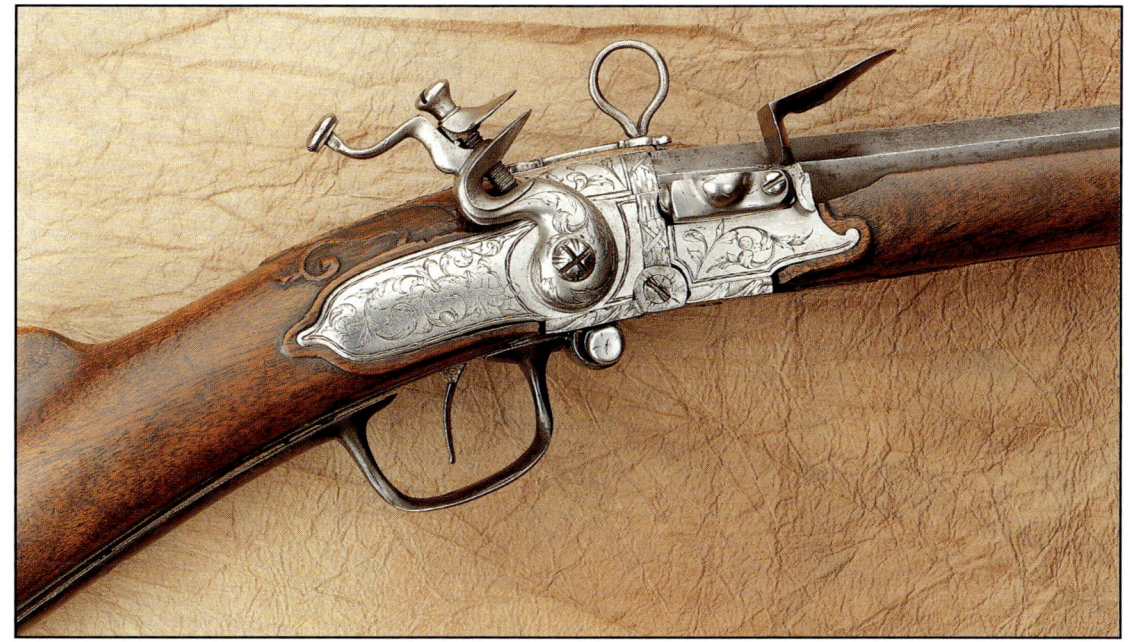

pen freigegeben, indem eine Sicherung an der Büchsenunterseite unter dem Hahn betätigt wird. Zudem ist der Lauf oben noch durch eine Hebelsicherung mit Ring verriegelt, die in einen Einschnitt des Laufes greift. Diese muß zur Seite geschoben werden.

126

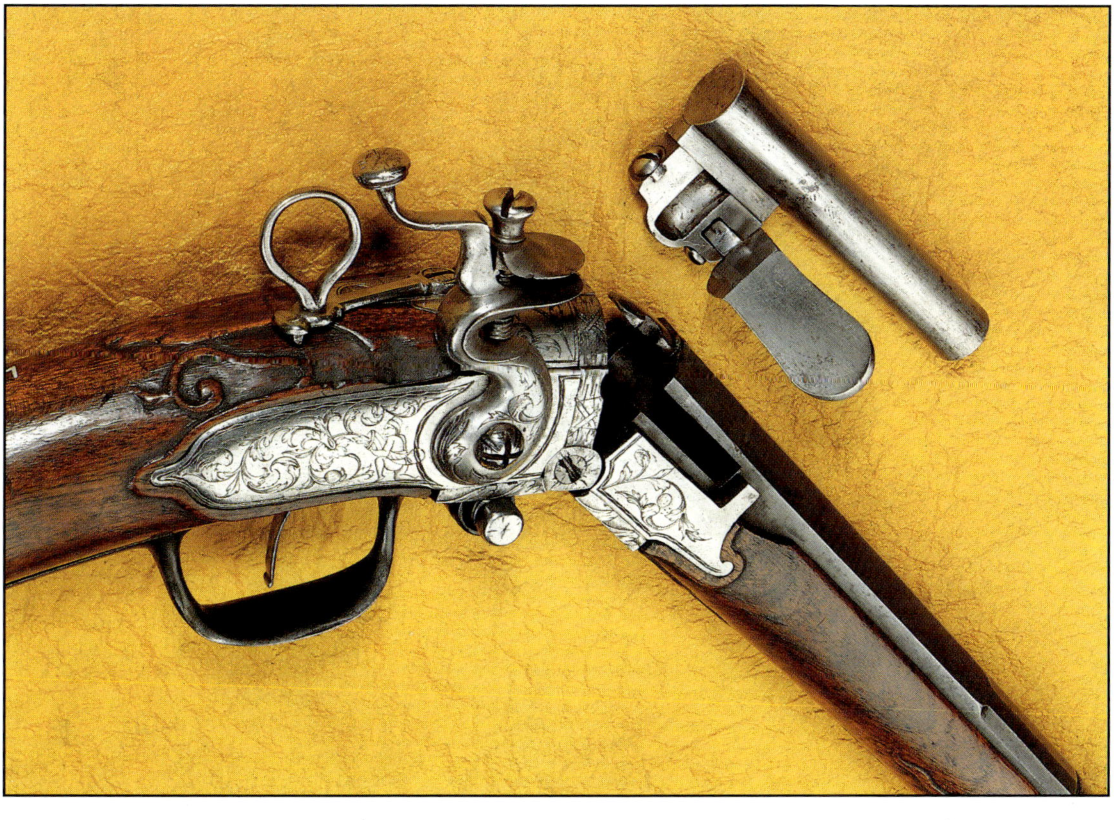

127

Radschloßbüchse [127, 128]   *um 1690*

Johan Waligura, Czerna, Kal. 16 mm, L. 1380 mm

128

Eine späte Arbeit aus dem ausgehenden 17. Jahrhundert mit typischem Dekor „im schlesischem Stil" (vergleiche Nr. 84–87, 117) ist diese mit JOHAN WALIGVRA auf der Schloßplatte und mit Gross Tschirnau am Lauf gekennzeichnete Büchse. Der Kolben ist reich mit Pflanzenornamenten, kleinen Kugeln und Jagdmotiven in Bein und Geweih ausgelegt, die Schaftbacke zeigt den Kampf eines Löwen mit einem Greif (geflügeltes Fabelwesen mit Löwenkörper und Vogelkopf). Die Schloßplatte ist mit durchbrochenem Messing mit Pflanzenornamenten und einer Jagdszene bedeckt.

Johan Waligura wird 1693 in Czerna (Tschirnau, Groß Tschirnau) erwähnt, einem kleinen Städtchen in Schlesien, 13–14 km südlich von Leszno. Er ist nicht identisch mit dem gleichnamigen Büchsenmacher, der 1625 in Teschen erwähnt wird, könnte jedoch einer seiner Nachfahren sein.

Steinschloßgewehr [129]   *um 1690*

Antonio Bonezolo, Brescia, Kal. 16 mm, L. 1550 mm

Eine Waffe mit typisch italienischem Dekor, mit reich durchbrochener Eisengarnitur mit eingravierten Blatt- und Blütenornamenten, Delphinköpfen, Drachen und Ungeheuern. Die Schloßplatte ist mit Antonio Bonezolo signiert. Es blieben noch weitere mit Antonio Bonezolo oder auch Bonizolo oder Bonisolo markierte Waffen erhalten. In den Archivunterlagen wurde dieser Name jedoch bisher noch nicht entdeckt und einige italienische Experten nehmen daher an, daß der wahre Name dieses Handwerkes Venasolo war und daß er die Form Bonizolo benutzte, um sich vom 1622 geborenen Antonio Venasolo zu unterscheiden. Diese Ansicht ist zwar nicht bewiesen, wird allerdings allgemein übernommen. Die Ausschmückung der Arbeiten dieses Meisters ist typisch für die Waffen aus Brescia nach 1670.

129

130

Steinschloßgewehr [130, 131] *um 1690*

Zella, Kal. 18 mm, L. 1545 mm

Die Waffe trägt am Lauf ein Schild mit Lorbeerblättern und den Buchstaben HN/S, ein dieses Monogramm verwendender Hersteller ist jedoch nicht bekannt. Die Schloß-platte ist mit A ZELLA markiert, stammt also aus dem bekannten deutschen Zentrum der Feuerwaffenherstellung in direkter Nähe der Stadt Suhl, die durch ihre Feuerwaf-fenproduktion noch berühmter wurde. Die Waffe stammt aus einer Zeit, als Gewehre und Pistolen bereits meist mit dem vollen Namen des Büchsenmachers signiert wur-den, was jedoch bei diesem Stück nicht der Fall ist. Es kann allerdings nicht ausge-schlossen werden, daß die Waffe aus einem Paar stammt, bei dem auf einer Schloß-platte der Herstellername und auf der zweiten sein Wirkungsort eingraviert war.

Der Schaft ist reich mit durchbrochenen und eingravierten Blumenornamenten aus-gelegt, was eine für Mitteleuropa untypische Ausschmückung ist. Eher tritt dieser Stil an italienischen Waffen auf, jedoch in anderer Ausführung als auf der dargestellten Waffe. Auch die eiserne Gegenplatte ist durchbrochen, mit den Köpfen von Seeunge-heuern, Kolbenkappe und Lauf sind mit gravierten Pflanzenornamenten geschmückt, der Lauf zeigt zudem einen Männerkopf. Der Vorderschaftabschluß (außerhalb des Bil-des) ist in der Vergangenheit ohne die ursprüngliche Verzierung erneuert worden.

Die Kolbenkappe ist im oberen Teil stark gewölbt, was für die Steinschloßwaffen vom Ende des 17. und Anfang des 18. Jahrhunderts typisch ist, dieses Detail kehrt auch auf Waffen aus späteren Jahrzehnten wieder, doch ist die Wölbung der Kolbenkappe dann in der Regel bereits geringer.

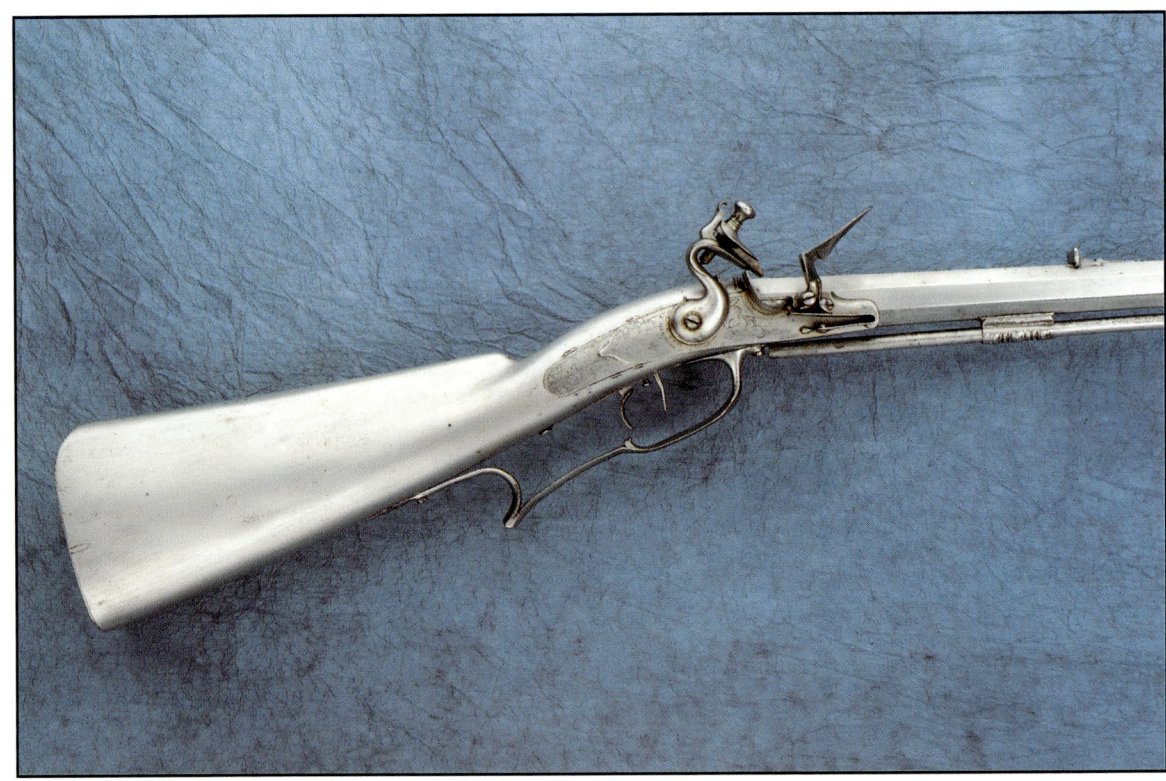

132

Ganzeisenbüchse mit Steinschloß [132]

um 1690

Cloeter, Mannheim, Kal. 15 mm, L. 1050 mm

Ganzmetallwaffen – eher Pistolen als Gewehre – erlangten in einigen Gebieten und zu verschiedenen Zeiten eine gewisse Beliebtheit. In Süddeutschland wurden solche Pistolen in der zweiten Hälfte des 16. Jahrhunderts hergestellt (vergleiche Nr. 27–28). Ganzmetallpistolen waren in Schottland beliebt (vergleiche Nr. 103–104) und in der zweiten Hälfte des 17. Jahrhunderts entstanden einige Ganzmetallwaffen in Österreich, insbesondere jedoch im westdeutschen Gebiet, wo sie von den Angehörigen der Büchsenmacherfamilie Cloeter (Cleuter) angefertigt wurden. Diese lebten im deutsch-niederländischen Grenzgebiet – Leonard Cloeter in Maastricht (vergleiche Nr. 100), Jan C. Cloeter in Grevenbroich bei Düsseldorf, Christian Cloeter und Peter Cloeter in Mannheim. Ihre Ganzmetallbüchsen und -pistolen besaßen einen hohlen Schaft und damit auch ein akzeptables Gewicht. Das dargestellte Exemplar wiegt 3750 g und ist nur mit CLOETER/A MANHEIM gekennzeichnet, so daß wir nicht wissen, ob es ein Werk von Christian oder Peter Cloeter war.

Paar Repetierpistolen mit Steinschloß [133]

um 1690

Berselli, Bologna, Kal. 11 mm, L. 515 mm

Ende des 17. sowie im 18. Jahrhundert breiteten sich Repetiergewehre und -pistolen verhältnismäßig stark aus. Als deren Konstrukteure werden die italienischen Büchsenmacher Lorenzoni oder Berselli, aber auch andere Büchsenmacher italienischer oder ausländischer Herkunft angesehen, von denen einige sich selbst als Erfinder dieses Systems bezeichneten (vgl. Nr. 145–146). Im Gewehrschaft oder im Pistolengriff sind zwei röhrenartige Behälter für Schießpulver und Kugeln untergebracht. Durch die Bewegung eines Hebels an der linken Seite dreht sich eine quer liegende Walze, in deren Vertiefungen die erforderliche Pulvermenge und die Kugel aus den Behältern gelangen, wobei die Kugel dann in den Lauf transportiert wird. Bei der Handhabung des Hebels mußte die Waffe mit der Mündung zum Boden geneigt werden, damit Kugel und Pulver in die Vertiefungen der Querwalze fallen konnten. Mit der Hebelbewegung wurde zugleich der Hahn bis zur ersten Rast (der Ruhrast) gespannt und in die Pfanne fiel Pulver aus einem kleinen Behälter, der Bestandteil der Schlosses ist.

Repetierbüchse mit Querwalze und Behältern für Kugeln und Schießpulver im Kolben

Die Feuergeschwindigkeit dieser Waffen war im Vergleich zu den üblichen einschüssigen Vorderladern um ein vielfaches höher. Diese Repetierwaffen wurden insbesondere von italienischen und britischen Büchsenmachern hergestellt, aber auch von deutschen, österreichischen und anderen. Das dargestellte Pistolenpaar ist mit BERSELLI BOLOGNA markiert, wobei hier annähernd zur gleichen Zeit Giacomo und Francesco Berselli arbeiteten.

Christoph Ludwig, Vrchlabí (Hohenelbe), Kal. 15 mm, L. 1610 mm

Zur Beschleunigung des Abfeuerns von Gewehren und Pistolen ersannen die Büchsenmacher Mehrlader verschiedener Konstruktionen und einige von ihnen – ein Beispiel ist die vorangegangene Waffe – hatten in geringem Maß auch Erfolg. Das verbreitetste und zuverlässigste System blieb jedoch immer noch das Revolverprinzip, daß unter den historischen Waffen eher bei den Gewehren als bei den Pistolen auftritt. Die Walze der Revolvergewehre hatte meist 3–9 Kammern und mußte zumeist mit der Hand gedreht werden.

Die abgebildete Waffe hat drei Patronenkammern, die gedreht werden können, nachdem man den Vorderteil des Abzugsbügels hineingedrückt hat. Jede Kammer hat eine Pfanne und Batterie (Feuerstahl und Pfannendeckel). Der Lauf besitzt eine glatte Bohrung. Die durchbrochene Gegenplatte und das Daumenblech sind aus Eisen. Die Meistermarke ist in eine Gravur auf der Schloßplatte hineinkomponiert, die einen Kämpfer mit einer Fahne zeigt, auf der die Signatur HOHEN/ELBE /Christoph/ Ludwig eingraviert ist.

Christoph Ludwig heiratete im Jahr 1656 in Vrchlabí, in den Jahren 1657–1671 wurden ihm fünf Kinder geboren. Er starb 1707.

Ein ähnliches Revolverrepetiergewehr von ihm befindet sich auch im Zeughaus im österreichischen Kremsmünster.

134

Pistole mit Schloß alla catalana [135]   *um 1690*

Ripoll (?), Kal. 16 mm, L. 450 mm

Das katalanische (spanische) Schloß wurde nicht nur in Spanien und Portugal, sondern im gesamten Mittelmeergebiet verwendet, in Italien insbesondere im südlichen Teil, der für lange Zeit politisch an Spanien gebunden war. Außerordentlich beliebt war es bei orientalischen Waffen aus der Türkei, dem Balkan und weiteren Gebieten.

Die Kleinstadt Ripoll im Nordosten Spaniens war von Mitte des 16. Jahrhunderts bis in die dreißiger Jahre des 19. Jahrhunderts ein bedeutendes Zentrum der Herstellung von Handfeuerwaffen. Die Hauptblütezeit fällt in das 17. und 18. Jahrhundert und das bekannteste Produkt waren die hiesigen in Form und Ausschmückung charakteristischen Pistolen.

Zu Beginn hatten sie ein Radschloß, bald wurde dieses jedoch vom Schloß alla catalana abgelöst. Die Pistolengriffe hatten zunächst die Gestalt eines „Schwalbenschwanzes", rasch überwog allerdings das Griffende in Form eines kleinen Kugelknaufs.

Die dargestellte Pistole hat keinen typischen Ripoller Handgriff, doch wurden hier derartige Pistolen ebenfalls angefertigt. Die Schäftung ist völlig mit getriebenem und graviertem Messingblech mit orientalischem Dekor bedeckt. Der Ladestock und die obere Hahnbacke mit Schraube sind nicht mehr original und wurden später an der Waffe ergänzt. Die Pistole trägt keine Kennzeichnung, ihr Ursprung aus Ripoll ist jedoch recht wahrscheinlich.

136

Steinschloßbüchse – Hinterlader
mit abschraubbarem Lauf [136, 137]   *um 1690*

Johann von der Steinweg, München, Kal. 13 mm, L. 1170 mm

Ein einfacheres Laden der Waffe, wenn auch nicht schneller als bei den Vorderladern, boten die Waffen mit abschraubbarem Lauf. Sie kamen gegen Mitte des 17. Jahrhunderts an verschiedenen Orten Europas auf (Österreich, Deutschland, Niederlande) und breiteten sich insbesondere in England aus, wo Pistolen dieses Systems sehr beliebt waren, und bis in die erste Hälfte des 18. Jahrhunderts hergestellt wurden.

Die abgebildete Büchse hat keinen Vorderschaft und der Lauf ist an einem vorgezogenen Stück der Patronenkammer angeschraubt, das mit einem Gewinde versehen ist. Nach dem Anschrauben ist der Lauf mit einem Schnapper gesichert, der mit einer Taste neben dem Abzugsbügel betätigt wird. Die Waffe ist sparsam mit feinen Gravuren auf der Schloßplatte verziert, wo sie auch mit „Johann Von der/Steinweg – München" markiert ist. Die obere Hahnlippe fehlt.

Johann von der Steinweg war in der ersten Hälfte der sechziger Jahre des 17. Jahrhunderts in Wien in Lehre (eingetragen als Hans von der Steinweg) und in München wird dieser Büchsenmachermeister in den Jahren 1685-1694 erwähnt.

137

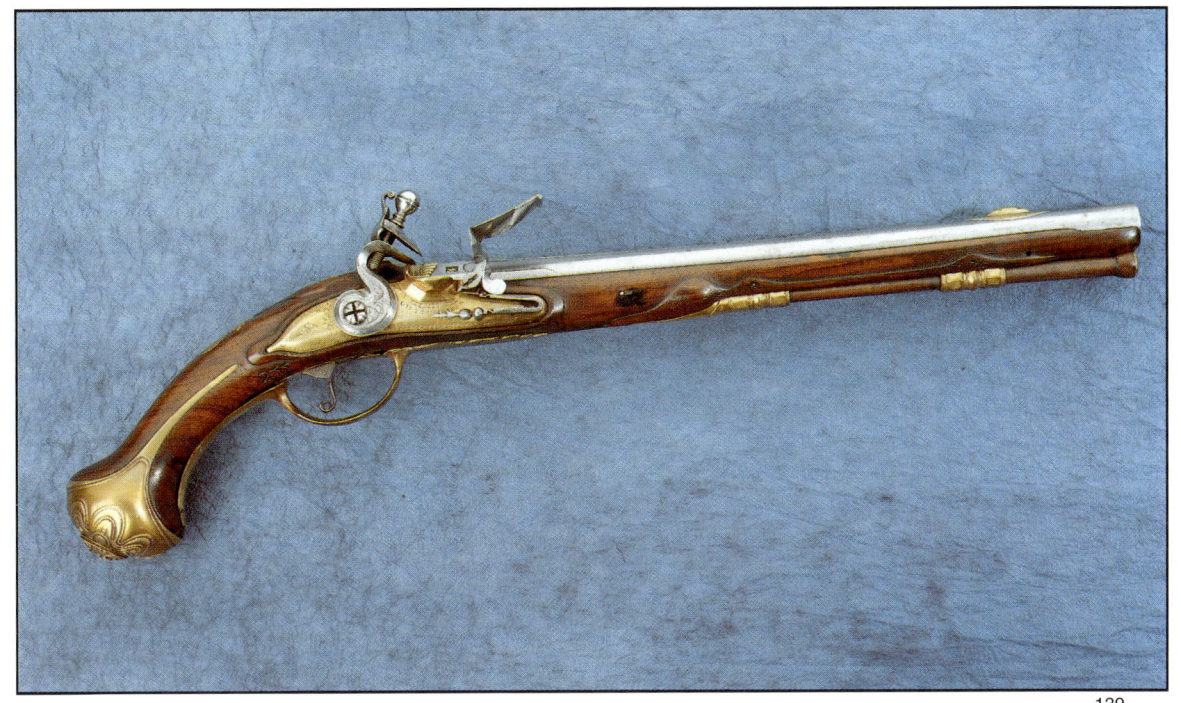

Steinschloßpistole [138, 139]   *um 1700*

Gilles de Sellier, Lüttich, Kal. 16 mm, L. 520 mm

Lüttich und dessen Umgebung waren in der Vergangenheit – bis vor dem zweiten Welt-krieg – eines der bedeutendsten Zentren der Waffenproduktion in der Welt. Lüttich – ein Kirchengebiet, an dessen Spitze ein Bischof stand, blieb in den langwierigen Kon-flikten des 16.–18. Jahrhunderts neutral, schloß sich keinem der rivalisierenden Staa-ten an, versorgte allerdings alle kriegführenden Parteien mit seinen Waffen. Neben den massenhaft hergestellten Militärwaffen entstanden hier jedoch ebenso individuell angefertigte und reich verzierte Zivil- und Offizierswaffen.

Bei der abgebildeten Pistole sind Schloßplatte, Pfanne und Garnitur aus vergolde-tem Messing. Auch der Vorsprung der Schwanzschraube ist mit vergoldetem Messing bedeckt und zu einem schmetterlingsförmigen Visier geformt. Auf der durchbroche-nen Gegenplatte befinden sich Motive mit Bärenklaublättern, Seeungeheuern und Mas-ken. Mit einem Maskaron ist auch der Knauf geschmückt. Auf dem Lauf trägt ein in-krustiertes Band die eingravierte Signatur GILLE DESELIER sowie drei geprägte Marken eines einschwänzigen Löwen in gelbem Metall (die von Gilles de Sellier ver-wendete Marke). Mit der gleichen Signierung ist auch die Schloßplatte markiert.

Die Selliers oder De Selliers waren eine Lütticher Büchsenmacher- und Waffenhänd-lerfamilie, die hier vom Ende des 17. bis Mitte des 18. Jahrhunderts tätig war. Gilles De Sellier wird ungefähr in den Jahren 1680–1710 erwähnt und lieferte 1693 Pistolen und Karabiner an die hannoveranische Armee.

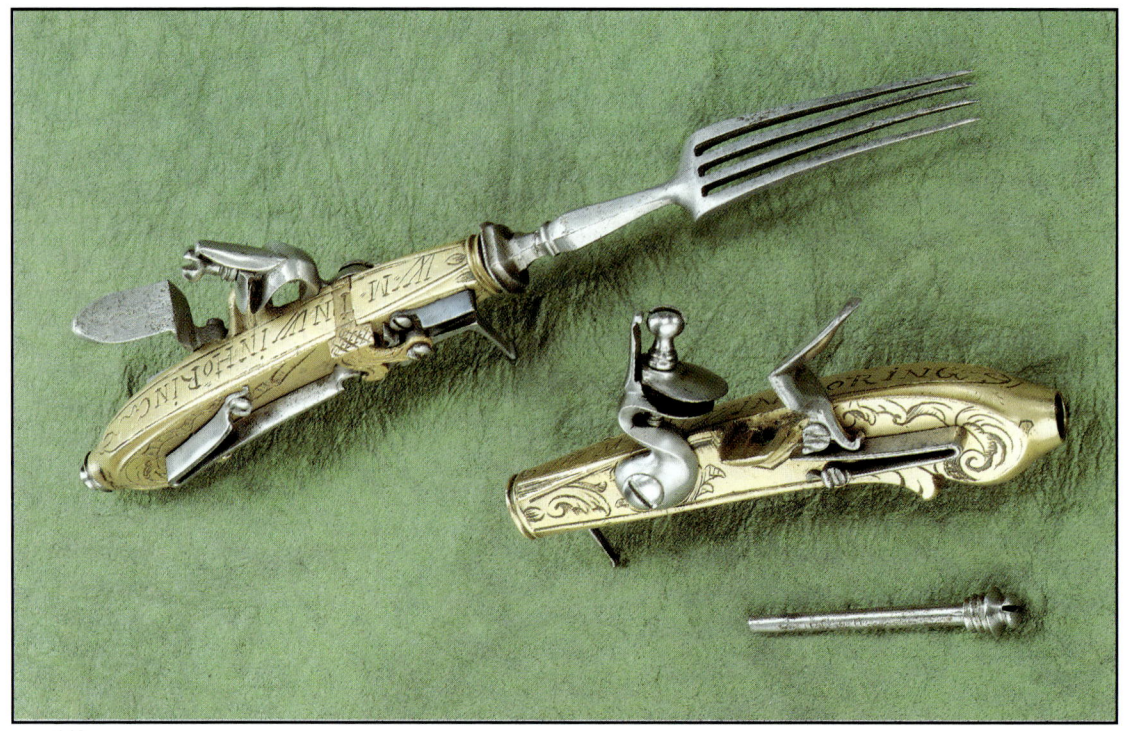

140

Eßbesteck, kombiniert mit einer Steinschloßpistole [140]   *um 1700*

Meistermarke W.M., Winhöring, Kal. 4 mm, L. 177 mm

Feuerwaffen wurden nicht nur mit Blankwaffen kombiniert (vergleiche Nr. 117), sondern auch mit anderen Gebrauchsgegenständen, z.B. mit Peitschen oder – wie hier – mit einem Eßbesteck. Oben ist eine vollständige Gabel, unten ein Messer (mit fehlender Klinge), unter dem der herausgeschraubte Ladestock zu sehen ist, der sich ansonsten im Lauf befindet, der auf der entgegengesetzten Seite zu Gabel und Messerscheide mündet. Das Besteck ist mit W.M. IN WINHÖRING gekennzeichnet. Im bayerischen Winhöring wird gegen 1670 ein Büchsenmacher Georg Adam Mann erwähnt, der Hersteller des Bestecks mit einem mit M beginnenden Nachnamen könnte vielleicht ein bisher unbekannter Meister aus seiner Familie sein.

Steinschloßgewehr – Hinterlader mit Klappenverschluß [141]   *um 1700*

Johannes Graf, Opava (Troppau), Kal. 14 mm, L. 1580 mm

Der seitlich abkippbare Klappenverschluß ist eine bei Hinterladern bereits früher verwendete Konstruktion (vergleiche Nr. 49). Auf der Abbildung ist eine Feder am unteren Verschlußteil zu sehen, die den Verschlußblock nach links abkippt, nachdem eine Sicherung gelöst wird, die mit einer Taste an der linken Schaftseite betätigt wird. Nach dem Öffnen des Verschlusses wird eine zuvor geladene zylindrische Patronenhülse aus Eisen in die Waffe eingelegt.

Der Lauf ist mit JOHANNES GRAF TROPPAV markiert. Es handelt sich um einen unbekannten Büchsenmacher, mit größter Wahrscheinlichkeit der Vater von Johann Kaspar Graf, der Sohn eines Meisters aus Opava, der 1717 in Wien als Graft zur Lehre eingetragen wurde.

142

Steinschloßgewehr [142] *um 1700 (?)*

Ludolff Heinrich Bichtman, Kal. 15 mm, L. 1460 mm

Die Waffe des noch unbekannten Meisters mit reicher Ausschmückung auf der Schloßplatte und den Garniturteilen aus Messing besitzt ein auch von der Konstruktion her
interessantes Schloß mit innen gelagerter Feuerstahlfeder. Eine Waffe mit ähnlichem
Schloßtyp, mit gleich geformter Pfanne und mit ebenfalls unter dieser angebrachter
Signierung sowie mit einem ähnlichen Dekorstil ist auch von Carl Bischoff aus Horn
bekannt. Seine Lebensdaten kennen wir nicht genau, einige Fachleute datieren Bi-
schoffs Waffe sogar bis in die zweite Hälfte des 18. Jahrhunderts, doch ist Bichtmanns
Gewehr mit einer Reihe von Schmuck- und Konstruktionselementen nachweislich älter (gewölbte Kolbenkappe, durchbrochene Gegenplatte mit Schlangen und Ungeheuern u.a.). Die Gegenplatte dieser Waffe ist auf der Abbildung auf Seite 4 dargestellt.

Steinschloßpistole [143, 144] *um 1700*

Pierre le Bon, Charleville und Lazarino Cominazzo, Brescia, Kal. 14 mm, L. 540 mm

Eine weitere französische Pistole mit einem von den italienischen Cominazzos ange-
fertigten Lauf (vergleiche Nr. 119, 120). Der auf der Schloßplatte angeführte Pierre le
Bon aus Charleville gehört zu den bis heute unbekannten Büchsenmachern.
Der Abzugsbügel aus Messing ist mit Gravuren geschmückt, die sonstigen Teile der
Garnitur (Gegenplatte, Daumenblech u.a.) bestehen aus mit Verschneidungen verzier-
tem Elfenbein, der Knauf zeigt als plastisches Relief vier ringende antike Kämpfer. Den
Vorderschaft schmücken orientalische Verschneidungen, der Handgriff ist mit Orna-
menten aus Silberdraht intarsiert.

Auf dem Daumenblech befindet sich das Wappen des ursprünglichen Besitzers mit Fischmotiven (?) und zwei gekreuzten Hellebarden (Äxten?). Die Waffe mag vielleicht einem Mitglied des alten böhmischen Geschlechts der Sekerek aus Sedčice gehört haben, das zwei Beile im Wappen führte. Eine Reihe von Offizieren aus dieser Familie diente in der zweiten Hälfte des 17. und zu Beginn des 18. Jahrhunderts in Deutschland, stand jedoch auch in den Diensten der Venezianischen Republik.

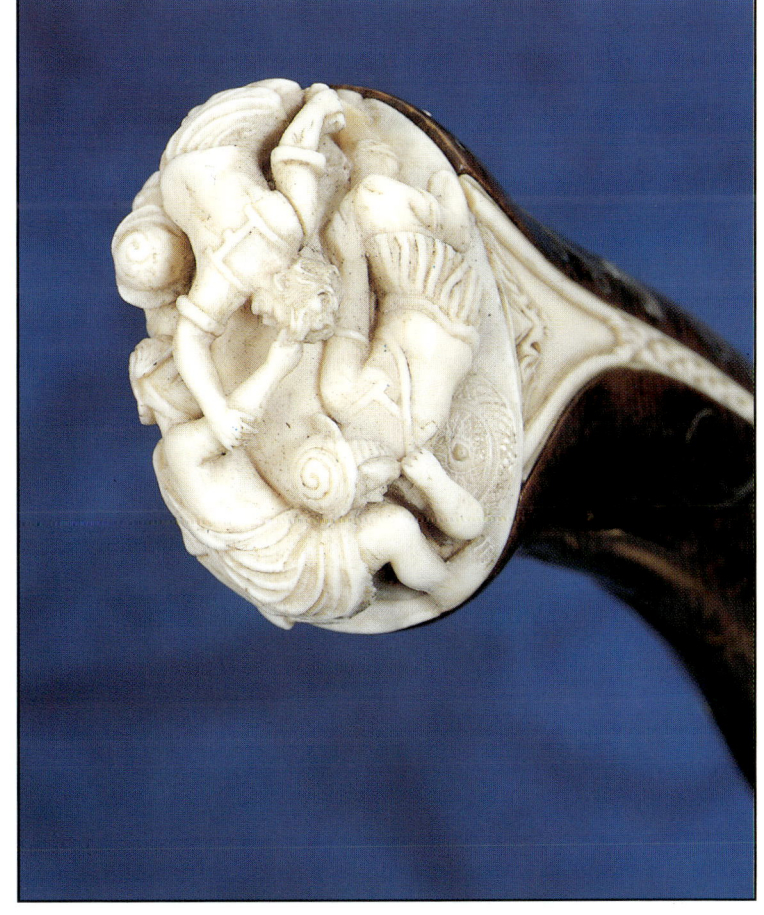

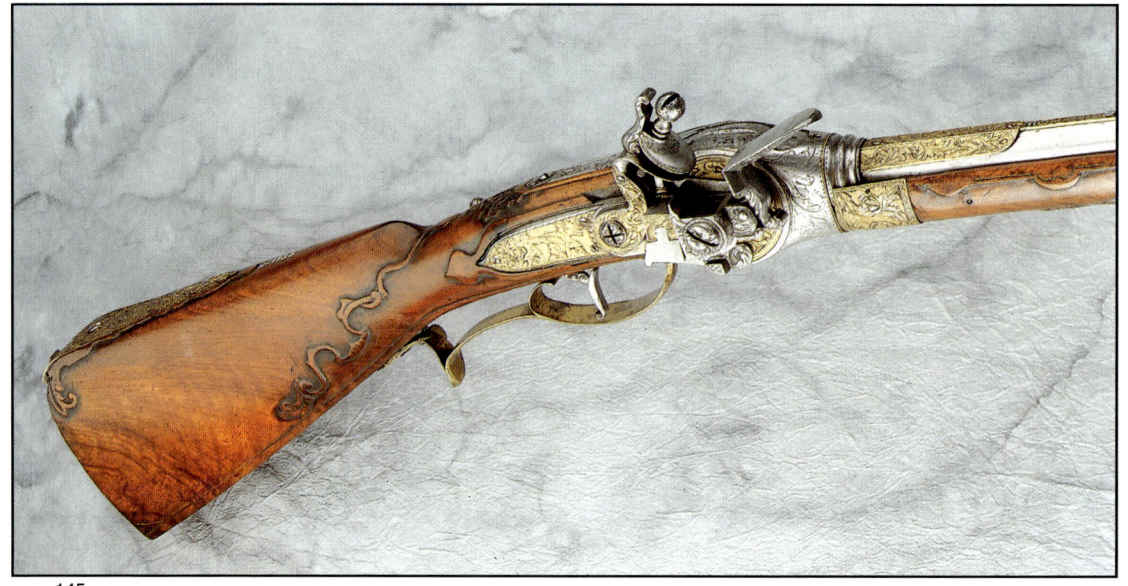

145

Repetierbüchse mit Steinschloß [145, 146]   *um 1700*

Johann Franz Karg, Innsbruck, Kal. 13 mm, L. 1160 mm

Kargs Repetierbüchse mit röhrchenförmigen Behältern im Kolben ist eine Waffe mit dem unter Nr. 133 beschriebenen System. Am Lauf ist von oben eine Messingplatte mit der Inschrift JOHANES FRANZISCUS KARG YNVENTOR YNSPRUG befestigt. Der Büchsenmacher Karg bezeichnete sich selbst als Erfinder („Ynventor"), obwohl Waffen dieser Konstruktion bereits mehrere Jahrzehnte zuvor von verschiedenen italienischen Meistern hergestellt wurden (er war jedoch nicht allein, auch der Büchsenmacher Wetschgi in Augsburg erklärte sich zum Erfinder, obwohl seine Repetierwaffen dieses Systems späteren Datums sind).

Johann Franz Karg, der 1682 Meister wurde und 1732 starb, war ein bedeutender Künstler und der letzte Tiroler Hofbüchsenmacher (1717 verließ der letzte fürstliche Statthalter Innsbruck). In seinem Leben hatte er allerdings ständig Streitigkeiten – mit seinem eigenen Gesellen, mit den Schäftern, den Messerschmieden (wegen der Degenfertigung), mit der eige-

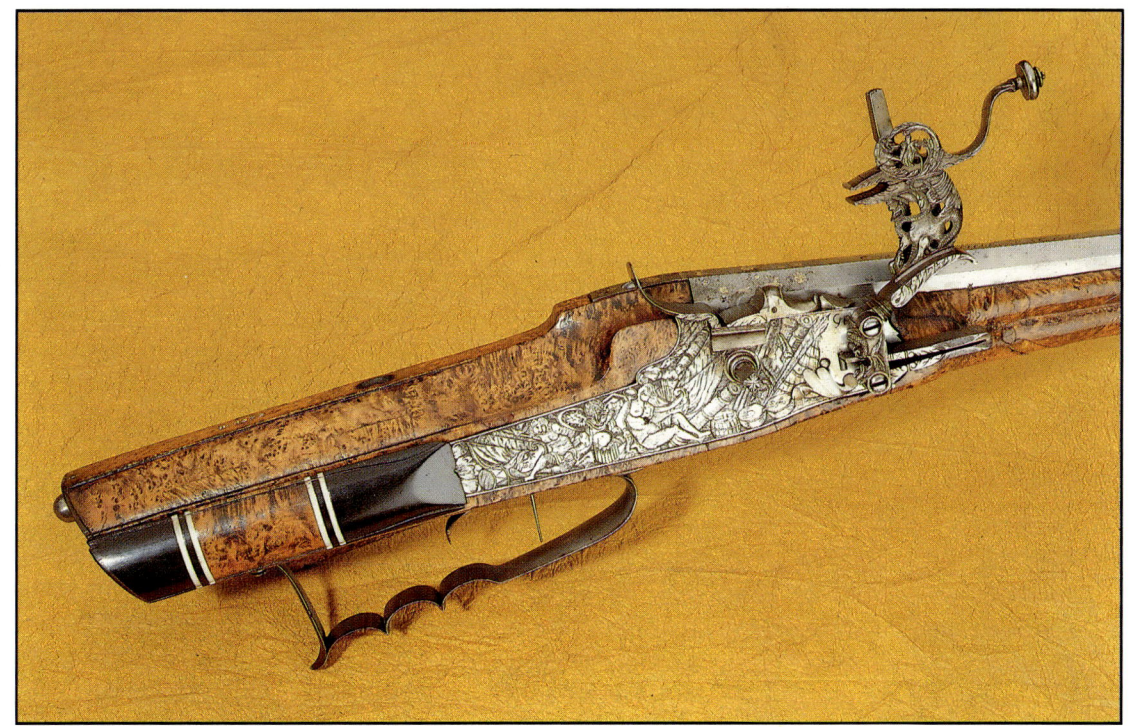

nen Zunft (wegen ausstehender Beitragszahlungen), mit dem Stadtrat (wegen Betreiben einer Werkstatt mit offenem Feuer und Verkauf einer Büchse an einen Fremden). Zweimal – 1688 und 1709 – wurde er kurzzeitig inhaftiert und zweimal – 1690 und 1720 – aus der Zunft ausgeschlossen (jedoch immer wieder neu aufgenommen).

Eine weitere Repetierwaffe von ihm mit diesem System befindet sich im Tiroler Landesmuseum und ein anderes Exemplar wurde 1974 auf einer Auktion verkauft. Diese beiden Repetiergewehre hatten unter der Kolbenkappe Behälter für Kugeln und Schießpulver, die mit ganzen Wörtern (KUGL-PULVER) bezeichnet waren, beim abgebildeten Stück erfolgte dies nur mit den Anfangsbuchstaben K und P.

Radschloßbüchse [147]   *um 1700*

Georg Feiler, Karlsbad, Kal. 15 mm, L. 1105 mm

Die Kugelbüchse hat einen reich verzierten Lauf (gravierte und mit Gold ausgelegte Ornamente und Jagdmotive), ebenso wie die Schloßplatte (Gravur mit Trophäen und Gefangenen) und den durchbrochenen Hahn. Der Schaft ist aus Wurzelholz gefertigt, das Zubehör aus schwarzem Holz und weißem Bein. Die Lebensdaten des Büchsenmachers Georg Feiler sind uns noch nicht bekannt.

Steinschloßpistole – Hinterlader mit Drehverschluß [148]   *um 1710*

Johann Christoph Peter, Karlsbad, Kal. 16 mm, L. 555 mm

Anfang des 18. Jahrhunderts erhielt der Büchsenmacher La Chaumette in Frankreich das Patent für einen Hinterlader mit vertikalem Schraubenverschluß, der durch Drehen des Abzugsbügels heruntergelassen wurde, so daß die Waffe über eine Öffnung auf der oberen Lauffläche geladen werden konnte. Ähnliche Systeme existierten auch frü-

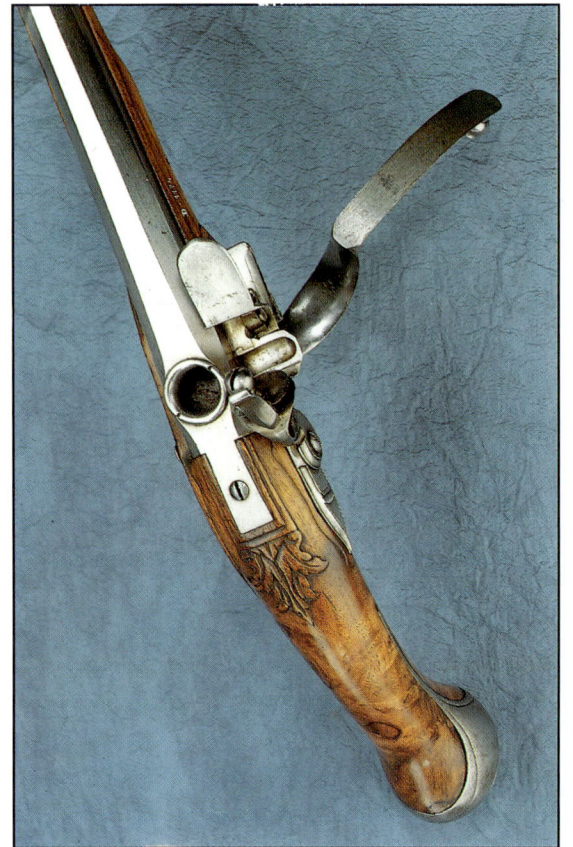

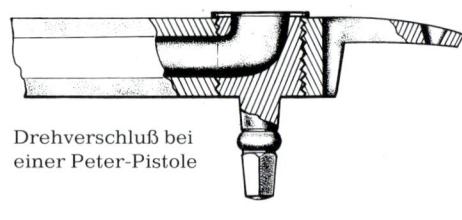

Drehverschluß bei
einer Peter-Pistole

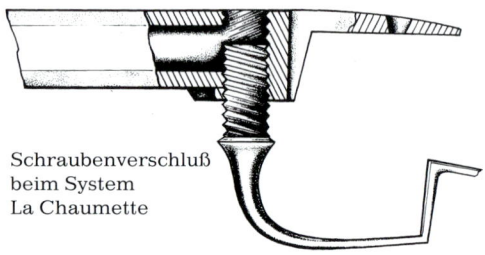

Schraubenverschluß
beim System
La Chaumette

her, aber erst die Konstruktion von La Chaumette breitete sich im 18. Jahrhundert in Frankreich und in England in größerem Maßstab aus.

Als eine vereinfachte Variante dieses Systems werden die Waffen der Karlsbader Büchsenmacher Knodt und Peter angesehen, bei denen der Verschluß nicht aus einer herabzulassenden Schraube besteht, sondern aus einem Keil, der

148

149

mit Hilfe des Abzugsbügels lediglich verdreht wird und das Laden der Waffe von oben und hinten ermöglicht. Durch Zurückdrehen des Abzugsbügels verschließt der massive Teil des Keils die Patronenkammer wieder. Diese Konstruktion wird als System Knodt bezeichnet, nach dem Karlsbader Büchsenmacher Johann Adam Knodt (geboren 1690, Meister 1719, gestorben 1751), doch sind die Waffe dieser Konstruktion vom Karlsbader Johann Christoph Peter (dessen Lebensdaten wir nicht kennen) zweifellos älter, so daß die Bezeichnung System Peter oder Peter-Knodt genauer wäre.

Pistole mit Schloß alla catalana [149] *1707*

Ambrosio, Mexiko, Kal. 17,5 mm, L. 325 mm

Ein Beleg der Fertigung von Waffen spanischen Typs auch in den spanischen Überseeterritorien ist diese am Feuerstahl von vorn mit AM/BROS/SIO und am Pfannendekkel mit MEXICO/1707 markierte Pistole. Auf der Abbildung ist auch die Riffelung des Feuerstahls erkennbar, die gerade für das katalanische Schloß typisch ist.

Österreichisches Steinschloßgewehr [150] *um 1715*

Manufaktur Duchcov (Dux), Kal. 16 mm, L. 1200 mm

Das Gewehr Modell 1722 war die erste Waffe der habsburgischen Armee mit einer Modellbezeichnung. Die früheren Waffen, auch wenn man sie in vorgeschriebenen Ausmaßen und Form herstellte, wurden noch nicht mit dem Jahr der Einführung in die Bewaffnung bezeichnet. Das trifft auch für die Militärgewehre aus der Duxer Manufaktur zu (sie bestand nur in den Jahren 1713–1719), die an der Schloßplatte mit DVX und am Lauf unter einer Krone mit II/GV/W (= Johann Joseph Graf von Waldstein, Inhaber der Manufaktur) gekennzeichnet sind.

150

151

Steinschloßpistole [151]   *um 1720*

Paul Ignaz Poser, Prag, Kal. 15 mm, L. 530 mm

Die Pistole mit reich verzierter vergoldeter Messinggarnitur ist am Lauf mit PAUL IG-
NATI POSER IN PRAG markiert. Der Schaft ist mit Schnitzereien verziert, auf der Gegenplatte sind Bärenklauranken, zwei Gefangene und ein Königskopf zu erkennen, am
Knauf des Handgriffs befindet sich ein Löwenmaskaron. Die Schloßplatte aus Messing
zeigt die Herstellersignierung in Schildern, die von halb liegenden Engeln gehalten
werden (PO/SE/R) und (PR/AG). Der in Brünn geborene Meister beantragte 1714 das
Bürgerrecht in der Prager Kleinseite und wurde 1717 – zusammen mit den Büchsenmachern M. Kubík und M. Kurtzweil – Mitglied der Kommission zur Begutachtung der
Qualität der Duxer Manufakturwaffen.

Paar doppelläufiger Steinschloßpistolen [152, 153]   *um 1725*

Jean De Wyk, Utrecht, Kal. 14 mm, L. 505 mm

Die Pistolen haben übereinander liegende Läufe, wie dies bei älteren doppelläufigen
Waffen üblich ist (nebeneinander angeordnete Läufe überwiegen erst im 19. Jahrhundert). Einige ähnliche Exemplare haben drehbare Läufe mit einem einzigen Schloß,
hier sind die Läufe jedoch fest und jede Waffe hat zwei Steinschlösser, jedes für einen
Lauf. Die Pistolen haben Schloßplatten und Pfannen aus Messing, was zur Entstehungs-

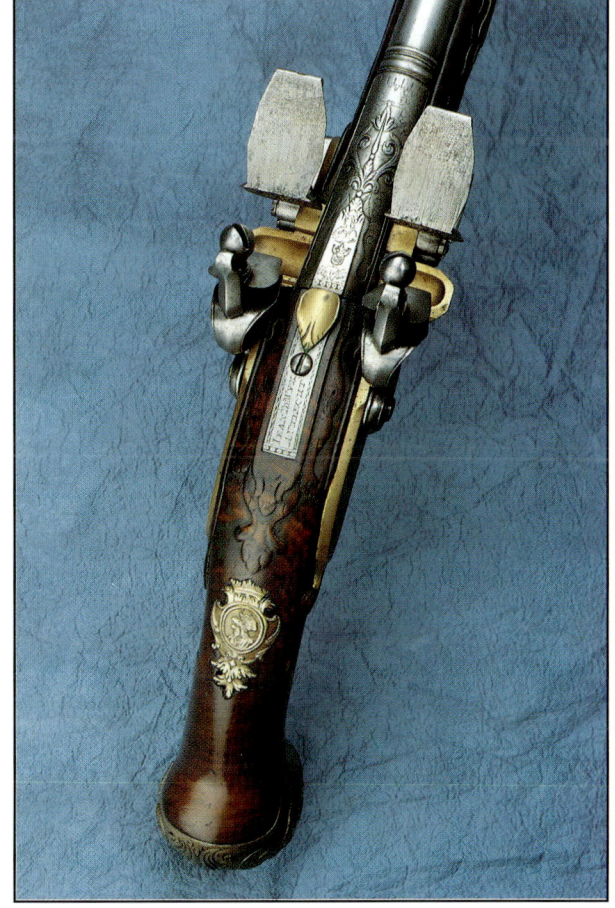

152

153

zeit der Waffen beliebt war, auf den Platten sind Trophäen und zwei sitzende Männergestalten eingraviert. Zur Messinggarnitur gehört auch ein in die Dünnung des Handgriffs von oben eingesetztes Teil, das Daumenblech genannt wird, denn an dieser Stelle ruht der Daumen der schießenden Hand. Auf dem Daumenblech befindet sich zumeist das Monogramm oder das Wappen des Besitzers, hier ist das eingelassene Medaillon lediglich Zierelement mit dem Kopf eines Kriegers. Der Lauf ist im hinteren Teil mit Schnitzarbeit geschmückt, am Knauf des Handgriffs befindet sich ein Maskaron. Die Schloßplatten und Schwanzschrauben tragen die Signatur des etwa von 1690 bis 1730 in Utrecht erwähnten Herstellers.

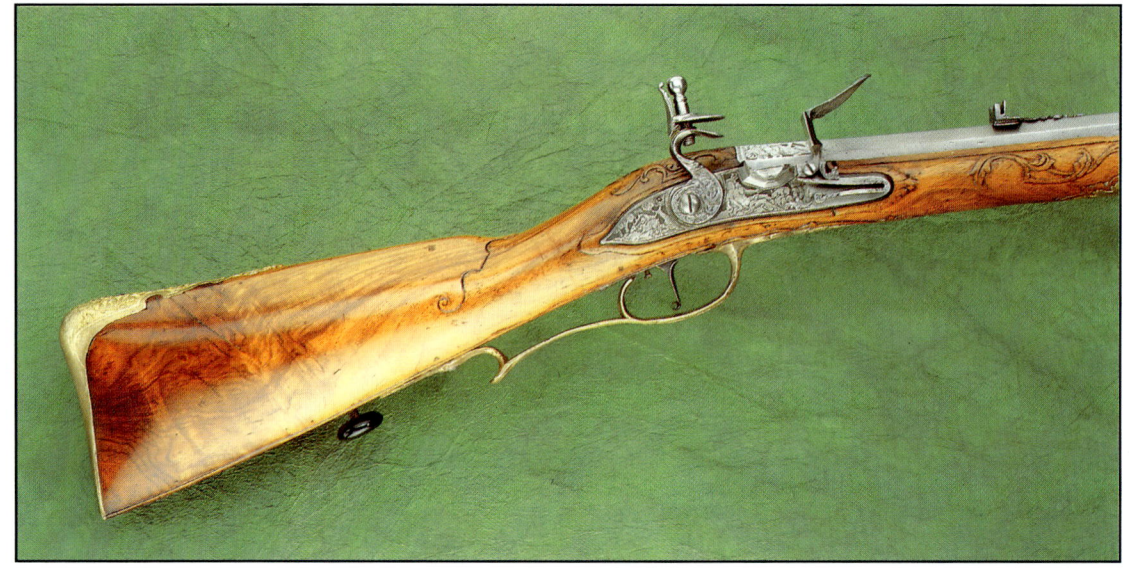

154

Steinschloßbüchse [154]   *um 1715*

Peter Paul Heffele, Vernéřov, Kal. 13 mm, L. 1075 mm

Der Büchsenmacher P. P. Heffele, in Prag in der Zeit von 1696–1727 erwähnt, war in den Jahren 1712–1718 Obermeister in der Manufaktur Vernéřov (Wernsdorf) in Nordböhmen. Es wurden hier Armeegewehre hergestellt, in geringem Umfang jedoch auch Zivilwaffen. In der Signatur am Lauf führt der Urheber an, daß er aus Prag stammt (P.P.HEFFELE VON PRAG IN WERNSDORF).

Einlader mit Steinschloß [155]   *um 1730*

Alexandre Chasteau, Paris, Kal. 16 mm, L. 1355 mm

Die Waffe ist recht zurückhaltend dekoriert, fast ohne Schmuck, obwohl sie von einem

155

bedeutsamen Büchsenmacher stammt. Auf der Schloßplatte ist sie mit CHASTEAU PARIS RUE DES Sts PERES gekennzeichnet. In Paris arbeiteten Claude Chasteau, Meister seit 1675, bis 1727 erwähnt, und sein Sohn Alexandre Chasteau, der in den Jahren 1714–1744 nachweisbar ist. Letzterer ist der Hersteller dieser Waffe und hatte ab 1727 seine Werkstatt in der Straße zu den Heiligen Vätern (Rue des Saints Pères). Zwar war er kein Hofbüchsenmacher Königs Ludwig XV., wie man mitunter von ihm behauptet, doch arbeitete er für andere europäische Herrschergeschlechter.

Joseph Hamerl, Wien, Kal. 16 mm, L. 1160 mm

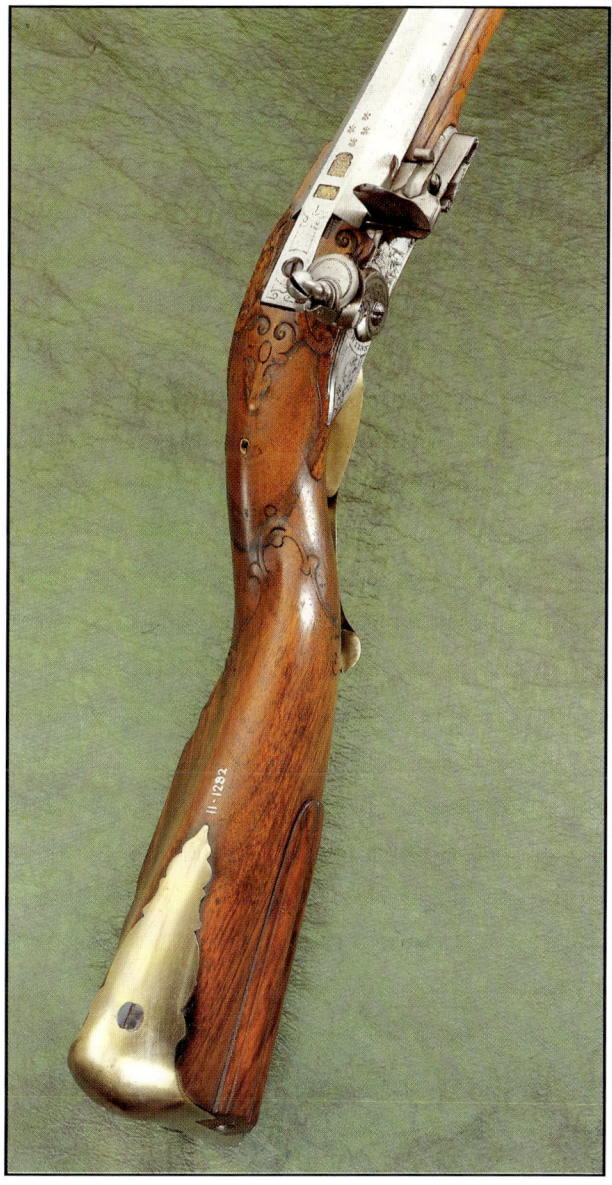

156

Die Waffe hat einen gekröpften Schaft für das linke Auge, in der Fachterminologie als „Krüppelschaft" bezeichnet. Ein solcher Schaft wurde von einem rechtshändigen Schützen verwendet, der den Schaft an die rechte Schulter legte, der jedoch entweder sein rechtes Auge verloren hatte oder es war so schwach, daß er mit dem linken zielen mußte. Um eine Verbindungslinie zwischen linkem Auge, Kimme und Korn zu erzielen, mußte der Kolben nach links ausweichen. Diese Lösung war in der Vergangenheit keine Ausnahme, wovon eine Reihe von erhalten gebliebenen Gewehren mit einem solchen Schaft aus verschiedenen Zeiten, verschiedenen Gebieten und von unterschiedlichen Büchsenmachern zeugt.

Die Waffe wurde vom Büchsenmacher Joseph Hamerl (1678 bis 1738, ab 1710 Meister in Wien) hergestellt. Am Lauf befindet sich eine Herstellerkennzeichnung „im spanischen Stil", die im 18. Jahrhundert auch in Mitteleuropa beliebt war. Die Kartusche zeigt unter einer Krone in vier Zeilen die Meistersignatur, eine Marke befindet sich in einem Rechteck (hier ein Elefant) und um sie herum gruppieren sich weitere Marken (hier Sterne, ansonsten Rosen, Granatäpfel u.a.).

157

Nicola Duina, Brescia, Kal. 46 x 30 (Mündung), L. 780 mm

Die bei modernen Maschinenpistolen und Sturmgewehren verwendeten abklappbaren Schäfte sind keine Erfindung der Neuzeit. Sie kamen bei den italienischen Waffen aus dem 18. Jh. häufig vor, bei Karabinern und insbesondere bei Tromblonen (zu diesen vergleiche Nr. 101–102). Bei den zur Verteidigung von Reisenden benutzten Waffen war diese Lösung vorteilhaft, da die Waffe beim Transport im Wagen oder auf dem Pferd mit abgeklapptem Schaft weniger Platz einnahm. Nicola Duina ist bisher in den Archiven noch nicht entdeckt worden und verschiedenen Autoren zufolge wird seine Schaffensperiode in die Jahre 1700–1760, um das 1720 oder erst in die zweite Hälfte des

158

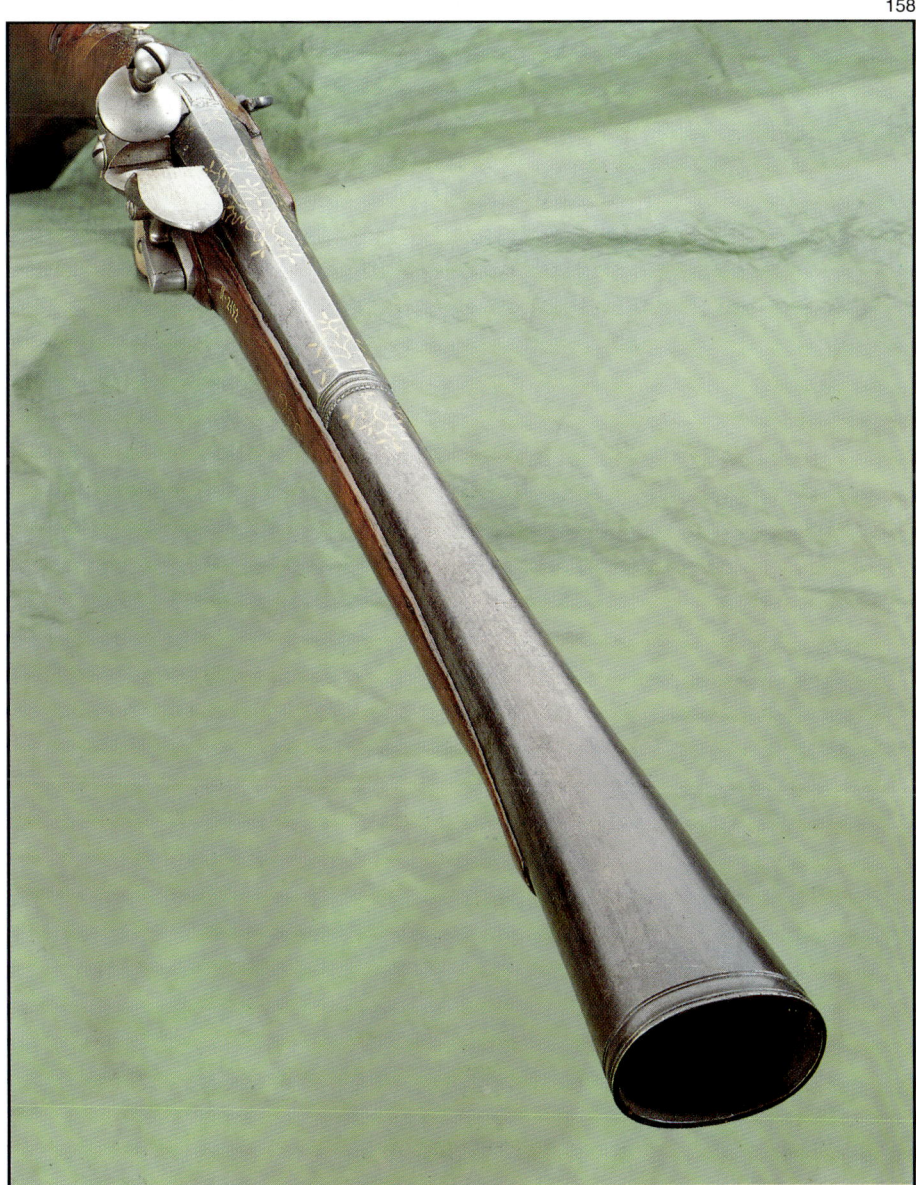

18. Jahrhunderts gelegt. Seine Tromblone mit abklappbarem Schaft sind auch in weiteren Museumssammlungen erhalten geblieben (Brescia, Eger, Philadelphia).

Steinschloßpistole [159]   *um 1730*

Diego Zanoni, Brescia, Kal. 16 mm, L. 515 mm

Diego Zanoni, dessen Signatur sich auf der Schloßplatte der Pistole befindet, wurde 1689 geboren und in den schriftlichen Quellen wird er in den Jahren 1720–1743 erwähnt. Es scheint, daß er eher ein Waffenhändler als ein Hersteller war. Es sind größere Mengen von ihm (mit Zanoni oder Zanone) markierter Waffen aus der ersten Hälfte des 18. Jahrhunderts überliefert, zumeist von mittelmäßiger Qualität. Unter ihnen überwiegen Steinschloßpistolen, in geringerer Zahl Gewehre und auch Tromblone, einschließlich von Stücken mit abklappbarem Schaft (im Italienischen als „a scavezzo" bezeichnet – siehe vorhergehende Waffe).

Einige seiner Waffen waren offensichtlich für den Export auf den Balkan oder in die Türkei bestimmt, was sicherlich auch für die abgebildete Pistole zutrifft. Der damaszierte Lauf ist mit Gravuren und gelbem Metall mit eingelegten orientalischen Ornamenten verziert. Die Waffe hat ein Steinschloß, dessen Feuerstahl senkrecht geriffelt ist, was bei Schlössern alla catalana weit verbreitet und bei Steinschlössern nur bei für die Ausfuhr in den Orient bestimmten Waffen auftritt.

Preußisches Steinschloßgewehr [160]   *um 1730*

Manufaktur Potsdam, Kal. 19 mm, L. 1545 mm

Dieses preußische Infanteriegewehr trägt auf der Schloßplatte die Markierung POTZDAM MAGAZ/S et D. Es wurde also in der Potsdamer Manufaktur hergestellt, die 1722 unter der Leitung von Splittgerber und Daun eingerichtet wurde, deren Signatur S et D bis 1774 auf den hier angefertigten Waffen erscheint. Das Messingschild am Schafthals zeigt das Monogramm König Friedrich Wilhelms (FWR = Friedrich Wilhelm Rex), der 1713–1740 herrschte. Bei Zivilwaffen trägt dieses Schild zumeist das Monogramm des Besitzers und die Kennzeichnung auf den Militärwaffen hat die gleiche Bedeutung, denn die Armee war „Eigentum" des Herrschers.

160

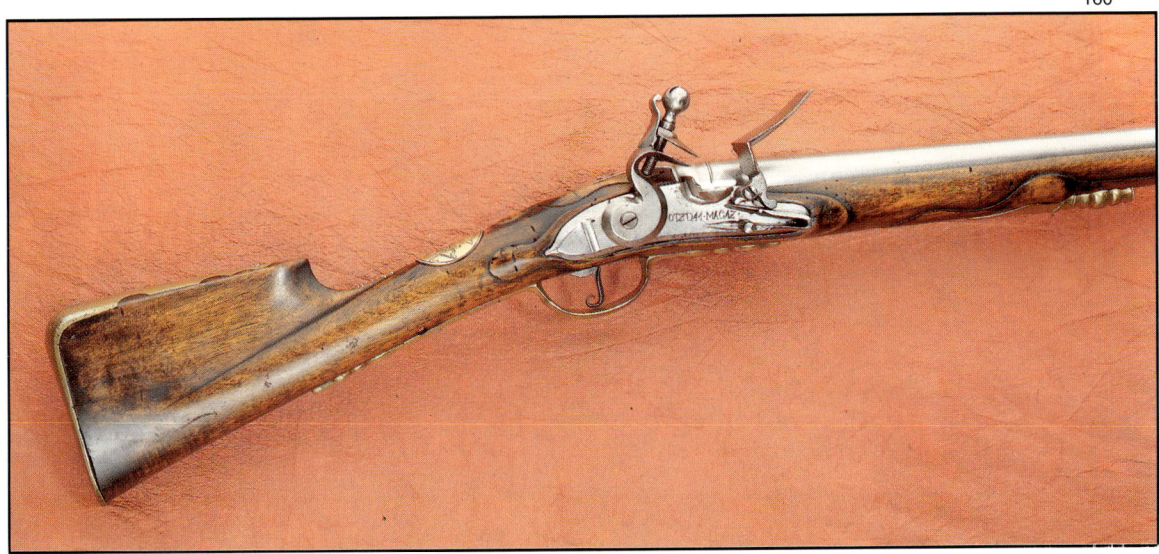

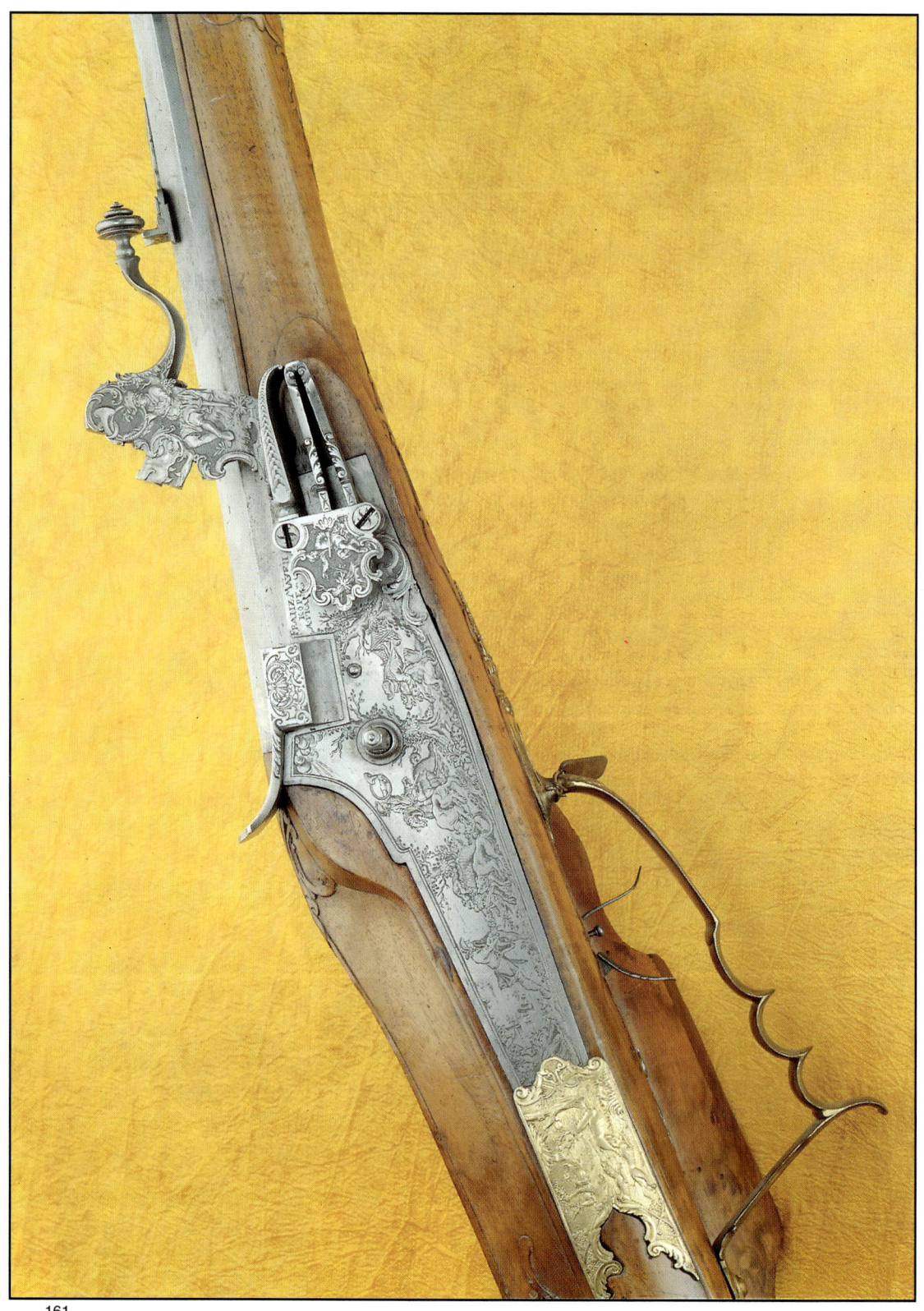

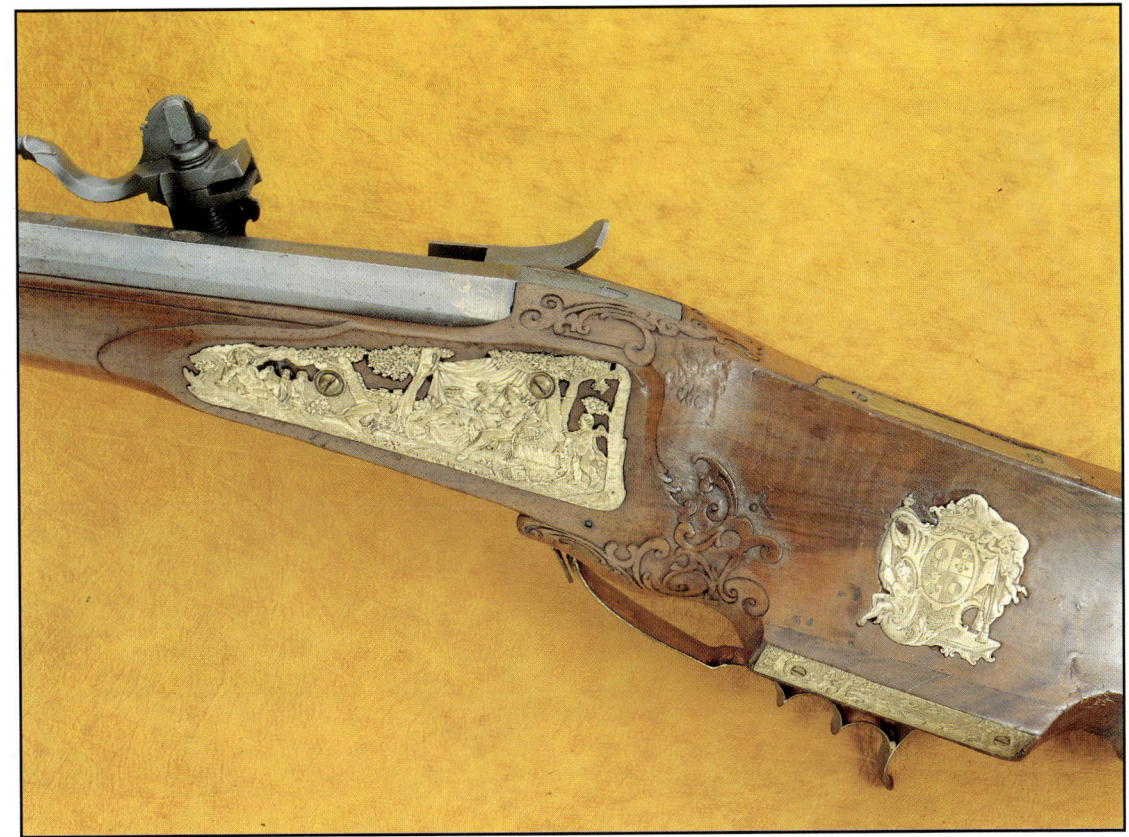

162

Radschloßbüchse [161, 162] *1731*

Franz Mazenkopf, Prag, Kal. 14,5 mm, L. 1180 mm

Im 18. Jahrhundert bestand in Mitteleuropa immer noch eine Vorliebe für Büchsen mit Radschloß und deutschem Schaft, der beim Schießen nicht auf die Schulter gestützt, sondern nur an die Wange gelegt wurde. Die mit Gravuren und Verschneidungen mit Jagdszenen reich verzierte Waffe trägt an der Schaftbacke das Wappen der Grafen von Khuenburg (aus der in Salzburg ansässigen Familie stammt der damalige Erzbischof von Prag, der den späteren Umzug von Mazenkopf nach Salzburg beeinflußt haben kann). Die Schloßplatte ist mit FRANZ MAZEN/KOPF/A PRAG und der Lauf mit Franz MADZENKOPF A PRAG 1731 markiert.

Franz Mazenkopf (auch Madzenkopf oder Matzenkopf) wurde 1705 im Tiroler Prutz geboren, mit sechzehn Jahren kam er in die Lehre nach Wien und in den Jahren 1727–1738 war er in Prag tätig, wo er 1731 Büchsenmachermeister wurde. Im Jahr 1738 ging er nach Salzburg, wo er als Münzen- und Medaillengraveur in den Diensten des Erzbischofs stand und 1776 auch starb. Mazenkopf gehört zu den besten Büchsenmachern und Graveuren seiner Zeit, es blieb jedoch nur eine geringe Zahl seiner Waffen (Feuer- und Blankwaffen) erhalten, denn wesentlich mehr widmete er sich der Gravier- und Medaillenkunst.

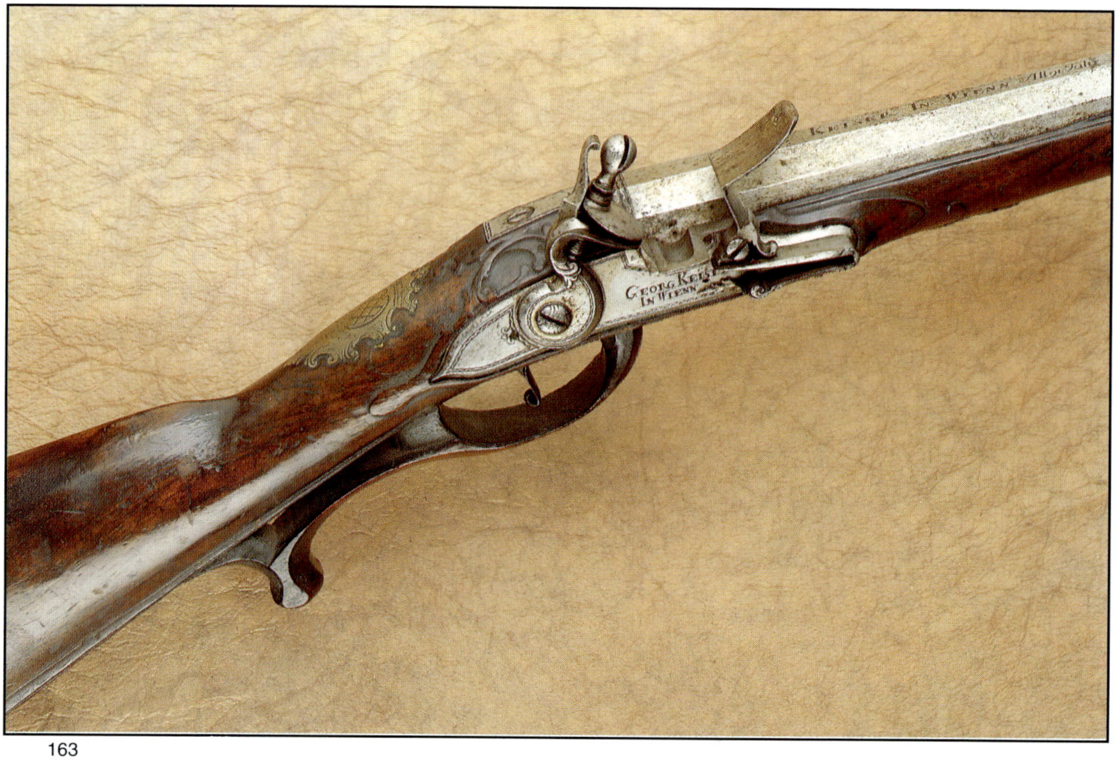

163

Einläufiges Steinschloßgewehr [163, 164] *1738*

Georg Keiser, Wien, Kal. 15,5 mm, L. 1450 mm

164

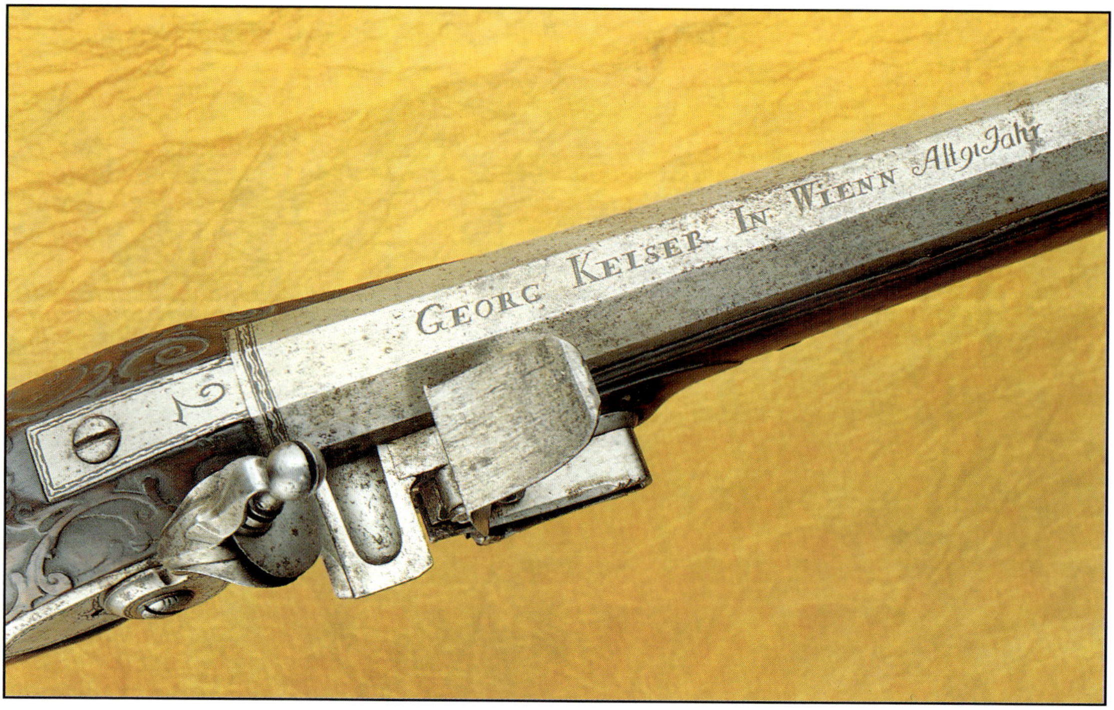

Georg Keiser wurde 1647 in Cheb (Eger) geboren und ging zur Lehre nach Wien, wo er 1674 Meister wurde. Er arbeitete noch im Jahr 1740, also mit 93 Jahren. Im letzten Jahrzehnt seines Schaffens ergänzte er seine Meistermarke am Lauf oft mit einer Angabe über sein hohes Alter. Die Inschrift „Alt 91 Jahr" ermöglicht uns, dieses undatierte Gewehr genau in das Jahr 1738 einzuordnen.

Die Nummer 2 auf der Schwanzschraube zeigt, daß die Waffe aus einem Paar übereinstimmender Gewehre stammt. Das Gewehr hat auch einen sog. Kapuzinerschaft, der im 18. Jahrhundert in Mitteleuropa häufig verwendet wurde. Der Abzugsbügel aus Holz ist bei Waffen mit solch einem Schaft nicht abnehmbar, weil er zusammen mit dem restlichen Schaft aus einem Stück geschnitten wurde. Ursprünglich war der Abzugsbügel nur aus Holz, später versah man ihn mit einem Metallband. Von Georg Keiser ist eine größere Anzahl Waffen überliefert, die heute in einer Reihe von europäischen und überseeischen Sammlungen vertreten sind.

Einläufiges Steinschloßgewehr [165]   *1739*

Pasqual, Kal. 16,5 mm, L. 1445 mm

Die Schloßplatte ist mit PASQUAL 1739 gekennzeichnet, auch der Lauf ist datiert und von einem nicht identifizierten Meister im spanischen Stil markiert (vergleiche Nr. 156). Pasqual ist eine bis heute nicht näher bekannte Person, eine andere Waffe von ihm (ebenfalls mit 1739 datiert) befindet sich in Schweden. Das Gewehr hat einen Madrider Schaft, der im 17. Jahrhundert aufkommt und im 18. Jahrhundert insbesondere bei Büchsenmachern aus der spanischen Hauptstadt üblich war. Der verengte Schafthals zieht sich über die gesamte Kolbenlänge und ist von der oberen und unteren Kolbenpartie mit einer tiefen Rille abgegrenzt. Zwei Rillen befinden sich nur auf der rechten Seite, während auf der linken, ans Gesicht gelegten Seite nur die untere Rille vorhanden ist, damit das Anlegen bequemer ist. Gewehre mit Madrider Schaft wurden insbesondere in Spanien hergestellt, aber auch in Süditalien und im habsburgischen Reich, also in Gebieten mit zahlreichen Kontakten zu Spanien.

165

166

Einläufiges Steinschloßgewehr [166]   *um 1740*

Christoph Joseph Frey, München, Kal. 16 mm, L. 1680 mm

Christoph Joseph Frey wurde wahrscheinlich 1685 geboren, im Jahr 1710 kam er aus
Chomutov in Nordböhmen zur Lehre nach Wien und ab 1719 arbeitete er in München.
Im Jahr 1746 heiratete er nicht nur, sondern wurde auch Hofbüchsenmacher. Er starb
1782. Seine stark abgenutzte Signatur befindet sich auf der Schloßplatte, wo auch die
Gravur eines berittenen Pistolenschützen zu erkennen ist. Die Garnitur ist mit eingravierten Jagdszenen verziert. Die Waffe hat einen verlängerten Lauf (1295 mm), wodurch
sie auch eine große Gesamtlänge erreicht.

Zweiläufige Pistole mit zwei Steinschlössern [167]   *um 1740*

Claude Niquet, Lüttich, Kal. 7 mm, L. 140 mm

Die kleine Taschenpistole (Gewicht ganze 250 g) hat zwei abschraubbare Läufe übereinander. Das rechte Schloß ist für den oberen, das linke für den unteren Lauf. Die Ab-
züge sind ohne Bügel. Der Messinggriff, die Patronenkammern und die Schlösser sind
mit ornamentalen Gravuren dekoriert, rechts befindet sich die Markierung CLAUDE
NIQUET.
   Claude Niquet (1692–1764) stammte aus einer bekannten Lütticher Waffenhändlerfa-
milie des 18. Jahrhunderts. Ein Paar fast identischer Taschenpistolen befindet sich in
einer belgischen Privatsammlung, lediglich ihre Markierung gibt außerdem noch den
Herstellungsort an (A LIEGE).

Steinschloßpistole [168]   *um 1740*

Jean Baptiste Mazelier, Paris, Kal. 15 mm, L. 445 mm

Diese Pistole mit einem ursprünglich gebläuten Lauf mit Vergoldungen und einer gravierten Silbergarnitur sowie einem mit Silber eingelegten Schaft wurde vom Büchsenmacher Jean Baptiste Mazelier angefertigt, der in Paris in den Jahren 1726–1760 erwähnt wird. In den Jahren 1726–1730 war der später bekannte Büchsenmacher Pièrre
Lepage bei ihm in der Lehre.

Preußische Wallbüchse [169]   *um 1750*

169

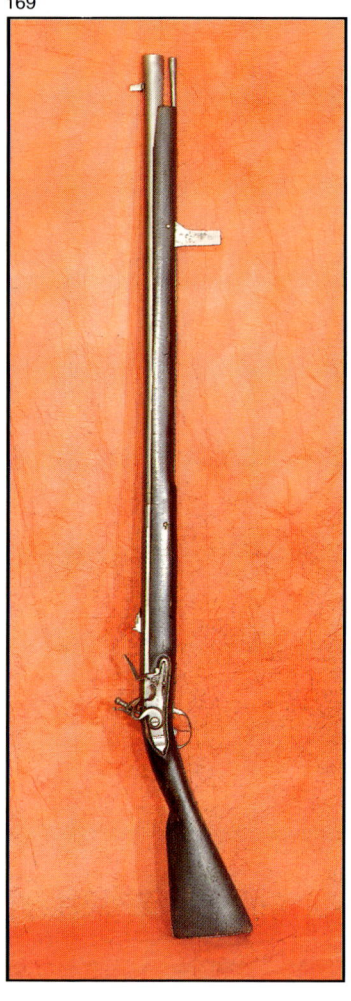

Manufaktur Potsdam, Kal. 23 mm, L. 1610 mm

Wallbüchsen, die lange Jahrhunderte bei der Verteidigung von Städten und militärischen Festungen benutzt wurden, stehen mit ihren Ausmaßen, ihrer Konstruktion und Verwendungsweise irgendwo zwischen den Infanteriegewehren und den leichten Geschützen. Die Eroberung von Städten und den im 17. und 18. Jahrhundert entstehenden Festungen war ständig Bestandteil der kriegerischen Auseinandersetzungen und bei der Verteidigung dieser Objekte spielten die Wallbüchsen eine nicht wegzudenkende Rolle. Es waren lange und schwere Waffen mit großem Kaliber, größerer Tragweite und Durchschlagskraft als die Infanteriegewehre. Von diesen unterschieden sie sich in der Konstruktion kaum, sie waren nur entsprechend überdimensioniert und am Vorderschaft mit einem Haken versehen, der beim Schuß den starken Rückstoß zu mildern hatte, der bei der Verwendung der schweren Waffe und der großen Pulvermenge entstand.

Wallbüchsen waren keine persönlichen Waffen der Soldaten, sie hatten natürlich keine Ösen für Tragegurte und man konnte auf sie kein Bajonett aufpflanzen. Ziele der Wallbüchsen waren vor allem die gefährlichsten Personen im feindlichen Lager – die Geschützbedienungen, Offiziere usw. Neben den Wallbüchsen aus der Bewaffnung der Städte (vergleiche Nr. 122–123) gibt es auch vorschriftsmäßige militärische Modelle. Das abgebildete preußische Exemplar ist mit einem Visier mit einem festen und zwei herunterklappbaren Kimmenblättern ausgestattet.

Radschloßbüchse [170, 171]   *um 1750*

Paul Lienhart und Antoni Haas, München, Kal. 14 mm, L. 1100 mm

Die Büchse mit gravierter Schloßplatte und mit Einlegearbeit geschmücktem Schaft ist die Arbeit zweier Münchener Büchsenmacher. Die Schloßplatte ist mit P. Lienhart München und der Lauf mit ANTONI HAAS IN MÜNCHEN markiert. Paul Lienhart stammte aus Passau, im Jahr 1707 ging er zur Lehre nach Wien und ließ sich dann in München nieder, wo er bis Mitte des 18. Jahrhunderts erwähnt wird. Antoni Haas war in München annähernd in den Jahren 1720–1758 tätig. Der Lauf trägt neben der Signatur auch seine Meistermarke – die Buchstaben AHM und ein Hase im Kreis. Es handelt sich um eine sogenannte sprechende Marke, bei der die Abbildung gänzlich oder annähernd dem Namen des Meisters entspricht. Bei den Buchstaben handelt es sich um die Initialen des Büchsenmachers und den Anfangsbuchstaben der Stadt, in der er arbeitete.

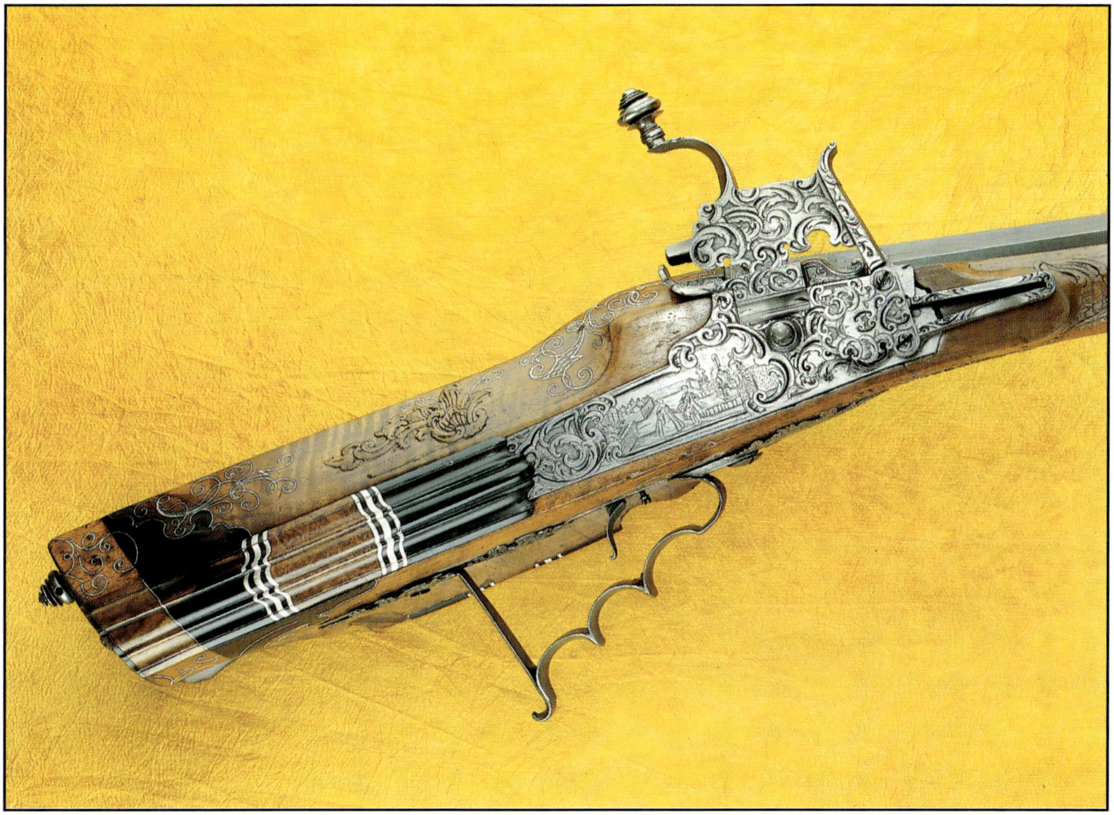

170

171

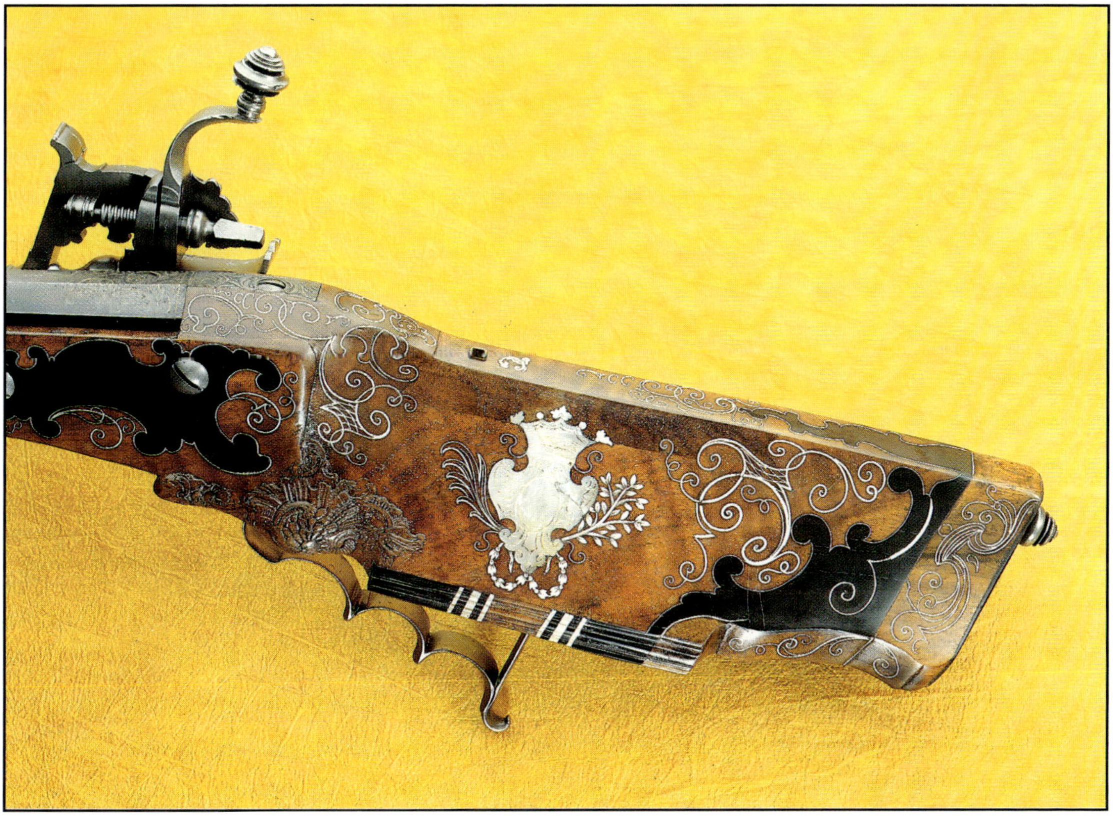

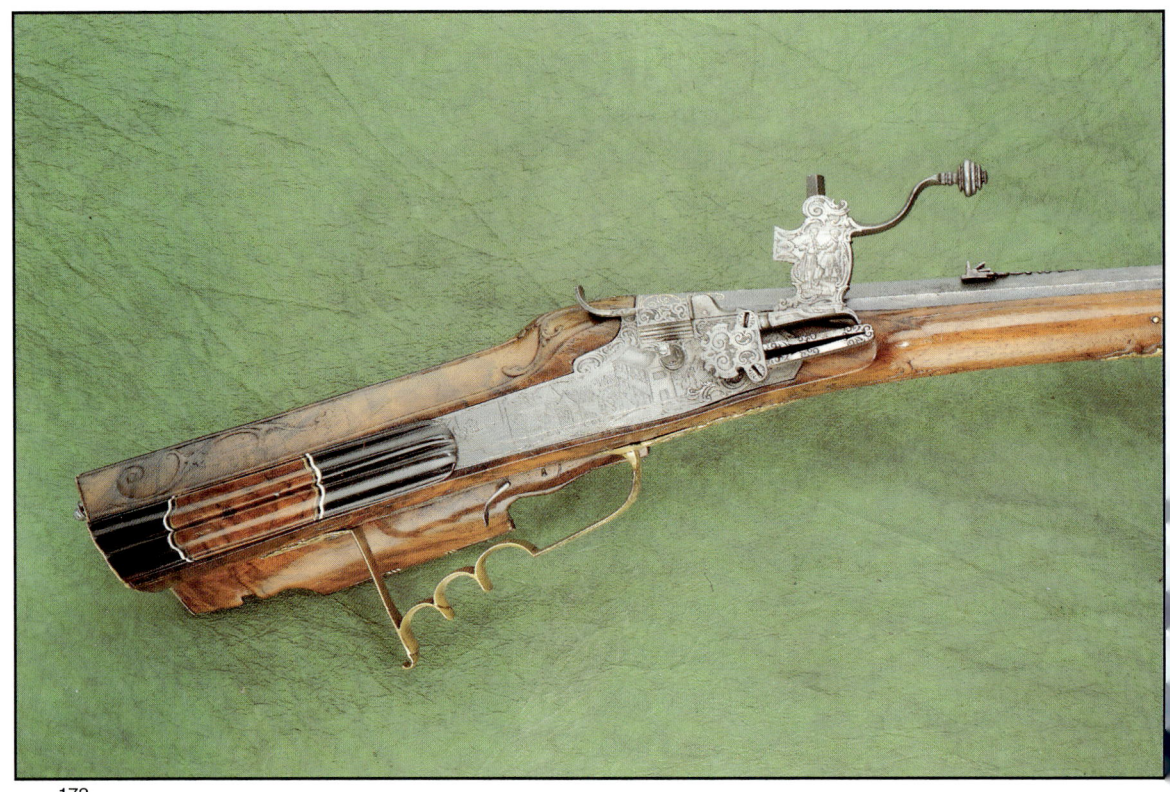

172

Radschloßbüchse [172, 173, 174]   *um 1750*

Marcus Zelner, Wien, Kal. 13,5 mm, L. 1125 mm

Die Zelners waren eine bekannte und weitverzweigte Büchsenmacherfamilie, deren Angehörige insbesondere in Zell am Wallersee und in Salzburg arbeiteten. Marcus Zelner (1693–1758) ging bei seinem Vater Johann Balthasar (1659–1730, Büchsenmacher wurden auch fünf weitere Söhne) zur Lehre und wurde 1726 Meister in Wien nach seiner Heirat mit der Tochter des Büchsenmachers Felix Meier (1672–1739, dieser wurde 1702 Meister nach der Heirat mit der Tochter des Büchsenmachers Georg Keiser – vergleiche Nr. 163–164). Die Heirat mit einer Büchsenmachertochter (oder mit einer Büchsenmacherwitwe) erleichterte dem jungen Gesellen wesentlich den Zutritt zur Zunft und die Erlangung des Meistertitels.

In der Ausschmückung der Waffen überwogen zumeist Jagdmotive, Kriegsszenen und Themen aus der Mythologie. Die Büchsen wurden auch zum Scheibenschießen verwendet und so erscheint mitunter auch diese Thematik im Dekor, wofür Zelners Kugelbüchse ein wunderschönes Beispiel ist. Die Gravur auf der Schloßplatte zeigt einen zeitgenössischen Schießstand mit Zuschauern und Schützen in gedeckten Ständen. Hinter der Zielscheibe fängt eine Wand die Geschoße auf und neben ihr dient ein Häuschen den Zielrichtern, die die Treffer anzeigen. Auf der Gegenplatte ist dann das Auswerten der Treffer festgehalten, das an die Arbeit einer modernen Jury erinnert.

Auch der Eisenschnitt auf der den Hahn verdeckenden Platte stellt zwei Schützen dar. Das Visier mit einem festen und zwei abklappbaren Plättchen ermöglichte ein gezieltes Schießen auf unterschiedliche Entfernungen.

173
174

175

Steinschloßpistole [175] *um 1750*

Kal. 19 mm, L. 530 mm

Die Militärpistole dürfte aus der Bewaffnung eines der damaligen deutschen Staaten stammen. Am Lauf befinden sich nicht lesbare Marken, am Abzugsbügel die Aufschrift No. 2 und (an der Innenseite) die Buchstaben R.X.M.f., die höchstwahrscheinlich die Einheit bezeichnen, in der die Waffe geführt wurde. Die Pistole hat eine Messinggarnitur. Die Öse am Knauf diente zum Festbinden, damit der Reiter die Pistole nicht verlor, wenn sie ihm aus der Hand fiel oder geschlagen wurde. Mit der einfachen, ungeschmückten Militärwaffe kontrastiert die folgende (Nr. 176, 177) prachtvoll verzierte Reiterpistole eines reichen Edelmanns.

Steinschloßpistole [176, 177] *um 1755*

Marcus Zelner, Wien, Kal. 15 mm, L. 555 mm

Orientalische Waffen waren von hoher Qualität und besonders geschätzt wurden damaszierte Klingen und Läufe, bei denen durch Verschweißen von Drähten oder Bändern aus Eisen und Stahl ein Material entstand, das fester und härter war, zugleich aber auch elastischer und dauerhafter. Die Klingen und Läufe der von den Türken erbeuteten Waffen wurden daher oft bei von europäischen Schwertfegern und Büchsenmachern angefertigten Waffen wiederverwendet. Dies geschah insbesondere nach der Abwehr der türkischen Belagerung von Wien im Jahr 1683, aber auch zu anderen Zeiten.

Ein Damastlauf türkischer Herkunft wurde auch in dieser Pistole von Marcus Zelner verwendet (zum Meister vergleiche Nr. 172–174). Die Prunkwaffe mit vergoldeter Messinggarnitur ist reich mit Verschneidungen und Gravuren verziert, in denen türkische Motive überwiegen – auf dem Abzugsbügel sitzt ein Türke vor Zelten, auch auf dem Knauf ist ein Türke dargestellt.

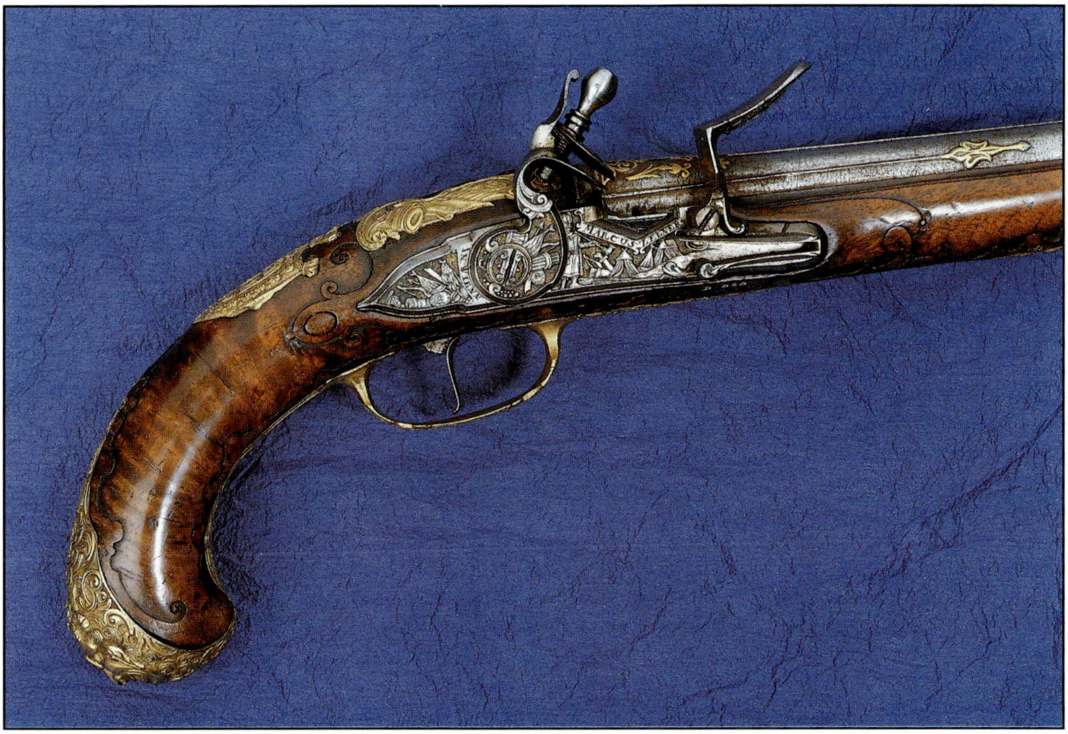

Auf der Schloßplatte befindet sich eine Reliefschnitzerei mit Kriegstrophäen, einem türkischen Zeltlager und einem Türken mit Pfeife.

Am Griffhals prangt das Wappen der Fürsten Lobkowicz. Der Besitzer konnte Jan Jiří Kristián Lobkowicz (1686–1755) sein, der den militärischen Rang eines Marschalls erlangte, oder einer seiner sechs Söhne, von denen einer Bischof wurde und die übrigen die militärische Laufbahn wählten.

Granatgewehr mit Steinschloß [178] *um 1750*

178

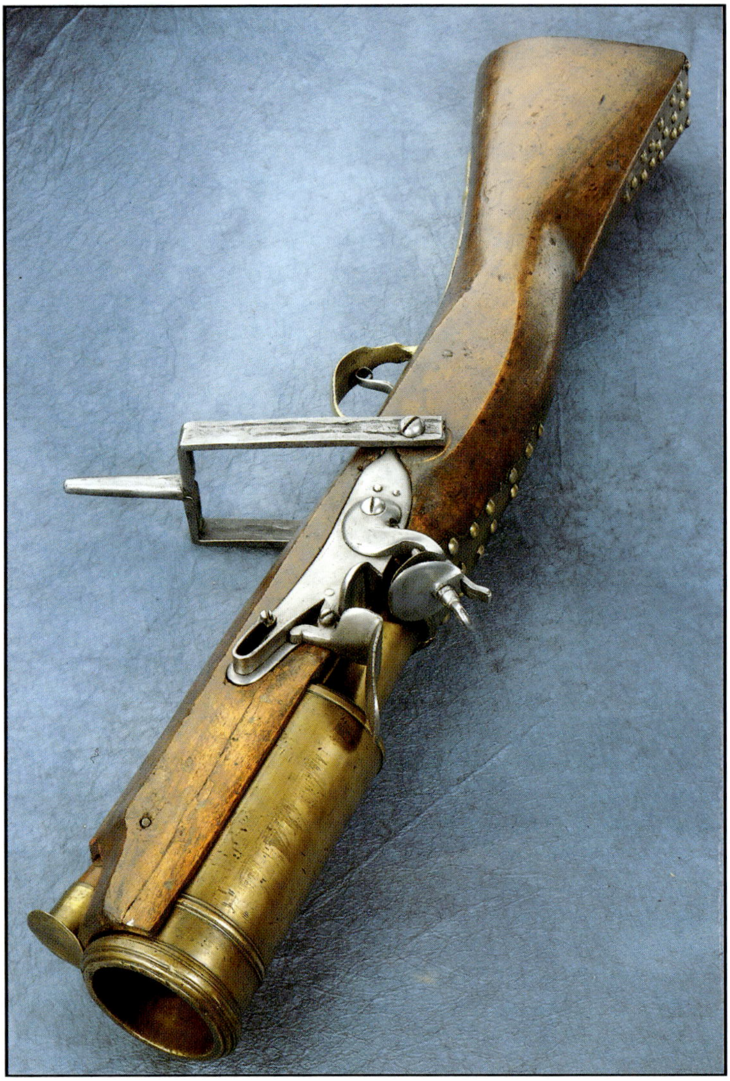

Kal. 67 mm, L. 875 mm

Speziell ausgebildete, Granaten werfende Soldaten wurden bereits in der Vergangenheit durch Gewehre ersetzt, aus denen die Granaten auf große Entfernungen abgefeuert werden konnten. Diese Lösung ist also nicht erst eine Erfindung des 20. Jahrhunderts. Die abgebildete Granatbüchse hat einen Messinglauf, der vordere Teil mit einer Länge von 185 mm hat einen Durchmesser von 67 mm, der hintere 90 mm lange Teil ist verjüngt. An den Schaft ist eine eiserne Stützgabel geschraubt, die Verlängerung der Kolbenkappe, die Gegenplatte und das Messingblech am Schaft hinter dem Lauf sind mit Messingnägeln mit halbrunden Köpfen beschlagen.

Ähnliche Granatgewehre sind aus der zweiten Hälfte des 18. Jahrhunderts aus Frankreich bekannt, die unmarkierte Waffe kann auch englischer oder anderer Herkunft sein.

Pistole mit Schloß alla catalana und abklappbarem Bajonett [179, 180] *um 1758*

Manufaktur Neapel, Kal. 16,5 mm, L. 400 mm

Die Reiterpistole hat ein Schloß alla catalana, daß außer in Spanien auch im gesamten Mittelmeergebiet und besonders in Süditalien verbreitet war. Das Bajonett wird in abgeklappter Stellung von einer Arretierung an der Schwanzschraube gehalten, der Haken an der linken Schaftseite dient zum Befestigen der Waffe am Gürtel.

Undatierte Waffen werden immer in einer Entstehungszeit mit abgerundeter Jahreszahl eingeordnet, die mit einer Null oder Fünf endet. In diesem Fall wird die ungewöhnliche Angabe „um 1758“ durch die Markierung des Pistolenlaufs ermöglicht, der die In-

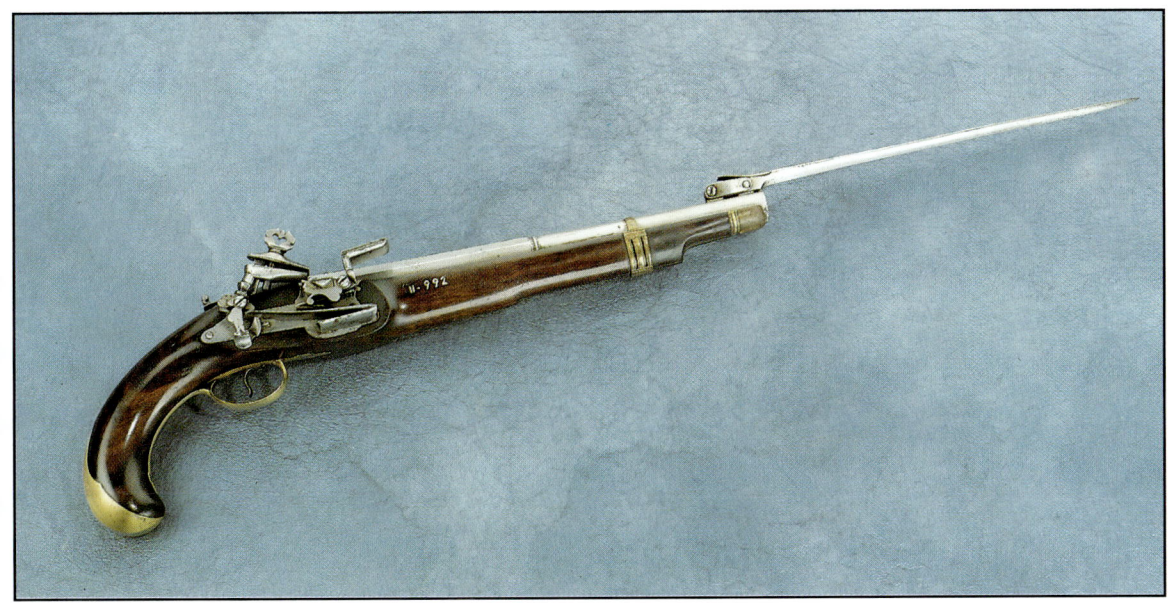

schrift FABR/DI/NAP und das Monogramm König Karls zeigt. Die Manufaktur in Neapel wurde 1757 gegründet und 1759 wurde der bisherige König von Neapel zum König von Spanien und verzichtete auf die Regierungsgewalt in Neapel zugunsten seines Sohnes Ferdinands. Die Pistole muß also in den Jahren 1757–1759 entstanden sein.

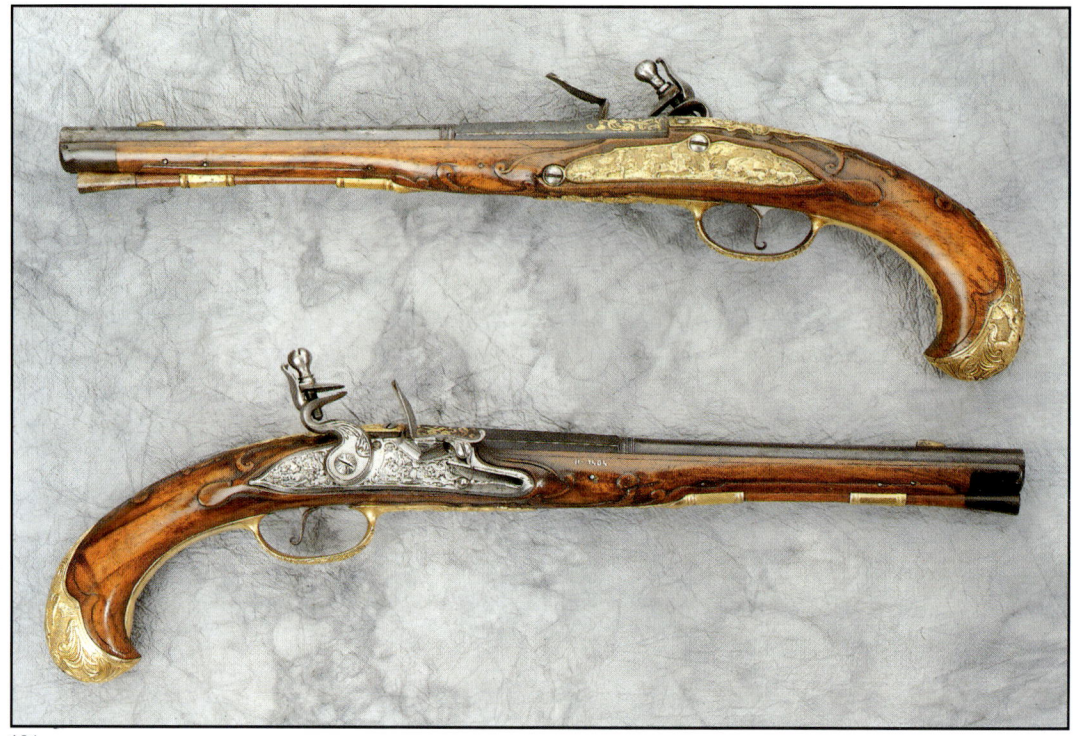

181

Jagdpistolenpaar mit Steinschloß [181]   *um 1760*

Kal. 13,5 mm, L. 430 mm

Die Waffe der Jäger war das Gewehr, doch sind in den Inventarlisten der Weidmänner des 18. Jahrhunderts überraschend oft auch Pistolen zu finden. Mitunter wird vermutet, daß die Pistolenschüsse zum Aufschrecken des Wilds dienten, doch zeigen zeitgenössische Abbildungen, daß mit ihnen auch auf das Wild geschossen wurde. Bei der Hetzjagd benutzte man Pistolen zum Erlegen des abgehetzten Wildes. Bei Jagden, auf denen Bedienstete zu Pferd das Wild den Jägern zutrieben, war die Pistole für den berittenen Jäger eine zum Töten von verletztem Wild geeignetere Waffe. Auch die bei der Hetzjagd vom Wild verletzten Jagdhunde konnten mit einem Pistolenschuß getötet werden, um sie vor weiteren Schmerzen zu bewahren. Aus Pistolen wurde weiter mit Schrot auf Hasen, Krähen usw. geschossen. Ähnlich wie die Kavallerie hatten auch die Weidmänner meist zwei Pistolen im Holster am Sattel. Das unmarkierte Pistolenpaar mit vergoldeten Messinggarnitur ist an Schloßplatte, Gegenplatte, Knauf und Abzugsbügel ausschließlich mit Jagdszenen dekoriert, was ebenso von der Benutzung dieser Waffen zur Jagd zeugt.

Radschloßbüchse [183]   *um 1760*

Sebastian Scheidtögger, Salzburg, Kal. 15 mm, L. 1185 mm

Sebastian Scheidtögger (auch Scheidegger, Scheitecher u.a.) wurde 1727 Meister und Stadtbürger in Salzburg und starb 1773. Die Einlegearbeiten des Schafts mit Tiermotiven und anderen Darstellungen aus weißem Bein waren zu seiner Zeit ein bereits eher weniger übliches Dekor. Der Abzugsbügel ist an der Waffe in umgekehrter Lage, also falsch befestigt.

Kal. 13 mm, L. 245 mm

Große Bedeutung für einen erfolgreichen Schuß besaß die Qualität des Schießpulvers, zu dessen Erprobung in der Vergangenheit verschiedene Geräte dienten, die mit einer Meßeinrichtung ausgestattet waren. Manche Geräte standen bei der Prüfung auf einem Tisch oder einer anderen festen Unterlage, oft kommen jedoch Prüfgeräte für die Pulverqualität in Form einer Pistole mit Steinschloß, später mit Perkussionsschloß, vor. Der Prober hatte einen kurzen „Lauf", der mitunter auf ungewöhnliche Weise angeordnet war, zumeist jedoch in vertikaler Lage. In den „Lauf" wurde eine abgemessene Menge Pulver gebracht (ohne Geschoß) und der Lauf dann mit einem Deckel verschlossen. Dieser wurde beim „Schuß" durch den Gasdruck beiseite geschleudert, der Deckel überwand den Widerstand einer Meßfeder und die Gradeinteilung an einem Zahnrad zeigte die Wirksamkeit des verwendeten Schießpulvers an.

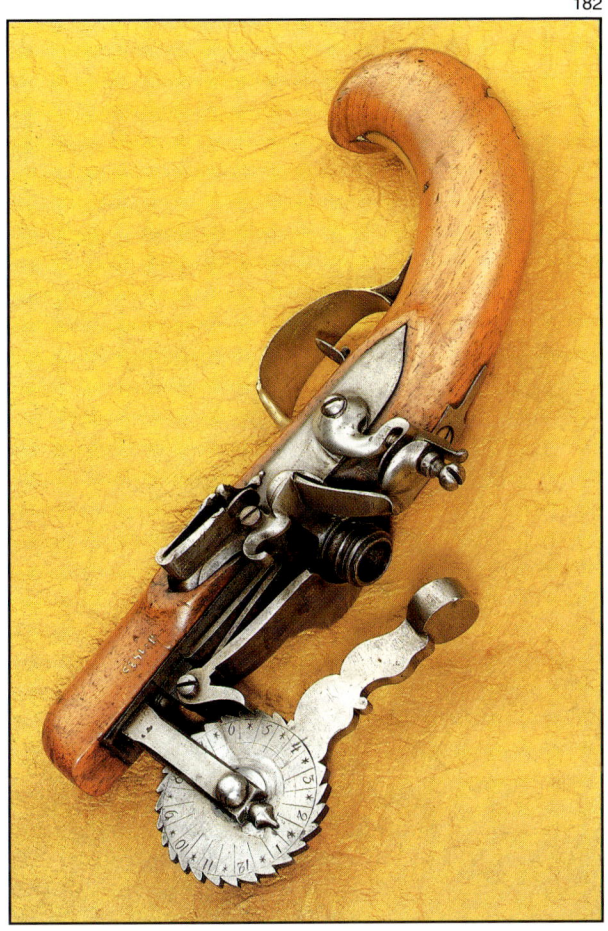

183

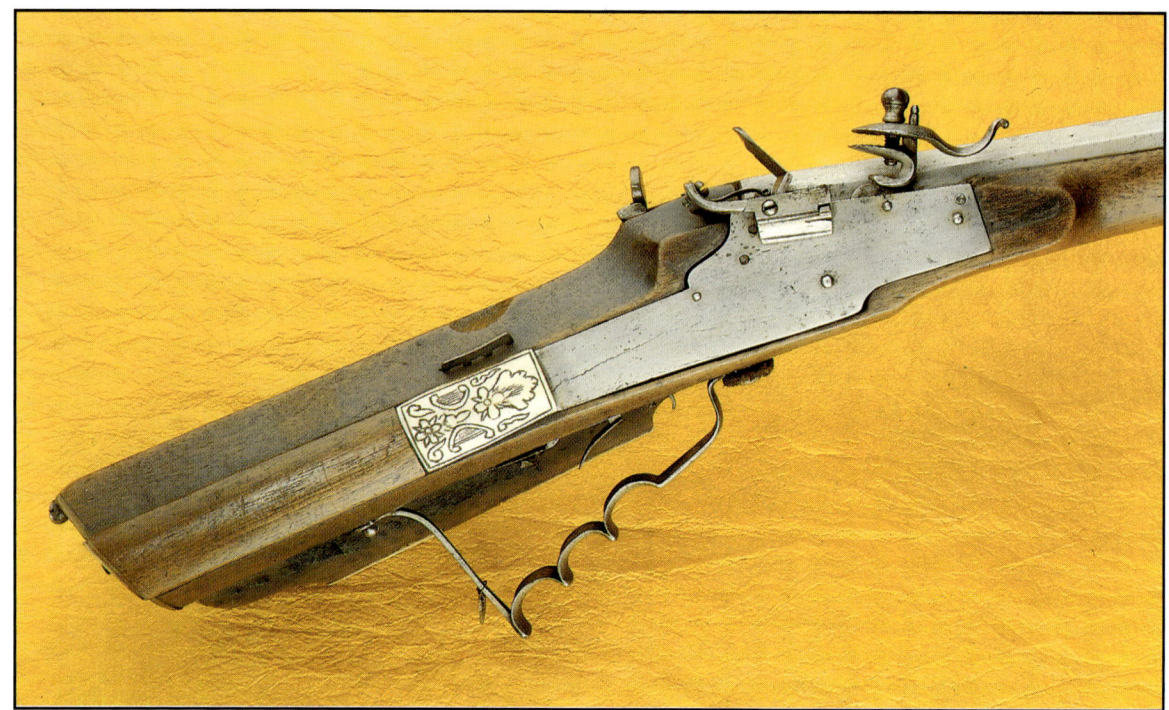

184

Scheibenbüchse mit rückwirkendem Steinschloß [184]   *1769*

Kal. 14 mm, L. 1155 mm

Ein rückwirkender Hahn, der in die entgegengesetzte Richtung als üblich arbeitet, kommt bei Steinschloßwaffen verhältnismäßig selten vor. Auch die Anordnung des gesamten Schloßmechanismus einschließlich des Hahns hinter der Schloßplatte ist nicht sehr häufig. Es kann sich hier um die spätere Umarbeitung einer ursprünglichen Radschloßwaffe handeln. Das herunterklappbare Diopter und der Abzug mit Stecher zeugen von der Verwendung beim Scheibenschießen.

In die Gegenplatte aus Messing ist ein Pflanzenornament eingraviert, am Schaft befinden sich mehrere Platten aus weißem Bein mit Laubwerkgravierungen, der Kolben ist mit einer ovalen Platte aus weißem Bein mit der Inschrift 17/INRI/69 mit zwei runden Schilden aus Horn mit dem Monogramm WG versehen. Die Verzierung mit gravierten Beinplättchen, im 17. Jahrhundert üblich, wirkt im Jahr 1769 bereits veraltet, andere Details der Waffe entsprechen allerdings der zweiten Hälfte des 18. Jahrhunderts.

Paar Steinschloßpistolen [185, 186]   *um 1770*

Giuseppe Merli, Ferrara, Kal. 17 mm, L. 480 mm

Giuseppe Merli ist ein in den schriftlichen Dokumenten noch nicht bekannter Büchsenmacher und sein Name ist nur von Waffensignaturen bekannt, überwiegend an Steinschloßpistolen. Er soll gegen 1780 in Ferrara gewirkt haben, die abgebildeten Pistolen scheinen etwas älter zu sein.

Die Schloßplatte ist mit dem Herstellernamen ohne dessen Wirkungsstätte gekennzeichnet. Das Pistolenpaar hat eine zwar ähnliche, jedoch nicht völlig übereinstimmende Ausschmückung. Die Gestalt des römischen Kämpfers am Lauf und der Maskarone am Knauf des Handgriffs sind bei beiden Exemplaren gleich. Die Abbildung von Kriegstrophäen am Lauf und auf der Schloßplatte sind an der gleichen Stelle angebracht, jedoch in unterschiedlicher Verarbeitung. Auf Gegenplatte, Abzugsbügel, Knauf und Daumenblech befinden sich Porträts, die Sultan Selim, Sultan Soliman, König Saul, den Großmogul und weitere Persönlichkeiten darstellen. Diese Porträts, mit den Namen der Personen versehen, sind auf jeder Pistole verschieden. Die Pistolenschäftung ist mit Ornamenten aus Silberdraht ausgelegt und mit Verschneidungen verziert.

Diese italienischen Pistolen sind eher auf eine in West- und Mitteleuropa übliche Weise verziert.

185
186

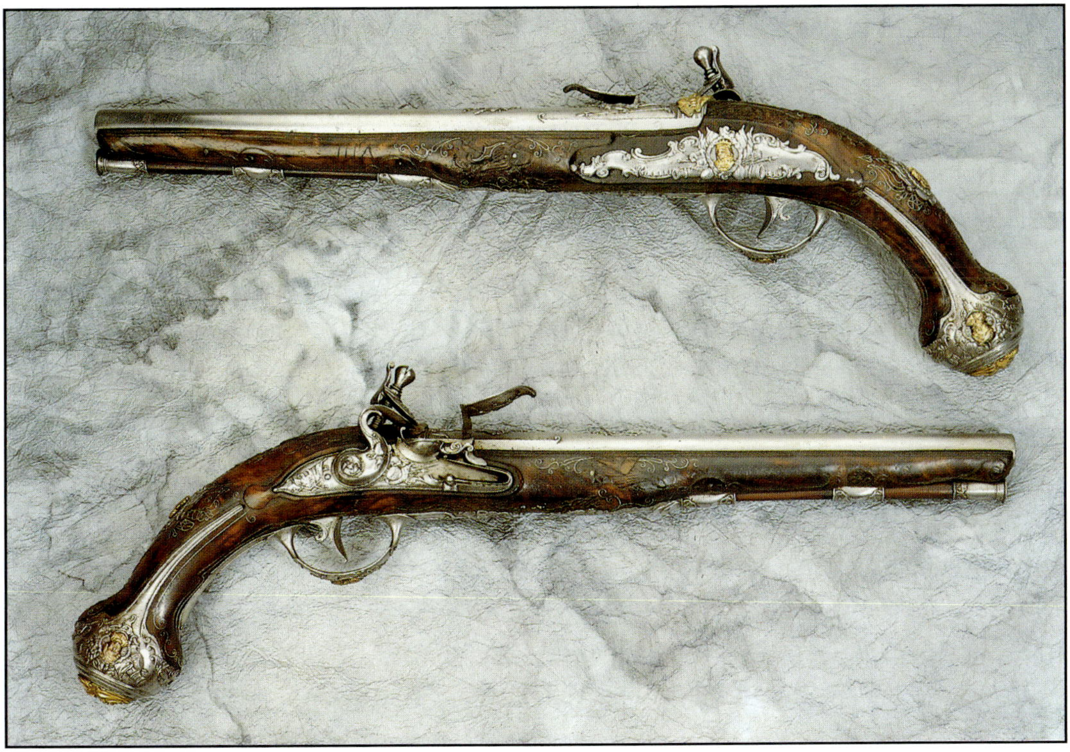

187

Richards, London, Kal. 28 mm (Mündung), L. 700 mm

Tromblone (vergleiche Nr. 101–102) wurden auch in den bewaffneten Streitkräften benutzt, insbesondere in der Marine. Wenn die feindlichen Schiffe längsseits aneinanderstießen und an Bord der Kampf Mann gegen Mann begann, waren diese Waffen unbestritten vorteilhafter als die üblichen Militärgewehre. Zur Geltung kam dabei auch das abklappbare Bajonett, das nach dem Kampf in seine Ruhestellung über dem Lauf gebracht und mit einem verschiebbaren Fänger an der Schwanzschraube befestigt wurde. Marinetromblone besaßen Messingläufe, denn dieses Material vertrug die feuchte und aggressive Salzluft auf dem Meer besser als Eisen. Die Waffe hat einen Lauf mit erweiterter runder Trompetenmündung, der zur Seite ausklappbare Feuerstahl dient als Sicherung. Die Schloßplatte ist mit RICHARDS markiert, am Lauf befinden sich zwei Londoner Prüfmarken. In London und anderswo in England arbeiteten mehrere Büchsenmacher mit diesem Nachnamen, der Hersteller ist vielleicht John Richards, der in den Jahren 1760–1821 erwähnt wird.

Französisches Reitermusketon [188]   *Modell 1777*

Manufaktur Saint-Étienne, Kal. 17,5 mm, L. 1170 mm

Das französische System aus dem Jahr 1777 umfaßte eine größere Anzahl Waffen der gleichen Konzeption, die jedoch verschieden lang waren und weitere Unterschiede je nach den Bedürfnissen der einzelnen Waffengattungen der Armee besaßen. So entstanden Infanterie-, Dragoner-, Artillerie- und Marinegewehre und auch Reiterpistolen. Das Reitermusketon für die schwere Kavallerie war das längste unter den Musketonen, das kürzere Husarenmusketon war für die leichte Reiterei bestimmt. Die Waffen Modell 1777, im Jahr 1801 in Modell An IX geändert, dienten während der französischen Revolution sowie in den napoleonischen Kriegen. Sie wurden in großer Zahl im Ausland nachgebaut, und das einschließlich solcher Details, wie es der Hahn mit herzförmiger Kerbe war (der bereits beim Modell 1763 verwendet wurde).

188

Doppelflinte, ursprünglich mit Steinschloß [189]   *1783*

Procházka, Chrudim, Kal. 17 mm, L. 1140 mm

Erst im letzten Viertel des 18. Jahrhunderts kommen die ersten doppelläufigen Gewehre mit nebeneinander liegenden Läufen auf, im Gegensatz zu der früher üblichen Anordnung der Läufe übereinander. Auf der Schloßplatte ist die Waffe vom bislang unbekannten Büchsenmacher PROCHÁZKA aus der ostböhmischen Stadt Chrudim markiert, die Läufe sind mit 1783 datiert und an der Schwanzschraube befindet sich die Jahreszahl 1826, die das Jahr der Transformation zum Perkussionssystem bezeichnet.

189

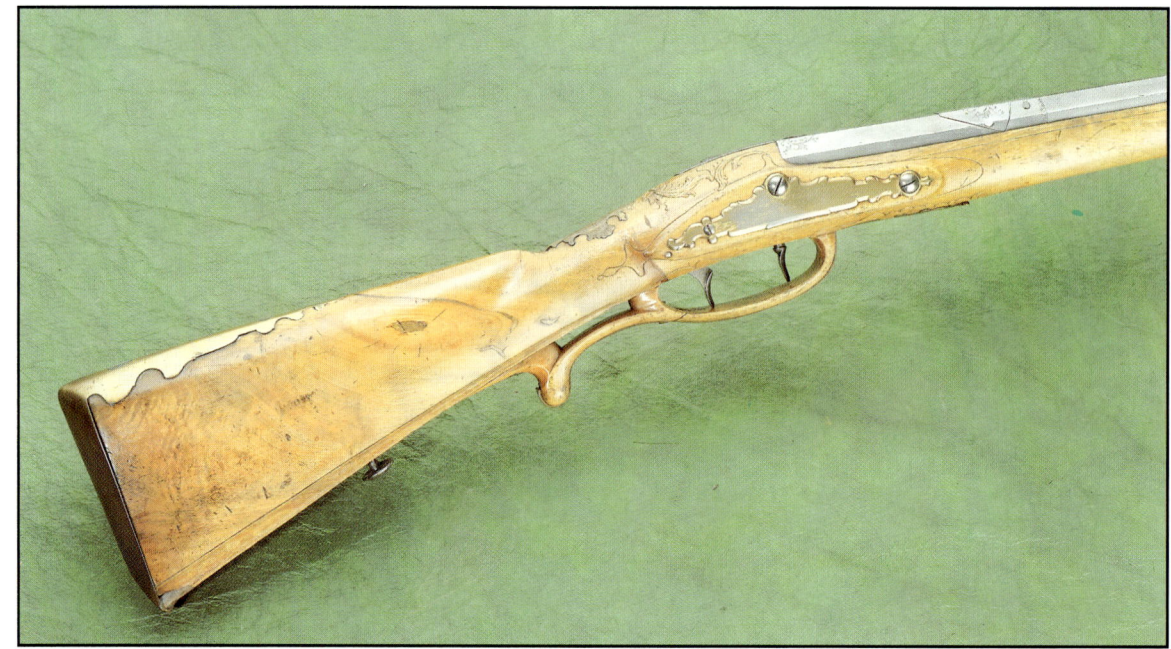

190

Gewehr mit innerem Steinschloß [190, 191]   *um 1780*

Ferdinand Morávek, Golčův Jeníkov, Kal. 14,5 mm, L. 1270 mm

Waffen mit innerem Steinschloß haben anstatt des Hahns einen hinter dem Lauf in einem Gehäuse befindlichen Schlagbolzen – eine Stange, die in den den Feuerstein haltenden Backen endet. Der abklappbare Deckel hinter dem Lauf dient zum Aufschütten von Schießpulver auf die Pfanne und nach dem Herunterklappen des Deckels erfüllt seine untere Schrägfläche die Aufgabe des Feuerstahls. Der Mechanismus wird mit Hilfe einer Zugstange gespannt, die vor dem Abzug nach unten in den Abzugsbügel hineinragt (Zeichnung oben), weniger häufig ragt die Zugstange seitlich zu beiden Seiten heraus (Zeichnung unten).

Das innere Steinschloß, das das Schießpulver vor Regen und Feuchtigkeit und den inneren Mechanismus vor Beschädigung und Verschmutzung schützen sollte, wird allgemein als eine tschechische Erfindung angesehen. Die älteste bekannte Waffe dieser Konstruktion ist mit 1738 datiert und von Stanislav Paczelt markiert, der höchstwahrscheinlich Urheber dieser Erfindung ist. Später wurden diese Waffen auch von weiteren böhmischen sowie einigen ausländischen Büchsenmachern hergestellt.

Ferdinand Morávek wurde 1753 in Ostböhmen in Golčův Jeníkov („Jenikau" in der Markierung der abgebildeten Waffe) geboren und arbeitete hier bis 1791, als er nach Český Krumlov (Böhmisch Krumau) zog und fürstlicher Büchsenmacher der Schwarzenberger wurde. Er starb 1833 in Český Krumlov.

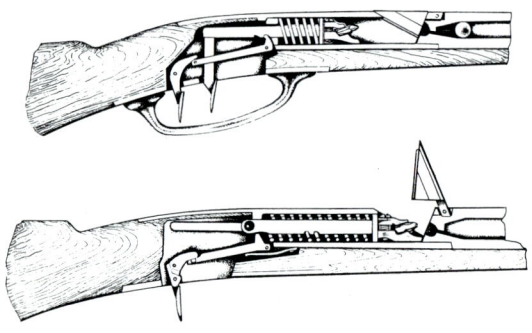

Inneres Steinschloß bei einem Gewehr von F. Morávek (oben) und andere Variante dieses Systems (unten)

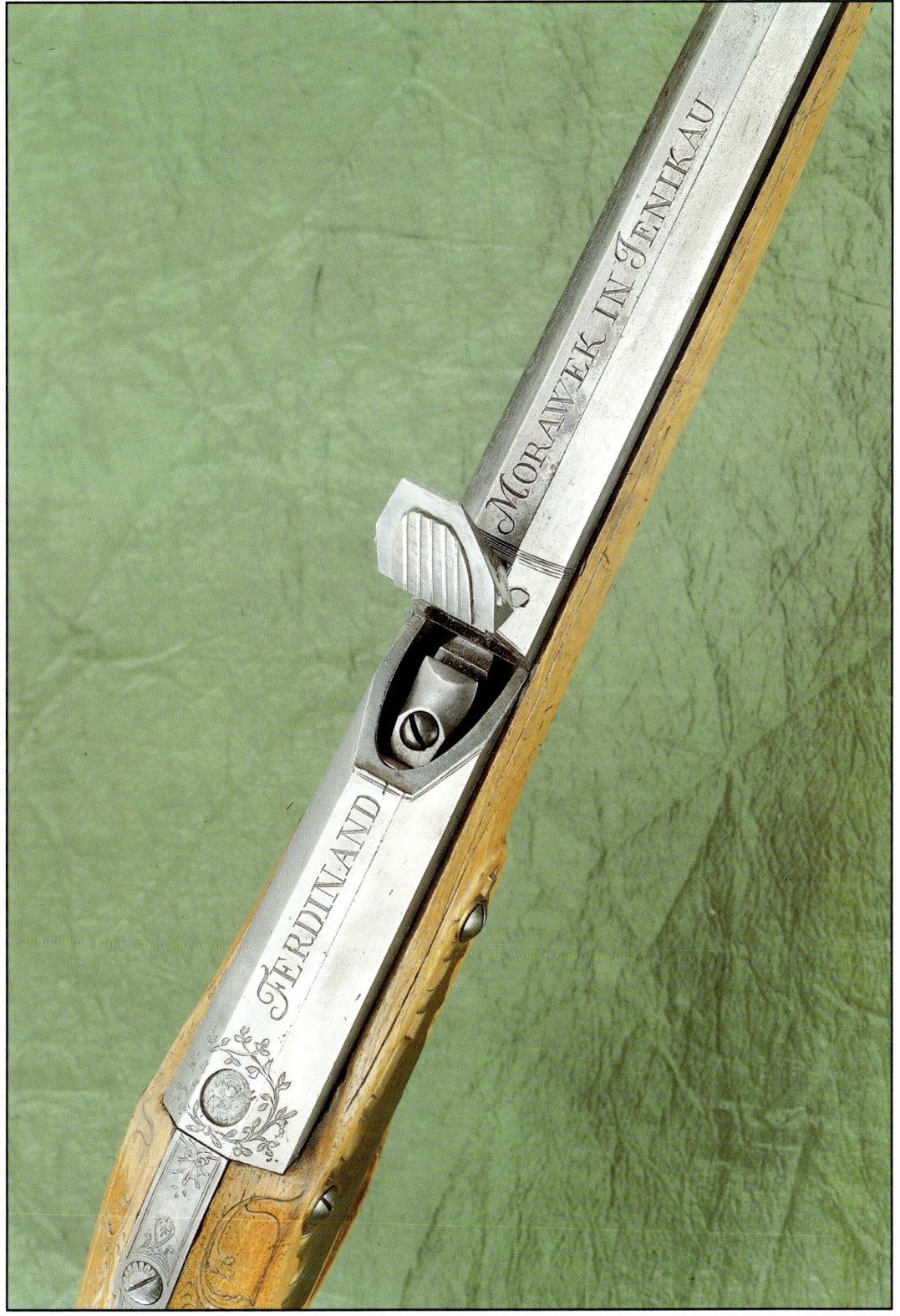

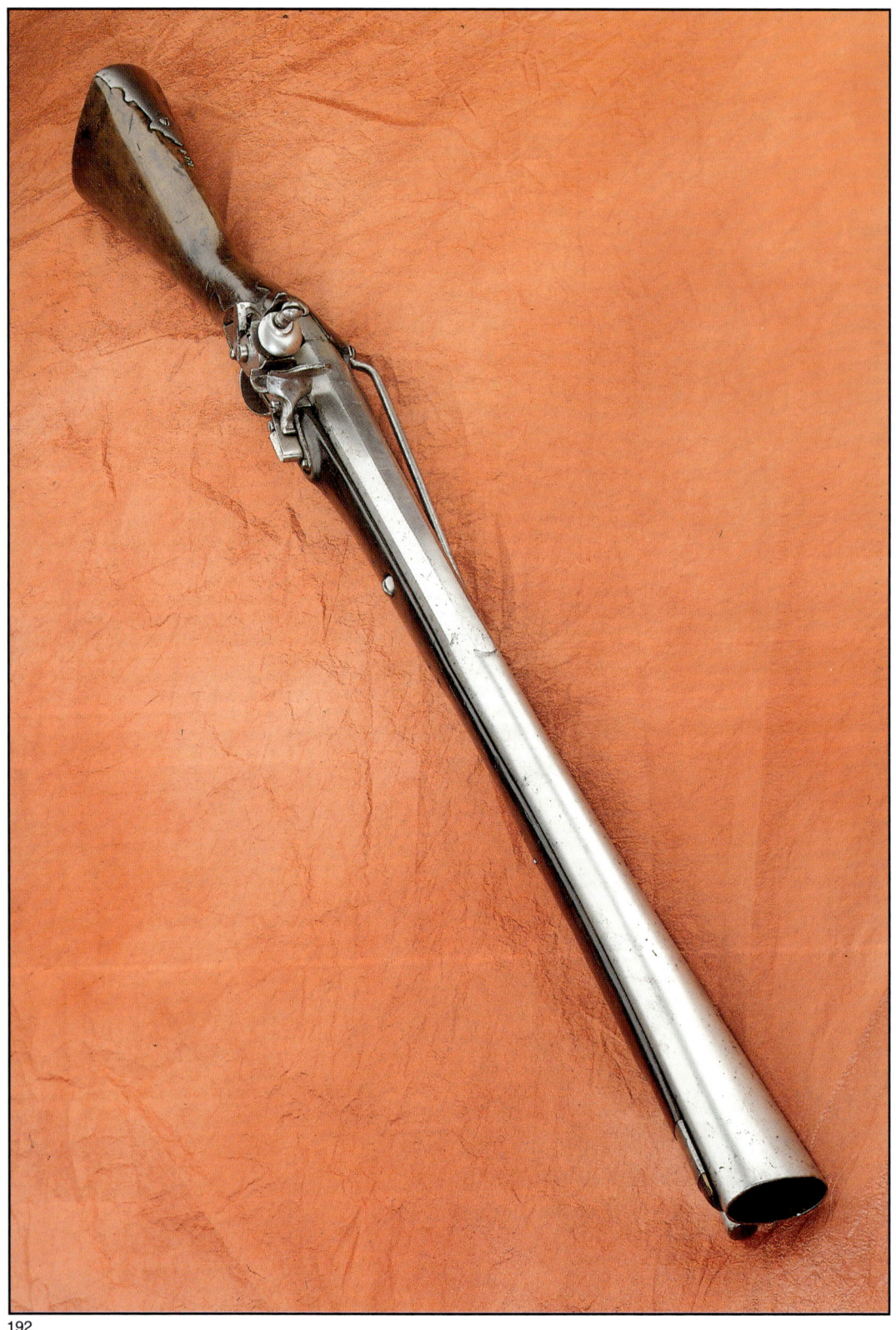

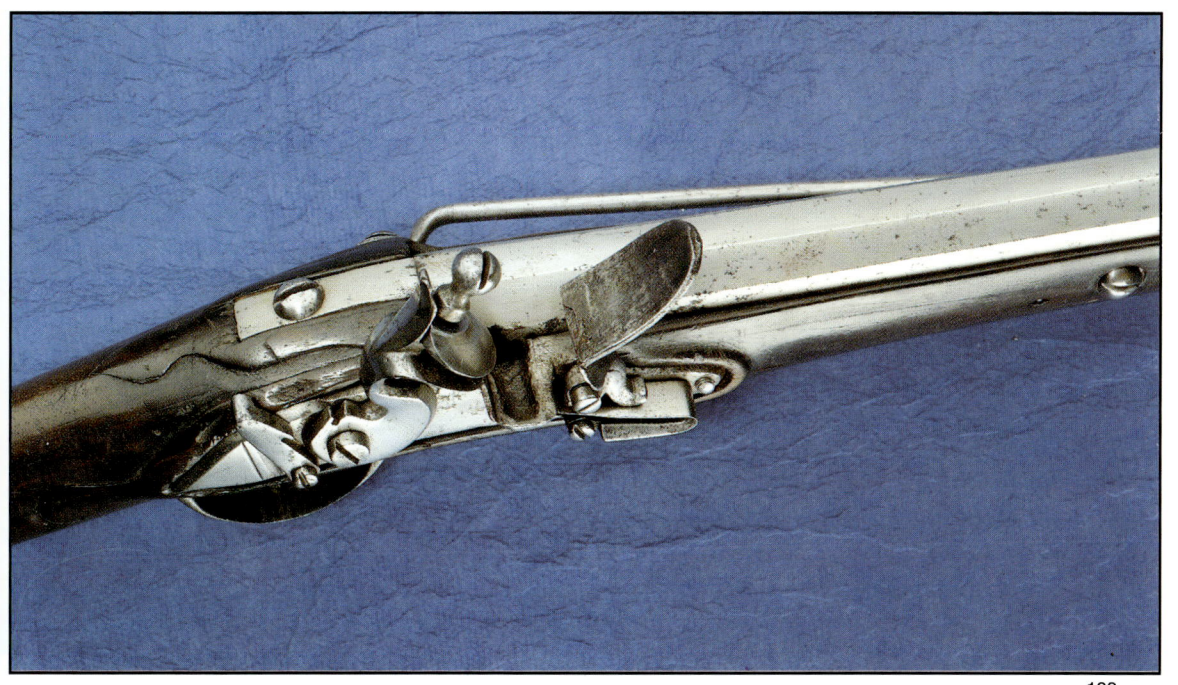

Österreichisches Reitertromblon [192, 193] *Modell 1759/81*

Kal. 49 x 31 (Mündung), L. 1040 mm

Tromblone (vergleiche Nr. 101–102) wurden insbesondere bei der Bewachung von Häftlingen und Banken, beim Schutz von Postkutschen beziehungsweise auch in der Marine eingesetzt (vergleiche Nr. 187), im Landheer allerdings nur ausnahmsweise. In der habsburgischen Armee wurden im Jahr 1759 in die Bewaffnung aller Reitereskadrone je 12 „Musketonner" (also Tromblone) eingeführt, die beim Kampf auf kurze Entfernung eine Ladung mit 12 kleinen Kugeln verschossen. Man bestellte 2000 Stück dieser Waffen. Im Jahr 1781 entstand durch Austausch der Messinggarnitur gegen eine eiserne und weitere geringfügige Unterschiede das Modell 1759/81. Es wurde erst während der napoleonischen Kriege aus der Bewaffnung entfernt und die Tromblone (mit unterschiedlichen Ausmaßen, mit runder anstatt ovaler Mündung und ohne Aufhängestange) blieben dann nur noch in der Ausrüstung der österreichischen Marine. Auf der Schloßplatte befindet sich hinten eine Hahnsicherung.

Gewehr mit Schloß alla catalana [194, 195] *1785*

Enrique Aguilar, Entrian, Kal. 16,5 mm, L. 1400 mm

Enrique Aguilar, mit dessen Name nicht nur der Lauf, sondern auch die Schloßplatte und der Abzugsbügel versehen ist, war ein bisher unbekannter spanischer Büchsenmacher. Auf dem Feuerstahl ist vorn ein Doppelkopfadler abgebildet, der in einem Brustschild den Herstellernamen trägt, der Pfannendeckel ist mit A/ENTRIAN/1785 gekennzeichnet. Der Zündkanal ist mit Gold überzogen, was ihn vor frühzeitigem Ausbrennen schützen soll.

Einer der in Spanien im 17. und 18. Jahrhundert (teilweise noch Anfang des 19. Jahrhunderts) verwendeten Schafttypen ist der katalanische Schaft. Der Kolben hat keinen

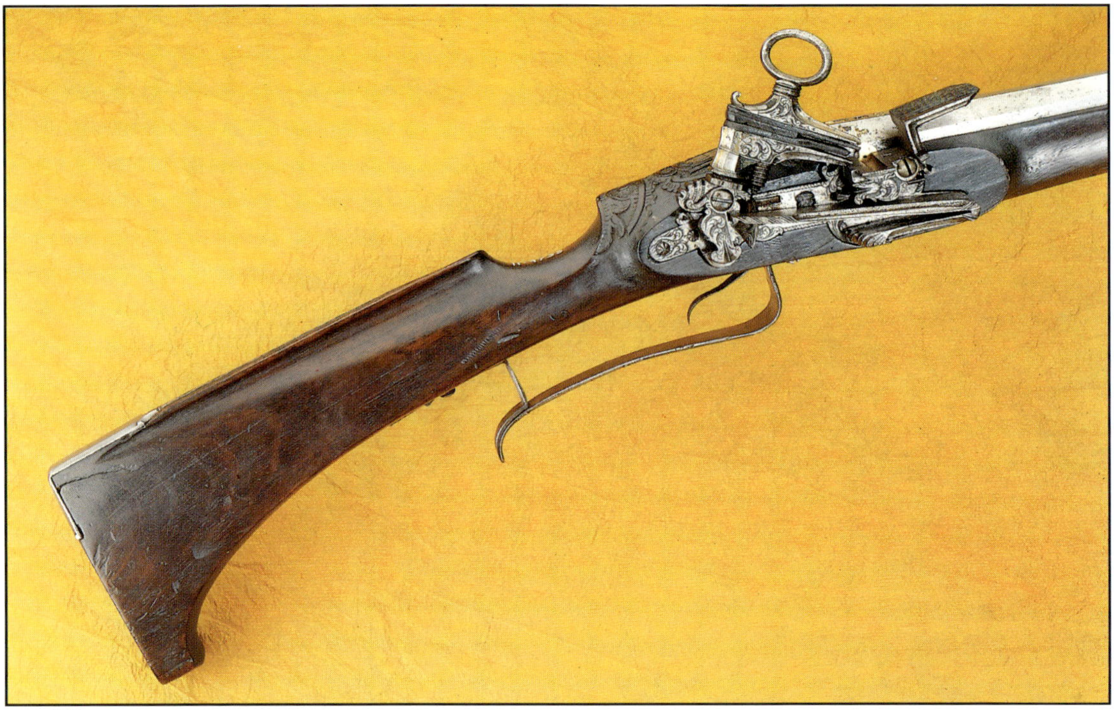

194
195

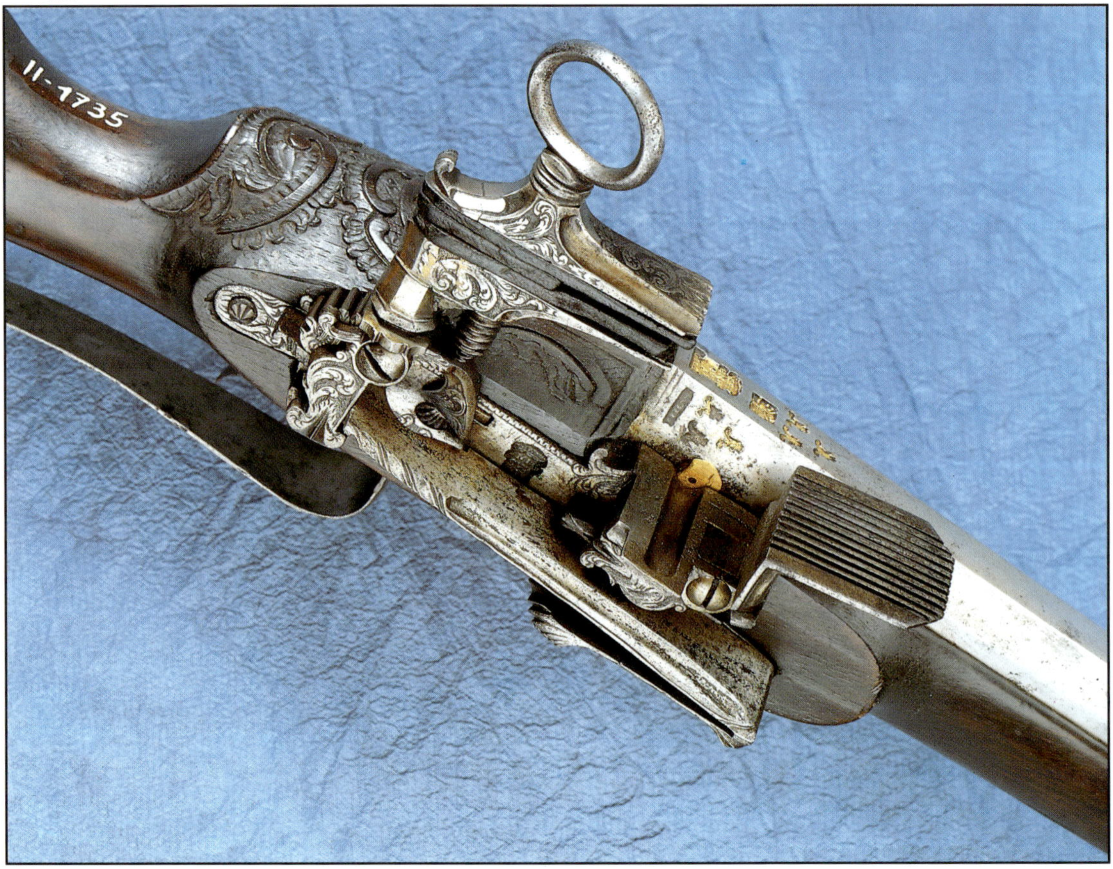

Pistolgriff, in die Mulde auf der oberen flachen Kolbenkante wurde beim Schießen der Daumen gelegt. Die Kolbenunterkante ist gekrümmt und läuft im hinteren Abschnitt nach unten zu einem deutlichen Vorsprung aus. Dieser Schafttyp kam bereits bei einigen Radschloßwaffen vor, insbesondere jedoch bei Gewehren mit katalanischem Schloß. Im Unterschied zum Madrider Schaft (vergleiche Nr. 165) fand der katalanische Schaft außerhalb von Spanien praktisch keine Verbreitung.

Pistolenpaar mit Schloß alla fiorentina [196]   *um 1785*

Kal. 12 mm, L. 310 mm

Kurze Pistolen mit Schloß alla fiorentina (Feuerstahl und Pfannendeckel sind gesonderte Bauteile) und diesem Dekorstil wurden im 18. Jahrhundert in Mittelitalien hergestellt. Die Eisengarnitur und das reich mit Pflanzenornamenten, Männer- und Frauenbüsten u.a. verschnittene Schloß sind typisch für die Büchsenmacher aus der toskanischen Stadt Anghiari zum Ende des 18. Jahrhunderts (allerdings wurde dieser Stil bereits einige Jahrzehnte zuvor von den Büchsenmachern der Stadt Brento benutzt). Diese Waffen sind mitunter an der Schloßplatte von innen markiert und datiert, bei den abgebildeten Pistolen ist hier lediglich der Buchstabe G mit einem Stern (einer der Büchsenmacher aus der Familie Guardiani?) eingeschlagen.

196

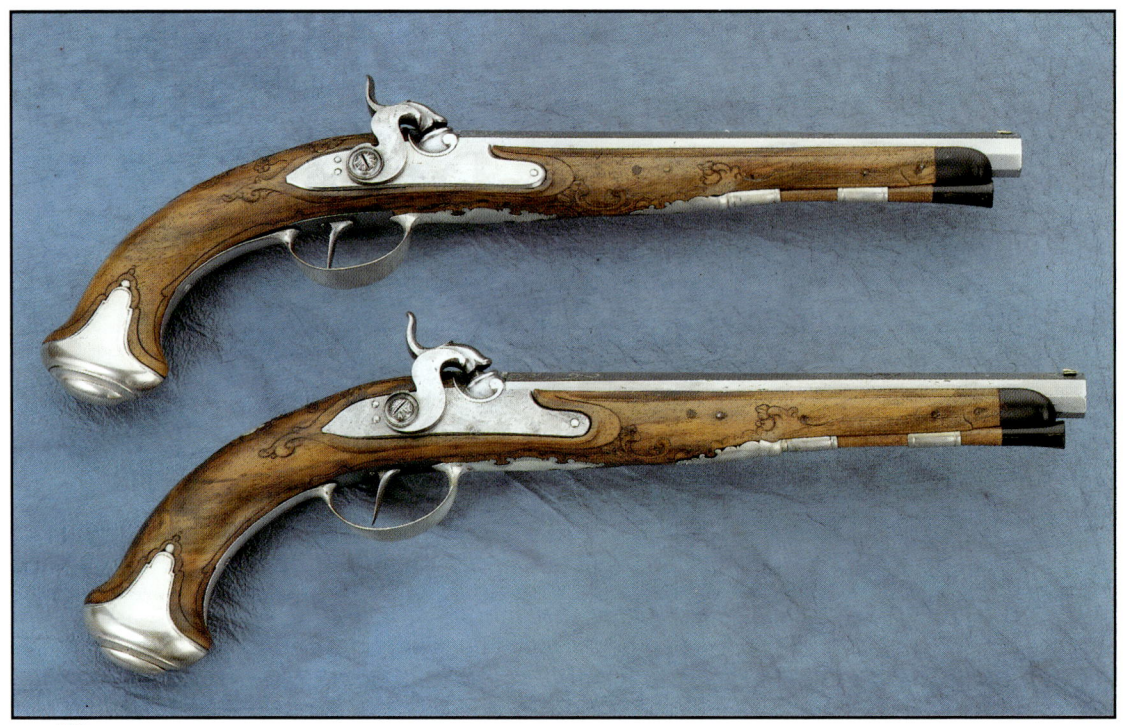

197

Pistolenpaar ursprünglich mit Steinschloß [197]   *um 1785*

Johann Christoph Kuchenreiter, Regensburg, Kal. 12,5 mm, L. 405 mm

Die Kuchenreiters (auch Kuchenreuter) gehören zu den bedeutendsten europäischen Büchsenmacherdynastien. Seit dem ausgehenden 17. Jahrhundert betrieben sie ununterbrochen ihr Handwerk in Regensburg, in Steinweg bei Regensburg und in Stadtamhof, auf der anderen Donauseite liegend (und seit dem 19. Jahrhundert bis heute in Cham). In Regensburg tagte in den Jahren 1663–1806 der deutsche Reichstag und dessen Mitglieder bildeten eine vermögende Kundschaft für die hiesigen Büchsenmacher. Zahlreiche Kuchenreiters führten als Marke einen Reiter, ergänzt durch das Monogramm des Meisters. Mit dieser Marke und den Buchstaben ICK sowie dem vollen Namen ist am Lauf dieses Pistolenpaar markiert, das ursprünglich Steinschlösser besaß und in den dreißiger Jahren des 19. Jahrhunderts zum Perkussionssystem umgebaut wurde.

Einläufiges Steinschloßgewehr [198]   *um 1785*

Iwan Permjak, Petersburg und Gemeinde Rosina, Kal. 17,5 mm, L. 1395 mm

Der Lauf ist mit ROSINA IN TOSCANA und die Schloßplatte in kyrillischen Buchstaben mit IWAN PERMJAK gekennzeichnet, dem Namen eines ungefähr in den Jahren 1750–1785 in Petersburg tätigen Büchsenmachers. Rosina (Ruosina) ist ein Dorf in der italienischen Toskana nahe der Stadt Lucca, das in der Vergangenheit für seine Fertigung von Eisen und Läufen bekannt war, an der insbesondere die Familien Pacchiani und Leoni beteiligt waren. Die mit „Rosina in Toscana" markierten Läufe wurden weithin nach ganz Europa ausgeführt und sind von Arbeiten englischer, niederländischer, österreichischer und in diesem Fall auch russischer Büchsenschmiede bekannt.

Siebenläufiges Salvengewehr mit Steinschloß [199]   *1786*

Philibert Chenevier, Saint-Étienne,
Kal. 12 mm, L. 600 mm

In einen Eisenblock sind sieben
Läufe gebohrt, sechs im Kreis
und ein siebenter in der Mitte.
Die Läufe sind durch Zündkanäle miteinander verbunden, so
daß alle sieben Schüsse auf einmal abgefeuert werden. Das
Schloß dieses Salvengewehrs
entspricht den Schlössern der
französischen Militärgewehre
Modell 1777, die Schloßplatte ist
mit 86 (= 1786) und mit St. Étienne
markiert, an der Innenseite der
Platte steht der Name PHIL-
IBERT/CHENEVIER. Es handelt
sich um einen Büchsenmacher,
der mit dem „Sohn von Jean Baptiste Chenevier" entweder identisch oder verwandt ist, der 1783
in St. Étienne erwähnt wird. Die
Waffe ist zurückhaltend mit ornamentalen Verschneidungen
und Gravuren verziert.

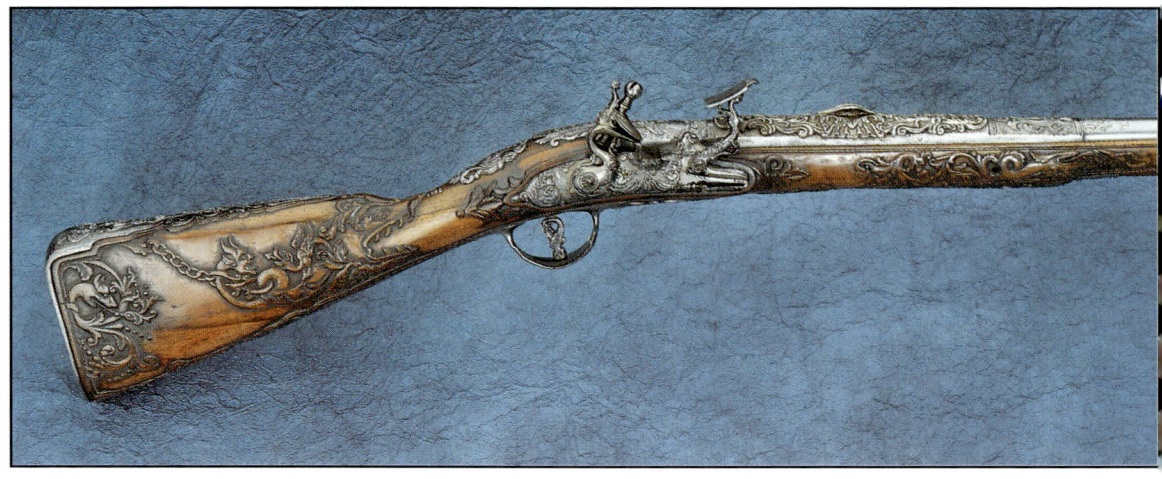

200

Steinschloßpistolenpaar [200]   *1793*

Jacob Andersen Steen, Kopenhagen, Kal. 14 mm, L. 465 mm

J. A. Steen wurde gegen 1766 in Kopenhagen geboren, am 7. August 1793 wurde er Meister und übernahm die Werkstatt seines Vaters. Er starb 1834 in Kopenhagen. Das abgebildete Pistolenpaar, am Lauf mit 1793 datiert, gehört zu seinen ersten Arbeiten und es ist auch nicht auszuschließen, daß es sich um sein Meisterstück handelt. Die Läufe sind im hinteren Teil mit dem plastischen Schnitt eines antiken Kämpfers und mit Trophäen auf goldenem Grund verziert, die Pistolengarnitur wird von geschnittenen Pflanzenornamenten und Trophäen geschmückt.

201

Einläufiges Gewehr mit Schloß alla fiorentina [93, 201]

Stadt Brento, Kal. 15 mm, L. 1160 mm

Waffen dieser Art, deren verzierte Läufe und Metallteile mit Reliefschnitt und eingravierten Menschen- und Tierfiguren, Maskaronen und Ornamenten reich verziert sind, wurden in der italienischen Stadt Brento sowie in deren Umgebung ab dem ersten Viertel des 18. Jahrhunderts bis zum ersten Viertel des 19. Jahrhunderts, also ganze einhundert Jahre, fast unverändert hergestellt. Das Gewehr hat ein Schloß alla fiorentina (vergleiche Nr. 196) und einen mit Verschneidungen geschmückten Schaft. Die Schloßplatte ist auf der Innenseite mit dem Namen der Stadt Brento und dem Herstellungsjahr 1798 markiert, eine Angabe über den Büchsenmacher, der diese Waffe angefertigt hat, fehlt jedoch.

Pistole – Steinschloßtromblon [202]

um 1800

Jacques Speder, Lüttich, Kal. 26 mm (Mündung), L. 250 mm

Tromblone (vergleiche Nr. 101–102) kommen vor allem in Gewehrlänge (Karabiner), oft jedoch auch als Pistolen vor. Das abgebildete Exemplar war eine Zivilwaffe, zur persönlichen Verteidigung des Inhabers bestimmt. Der Lauf erweitert sich über die gesamte Länge (in anderen Fällen ist nur der vordere Laufteil erweitert), die Mündung ist kreisförmig (bei anderen Tromblonen oval). Der Handgriff ist mit Ornamenten aus Silberdraht ausgelegt, der Knauf besteht aus einem Löwenkopf aus Messing mit Versilberungsspuren. Unter der Pfanne befindet sich die Markierung: Speder a Liege. Der Büchsenmacher Jacques Speder wird in Lüttich in den Jahren 1797–1811 erwähnt.

202

Doppelflinte mit Steinschlössern [203] _um 1800_

Jean François Joseph (?) Massy, Maubeuge und Paris, Kal. 15,5 mm, L. 1380 mm

Seit dem Ende des 18. Jahrhunderts setzen sich immer mehr Jagdwaffen mit zwei nebeneinander angeordneten Läufen durch. Die Waffe mit gravierten Schlössern, mit gravierter und verschnittener Garnitur und mit einem mit Verschneidungen verzierten Schaft ist auf der linken Schloßplatte mit MASSY A MAVBEVGE markiert. Die im hinteren Abschnitt mit Verschneidungen dekorierten Läufe sind mit A PARIS gekennzeichnet. In der Stadt Maubeuge arbeiteten Laurent Massy (1711–1796) und sein Sohn Jean François Joseph Massy (1747–1806), der 1797 als Kontrolleur der Manufaktur in Saint-Étienne genannt wird. Aus der Wende des 18. und 19. Jh. existieren auch Waffen, die von einem Büchsenmacher Massy aus Paris markiert wurden. Am ehesten wird der Autor Jean François Joseph Massy sein, obwohl dies nicht sicher ist.

Britisches Steinschloßgewehr [204] _um 1800_

Kal. 19 mm (750), L. 1400 mm

Britische Militärgewehre mit Steinschloß aus dem 18. und dem Anfang des 19. Jahrhunderts tragen den seit 1785 verwendeten Spitznamen „Brown Bess" („Braunes Lieschen", ein familiäres Name für Elisabeth). Durch Anpassung eines älteren Infanteriegewehrs entstand 1797 das „neue Modell" (New Pattern) und zugleich stellte man auch ein leicht abweichendes „indisches Modell" (India Pattern) her, das für den Bedarf der Ostindischen Gesellschaft bestimmt war. In den Kriegen mit Frankreich wurde aus logistischen Gründen auch das indische Modell, das auf der Abbildung dargestellt ist, in die Ausrüstung der britischen Infanterie aufgenommen. Während die preußischen oder russischen Militärwaffen das Monogramm des Herrschers am Schafthals trugen (vergleiche Nr. 160), befindet es sich an den britischen auf der Schloßplatte (hier GR = König Georg III.).

205

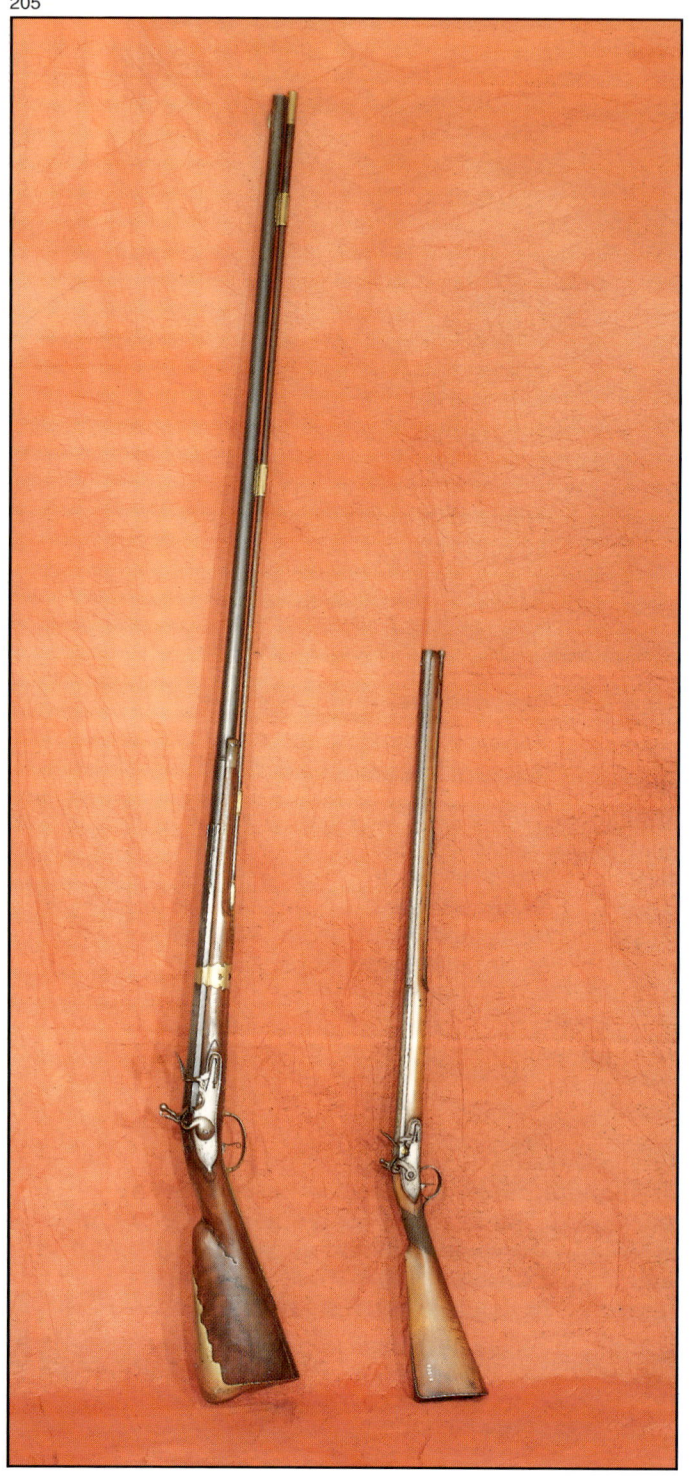

Caspar Neireiter, Prag (Lauf),
Kal. 20 mm, L. 2115 mm

Wagenbüchsen waren lange und schwere Jagdwaffen, aus denen von Wagen aus geschossen wurde, die durch das Jagdrevier fuhren. Die abgebildete Waffe wog 9550 g und ist auf Bild 205 zum Größenvergleich mit einem normalen Jagdgewehr aus dem Anfang des 19. Jahrhunderts dargestellt (s. Abb. 212).

Die Waffe zeugt zugleich von der jahrhundertelangen Verwendung einiger hochqualitativer Läufe. Der vom Prager Büchsenmacher Caspar Neireiter markierte und mit 1652 datierte Lauf wurde einhundertfünfzig Jahre später neu eingeschäftet und mit einem modernen Schloß, mit neuen Laufringen usw. versehen.

Die Kolbendünnung trägt ein Schild mit einer Herzogskrone sowie eine Inschrift in deutsch, die darüber Auskunft gibt, daß die Waffe in der Zeit des ersten Herzogs von Roudnice renoviert wurde. Dieser Herzog war Josef František Maximilián Lobkowicz (1772–1816), denn nach Abtritt des Familienbesitzes in Schlesien an den preußischen Staat wurde durch Dekret des Kaisers Josef II. der Name des Herzogtums auf die Stadt Roudnice übertragen.

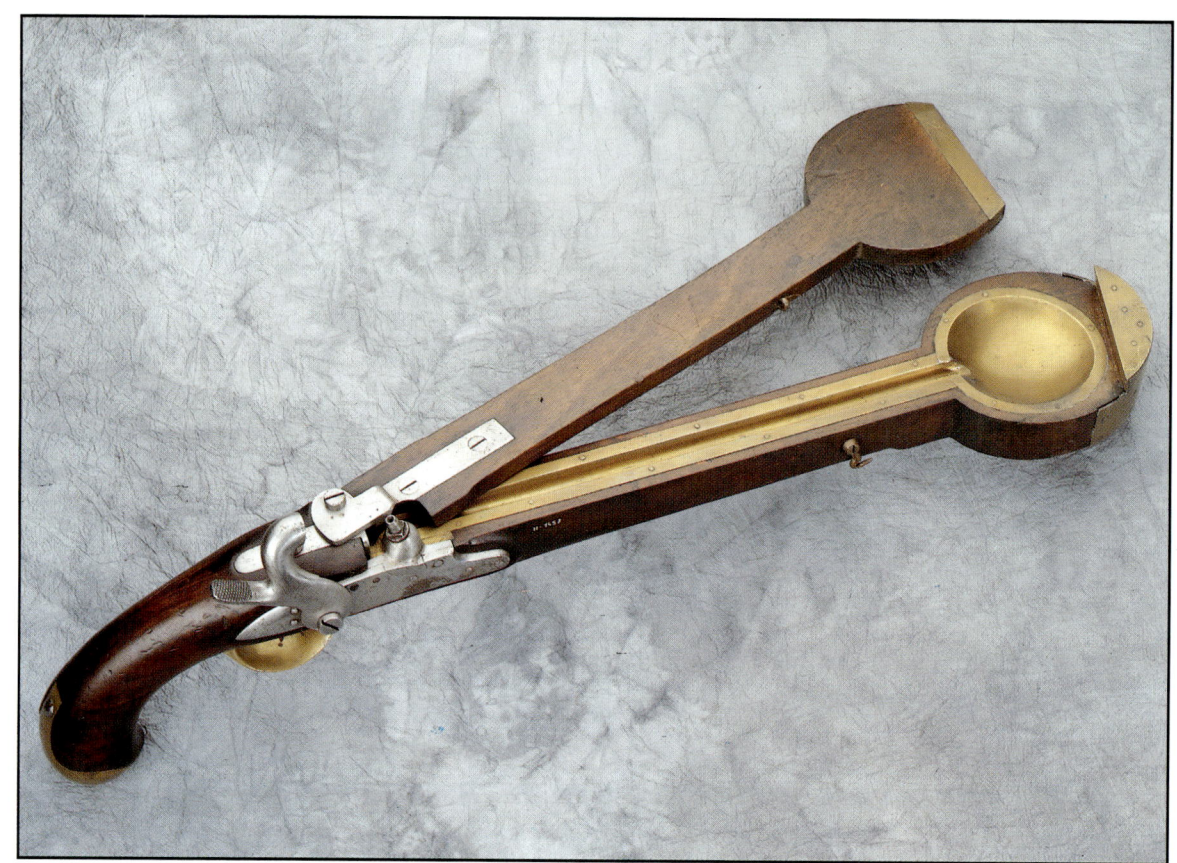

207

Französische Marine-Signalpistole, ursprünglich mit Steinschloß [207]
L. 545 mm   *um 1800*

Eine ungewöhnliche und von Sammlern hochgeschätzte Waffe ist diese französische Leuchtpistole. Der „Lauf" besteht aus einer mit Messing ausgelegten Rinne, die in einem Messingschälchen von 69 mm Durchmesser endet, der obere Deckel des „Laufs" kann nach links aufgeklappt werden. In Rinne und Schälchen konnte man verschiedenfarbiges Pulver schütten, dessen Abbrennen durch einen normalen „Schuß" zum Signalisieren diente. Ursprünglich besaß die Pistole ein Steinschloß, das später in ein Perkussionssystem geändert wurde. Das Perkussionsschloß entspricht den Schlössern, die bei den offiziellen Transformationen der französischen Steinschloß-Militärwaffen verwendet wurden. Die Umbauten begannen 1842 und wurden auch bei den Änderungen von 1848 und später fortgesetzt.

Die Waffe zeigt an der Schäftung als Marke einen Anker, was von der Verwendung der Pistole in der Marine zeugt, weiter die Markierung L 1878 und verschiedene Buchstaben. Eine andere Markierung kommt an dieser 1500 g wiegenden Waffe nicht vor. Waffen dieses Typs treten nur vereinzelt auf, eine übereinstimmende Pistole mit ursprünglichem Steinschloß wurde 1990 bei einer Versteigerung der Firma Sotheby für 3520 britische Pfund verkauft.

Manufaktur Maubeuge, Kal. 17,1 mm, L. 350 mm

Die französischen Waffen Modell 1777 (vergleiche Nr. 188) bewährten sich in den lang-
jährigen republikanischen und napoleonischen Kriegen und es kam bei ihnen in den
Jahren 1801 und 1804 nur zu geringfügigen Verbesserungen. Diese veränderten Varianten wurden als Modelle An IX und An XIII bezeichnet („an" bedeutet im Französischen Jahr). Im Jahr 1793 (am 24.11.) wurde in Frankreich der republikanische Kalender eingeführt, der den 22. 9. 1792 als Beginn einer neuen Ära bestimmte. Das Jahr II
begann also am 22. 9. 1793, das Jahr IX (An IX) entsprach den Jahren 1801–1802 und das
Jahr XIII währte von September 1804 bis September 1805.

Im Jahr 1804 wurde Napoleon Kaiser (er regierte das Land faktisch bereits seit 1799)
und im folgenden Jahr – am 22. 12. 1805 – ordnete er die Rückkehr zum Gregoriani-
schen Kalender an. Die Modellbezeichnungen An IX und An XIII wurden jedoch auch
auf den später hergestellten Waffen verwendet.

Während bei den Gewehren nur geringe Unterschiede zwischen den Modellen 1777
und An IX bestanden, unterschieden sich bei den Pistolen die Modelle 1777, An IX und
An XIII im Aussehen wesentlich. Das Schloß mit einem herzförmig eingekerbten Hahn
blieb das gleiche, doch änderte man die Schäftung sowie weitere Details der Pistole.
Die hier abgebildete Pistole wurde 1812 (Datierung am Lauf) in der Manufaktur Maubeuge (Markierung auf der Schloßplatte) hergestellt.

208

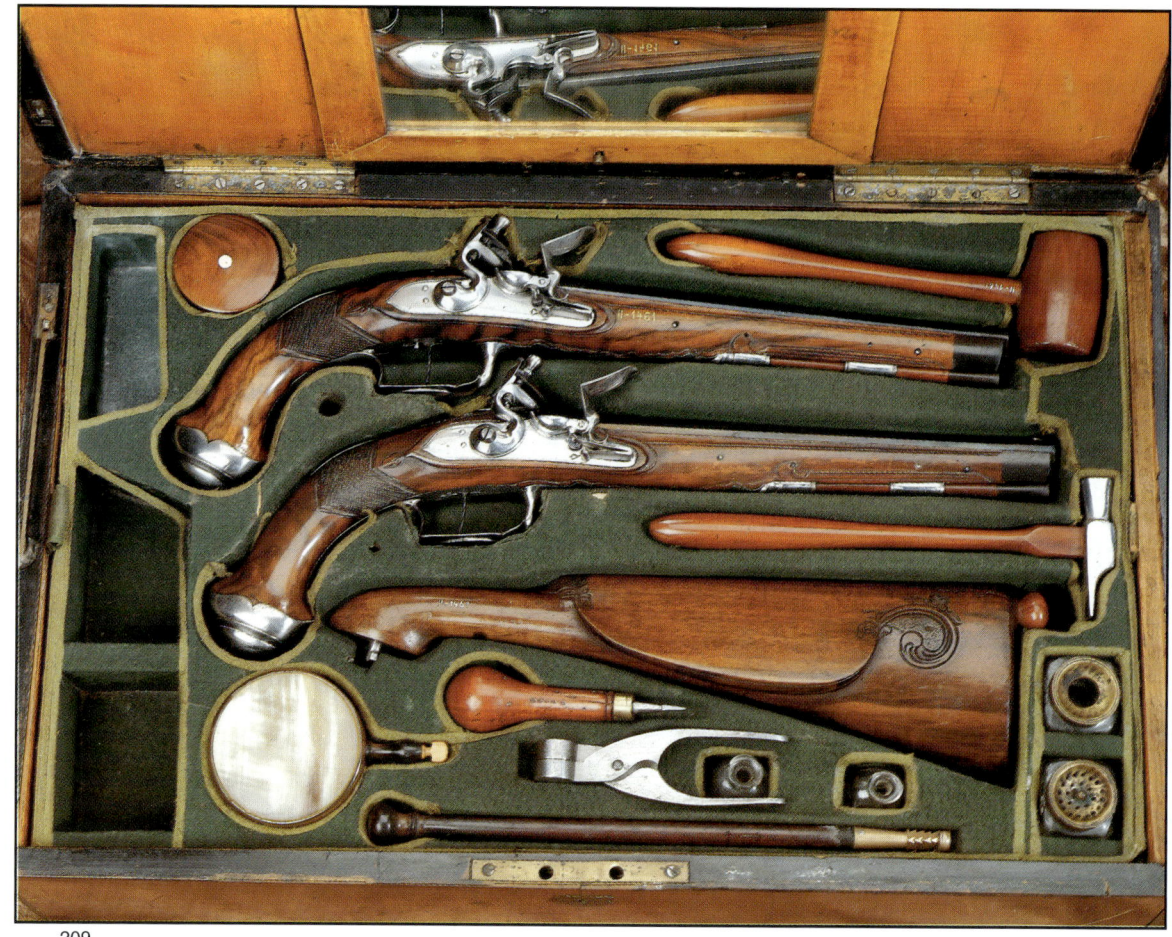

209

Paar Steinschloßpistolen [209, 210]   *um 1805*

Johann Christoph Kuchenreiter, Regensburg, Kal. 12 mm, L. 400 mm

In einer Kassette aufbewahrte Pistolenpaare werden in der Regel als Duellwaffen angesehen, doch können es ebenso Reisepistolen oder Scheibenpistolen sein. Auch die Pistolen von Johann Christoph Kuchenreiter (ein anderes Pistolenpaar von seiner Hand haben wir bereits unter Nr. 197 kennengelernt) tragen eine Reihe von Zügen, die bei Duellwaffen nicht auftreten – der Abzug ist mit einem Stecher ausgestattet, das Visier hat ein festes und zwei abklappbare Kimmenblätter, das Wappenschild (am Schafthals oben) läßt sich durch Verdrehen herausnehmen und im darunter befindlichen Lager kann ein Aufsatzkolben befestigt werden.

   Die Pistolen liegen in der Kassette mit den Läufen in einer Richtung (nicht wie gewohnt gegeneinander) und neben dem üblichen Zubehör (Pulverflasche, Ladestock, Kugelzange, Schraubenzieher, kleiner Hammer, Schlägel zum Einschlagen der Geschoße in den Lauf) enthält die Kassette nicht nur einen Anschlagschaft, sondern auch Spiegel, Tintenfäßchen, Streusandbüchse und zwei kleine Glasfläschchen. J. Ch. Kuchenreiter (1755–1818) war Hofbüchsenmacher des Fürstengeschlechts Thurn-Thaxis, das ab 1748 in Regensburg seinen Sitz hatte.

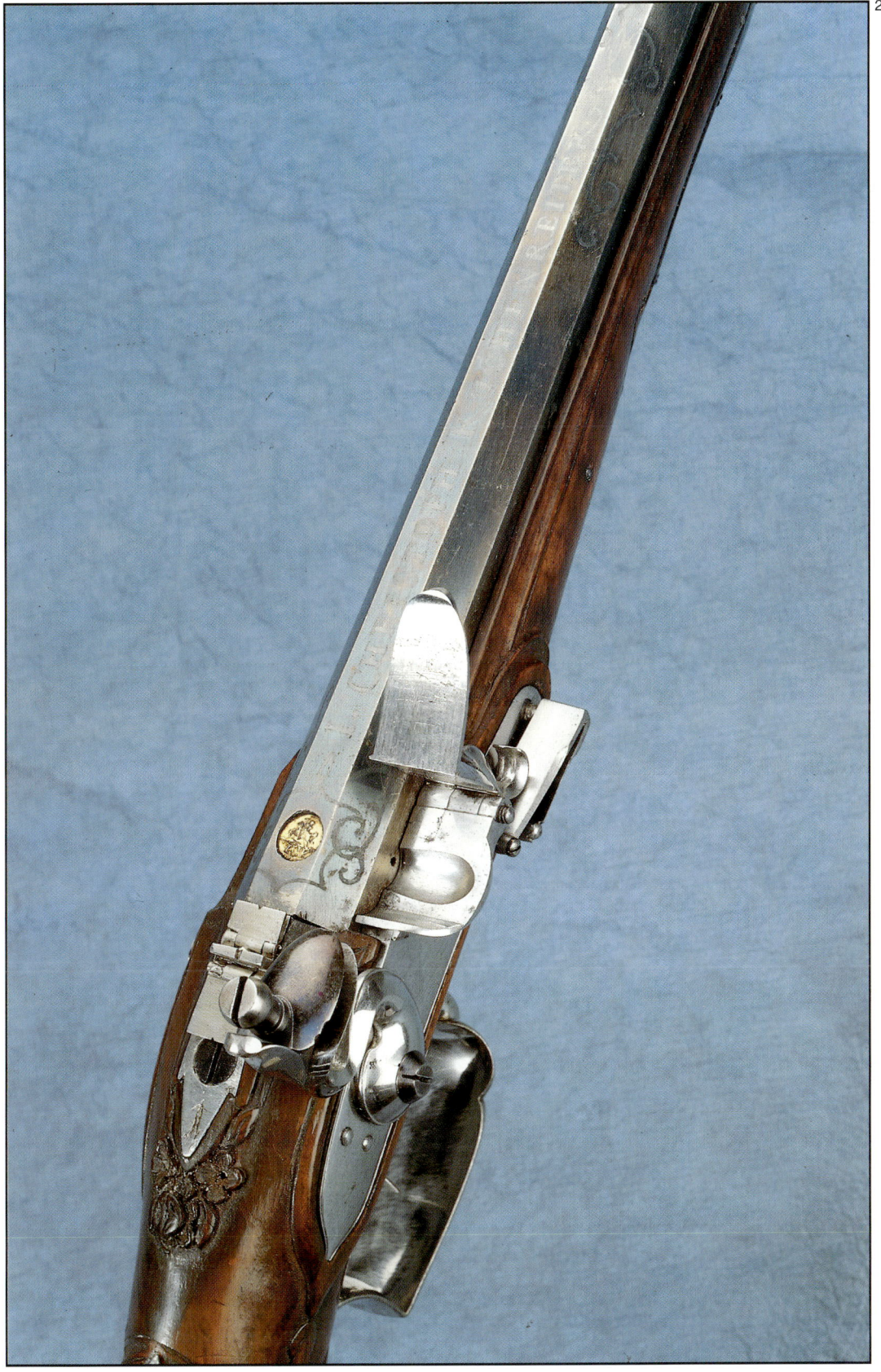

211

Russische Steinschloßpistole [211]

Waffenfabrik Tula, Kal. 17 mm, L. 430 mm

Diese russische Militärpistole stammt aus der gleichen Zeit wie die französische Pistole Modell An XIII (vergleiche Nr. 208), doch wirkt sie ihr gegenüber veraltet. Auf der Schloßplatte ist sie mit dem Herstellungsjahr (1806) und -ort (Tula) markiert. Ähnlich

212

wie in Preußen (vergleiche Nr. 160) ist auch hier auf dem Daumenblech das Herrschermonogramm A I eingeschlagen (= Zar Alexander I., der 1801–1825 herrschte).

(vergleiche Nr. 160)

Vorderladergewehr mit Steinschloß [205, 212]   *um 1810*

Kal. 17 mm, L. 1215 mm

Die Schloßplatte ist mit Grifen London gekennzeichnet, einer Signatur, die den Eindruck erwecken soll, daß es sich um die Arbeit von Joseph Griffin, einem bekannten Londoner Büchsenmacher aus der zweiten Hälfte des 18. Jahrhunderts handelt. Der Lauf ist im spanischen Stil mit MA/DRIT markiert, doch ist auch diese Marke wahrscheinlich falsch. Der Hahn in Form eines umgekehrten C sowie die Pfanne mit hohem Schutzdeckel entsprechen den Steinschlössern aus dem Beginn des 19. Jahrhunderts, ebenso wie weitere Details der Waffe und ihrer Ausschmückung. Die Entstehungszeit der Waffe ist unbestritten, doch der Ort, an dem dieses Jagdgewehr entstand, dessen falsche Signaturen den Wert erhöhen sollten, ist unklar.

Steinschloßpistolenpaar mit abklappbarem Bajonett [213]   *um 1810*

Barbar, London, Kal. 14 mm, L. 265 mm

Im Unterschied zu der vorhergehenden Waffe sind diese Pistolen zweifellos englischer Herkunft. Die Schloßplatte trägt den Namen des Büchsenmachers (BARBAR) und seine Adresse (BOND STREET LONDON), am Lauf befinden sich unten die Prüfzeichen von Birmingham in der vor 1813 verwendeten Gestalt. Der in der Mitte liegende Hahn mit Schiebesicherung am Handgriffrücken war zu dieser Zeit bei englischen Pistolen sehr beliebt und auch das abklappbare Bajonett ist keine Ausnahme.

213

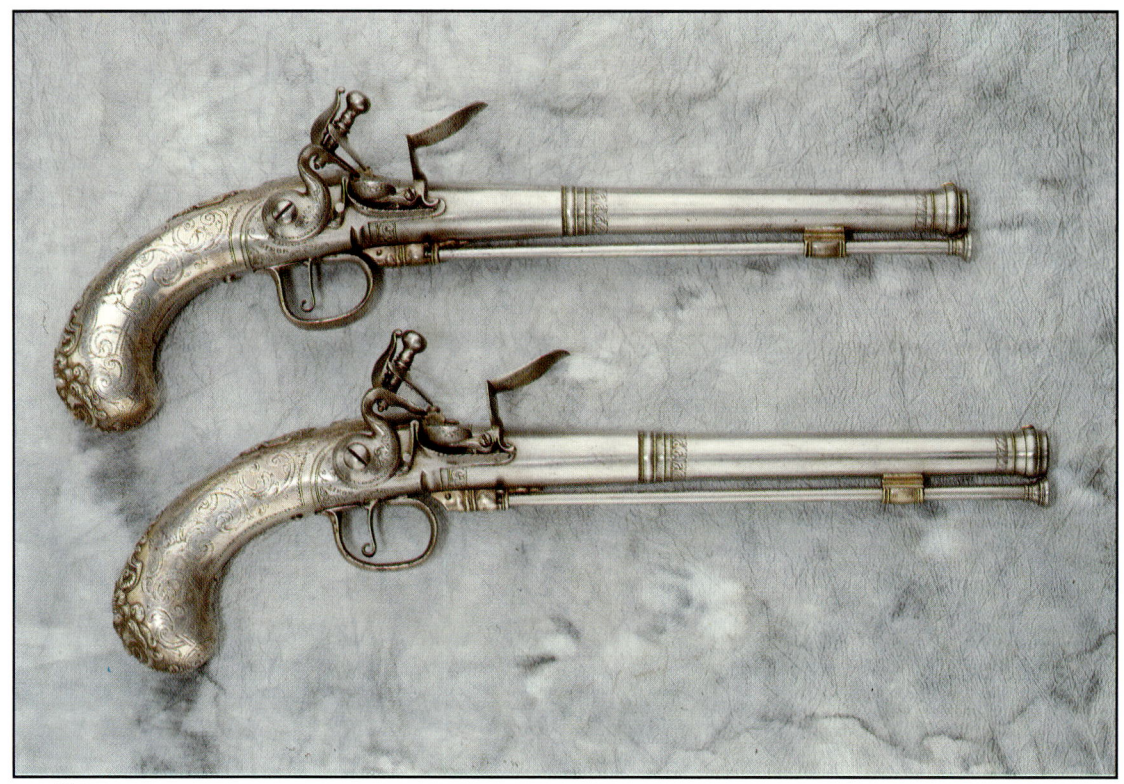

214

Paar Steinschloßpistolen [214, 215]   *um 1810 (?)*

Devillers (?), Lüttich, Kal. 14,5 mm, L. 395 mm

Das auf Abbildung Nr. 212 festgehaltene Gewehr ist das Beispiel einer Waffe, deren
Verkäuflichkeit durch eine gefälschte Signatur aufgebessert werden sollte. Es gibt je-
doch auch komplett gefälschte Waffen und zu den ältesten gehört wohl auch das abge-
bildete Pistolenpaar. An der Hahnferse befindet sich die Markierung H.DEVILLERS/A
LIEGE, am Lauf eine französische Inschrift über die Anfertigung der Waffe für Kaiser
Napoleon (FAITES POUR L'EMPEREUR NAPOLEON).
   Die Pistolen werden als Geschenk für Kaiser Napoleon zu seiner Krönung oder kurz
nach ihr angesehen. Aus dem Besitz von Napoleons Sohn Franz Josef Karl (1811–1832),
Herzog von Zákupy, sollen sie später in die Sammlung von Franz Ferdinand d'Este gelangt sein.
   Ganzmetallpistolen von diesem Typ wurden in England wie in Lüttich um die Mitte
des 18. Jahrhunderts hergestellt, also zu einer Zeit, in der dort Henri Devillers arbeitete (er starb vor 1762, Anfang des 19. Jahrhunderts waren in Lüttich Devillers mit anderen Vornamen tätig). Falls die Pistolen für Napoleon angefertigt worden wären, würden sie bewußt eine ein halbes Jahrhundert alte Form und Herstellermarke
beibehalten. Im Londoner Victoria and Albert Museum befinden sich fast völlig identische Pistolen von Devillers mit dem Wappen und den Initialen von Gabriel Bethlen, der
1629 starb. Diese Sachverhalte werfen notwendigerweise Zweifel an Ursprung und Entstehungszeit der Pistolen auf.

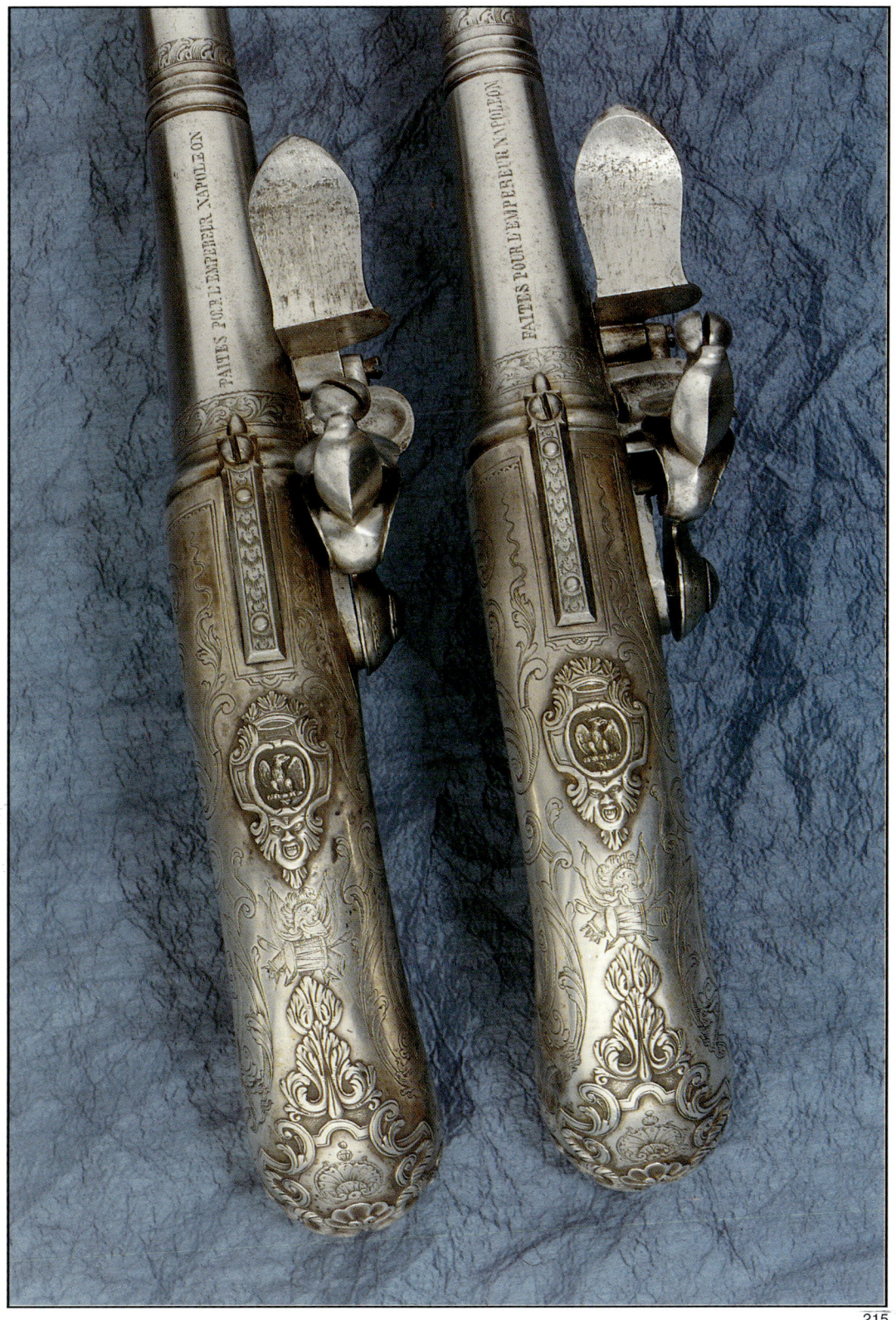

215

216

Scheibenbüchse, ursprünglich mit Steinschloß [216]   *1818*

Josef Slawitzky, Wien, Krenstödter und Johann Baptist Strixner, Wien, Kal. 12 mm, L. 1170 mm

Die Scheibenbüchse mit Tunnelkorn hat ein typisches Empiredekor. Der Schaft ist mit Verschneidungen verziert, die vergoldete Messinggarnitur trägt reichen Reliefschmuck. Die ursprüngliche Steinschloßwaffe, mit 1818 datiert, wurde um 1830 zum Perkussionssystem umgeändert, das Schloß ist jedoch beschädigt und der Hahn fehlt.

An der Waffe finden sich drei Namen – am Schaftkolben SLAWITZKÜ (Büchsenmacher in Wien seit 1800), am Lauf KRENSTÖDTER (ein bisher unbekannter Hersteller) und an der Schloßplatte STRIXNER IN WIEN. J. B. Strixner, der das Steinschloß zu einem Perkussionsschloß umänderte, wurde 1825 in Wien Meister und starb hier im Jahr 1837.

217

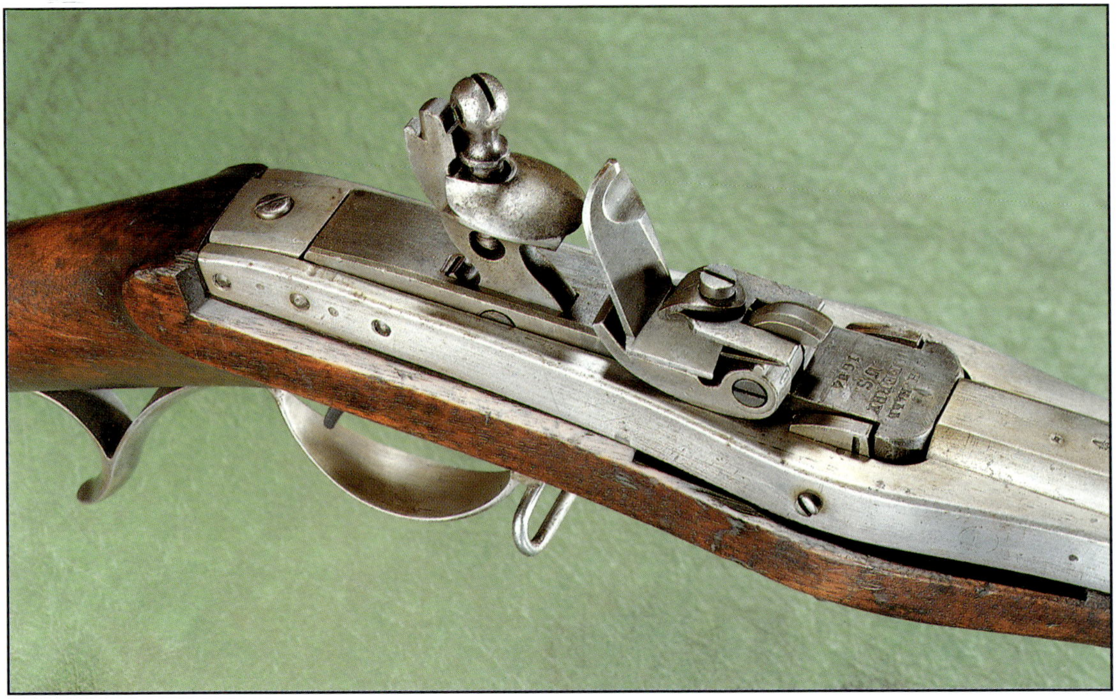

Amerikanisches Gewehr [217] *Modell 1819*

Waffenfabrik Harpers Ferry, Kal. 52, L. 1345 mm

Das Steinschloßgewehr mit hochklappbarem Verschluß, von John H. Hall konstruiert,
war der erste in die Bewaffnung der amerikanischen Armee aufgenommene Hinterlader. Hall stellte in den Jahren 1811–1818 Pistolen und Jagdgewehre her, 1817 bestellte
die Armee einhundert Gewehre und 1819
gab sie tausend Stück in Auftrag. In Handar-
beit konnten nur geringe Stückzahlen angefertigt werden und erst ab 1824 stellte man
größere Mengen in der staatlichen Waffenfa-

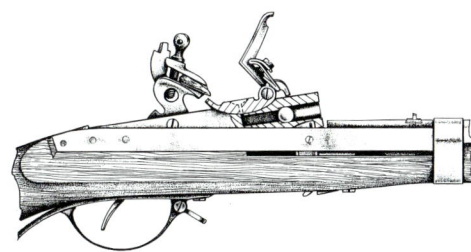

Hall-Hinterlader mit offenem Verschluß

brik in Harpers Ferry her (das abgebildete Exemplar stammt aus dem Jahr 1834). Insgesamt wurden 19 680 Armeegewehre dieses Modells produziert, von denen einige in
den vierziger Jahren des 19. Jahrhunderts auf das Perkussionssystem umgeändert
wurden.

Doppelläufiges Perkussionsgewehr [218] *1819*

Dubois, Kal. 15 mm, L. 1275 mm

Die Waffe ist vom Büchsenmacher Dubois markiert (in verschiedenen französischen
Städten arbeiteten mehrere Meister dieses Namens). Die Aufschrift an der Kolbenkappe teilt uns mit, daß Prinz Biron von Curland das Gewehr 1819 seinem Freund Ba-
ron von Wernhardt zur Erinnerung gewidmet hat. (Der Herzog von Kurland, Peter Biron, 1721–1800, verzichtete 1795 auf seine an Rußland übergehenden Ländereien. Sein
Cousin Gustav Kalixt Biron, 1780–1821, der als Nachfolger bestimmt wurde, war Gene-
ral der preußischen Armee und Schenker dieser Waffe. Aus der Familie von Wernhardt
dienten in dieser Zeit Paul und Joseph in der habsburgischen Armee). Falls die Waffe
nicht in den zwanziger Jahren des 19. Jahrhunderts transformiert wurde, handelt es
sich um eines der frühen Exemplare mit Perkussionssystem.

218

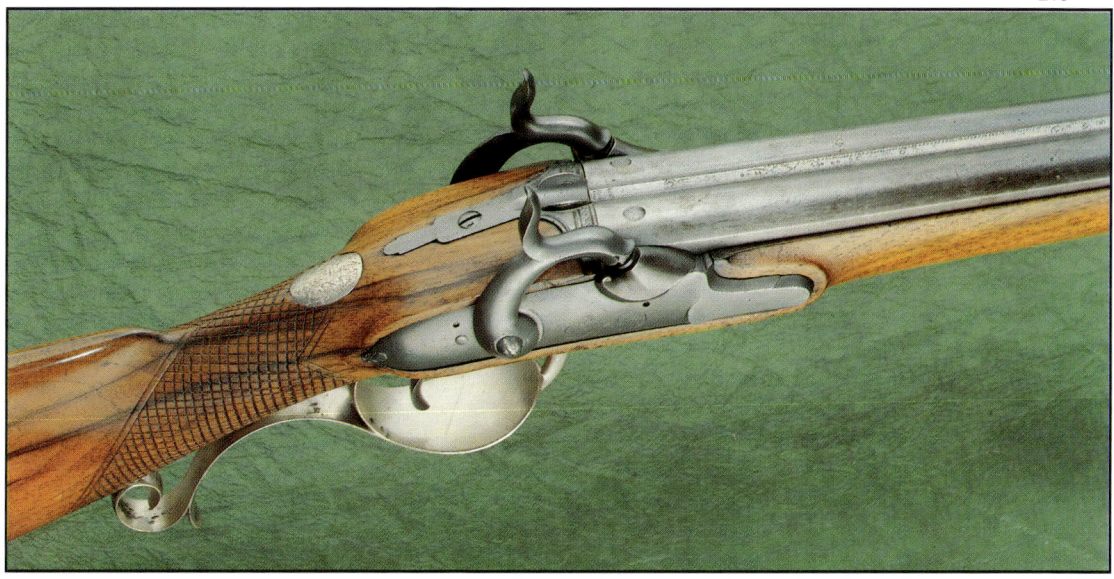

219

Einzellader mit chemischem Schloß, Wilhelm Dietrich, Bratislava, um 1820

Kapitel 4

Die Periode von 1820 bis 1870

Nach den Schlössern, die chemische Reaktionen zur Zündung verwendeten, welche frühe Versuche eines Perkussionssystems waren, setzte sich in den zwanziger Jahren des 19. Jahrhunderts bei den Zivilwaffen das Perkussionsschloß voll durch. Neben einläufigen Jagdgewehren, Kugelbüchsen wie Schrotflinten, wurden in immer größerem Umfang Gewehre mit zwei Läufen nebeneinander verwendet. Die Scheibenbüchsen entfernten sich in der Visiereinrichtung, der Schaftform und weiteren Details immer weiter von den Jagdwaffen. Perkussionspistolen wurden in einem breiten Sortiment als Verteidigungs-, Scheiben- und Duellwaffen angeboten. In der Perkussionsära begannen sich auch wesentlich mehr als bei den früheren Systemen kurze Repetierwaffen zu verbreiten – Revolver und sog. Bündelrevolver (Pepperbox).

Bei den Militärwaffen beginnt man das Perkussionssystem deutlich später als bei den Zivilwaffen einzusetzen. Die Armeen wollten nicht so schnell die ungeheuren Bestände an Steinschloßgewehren aussondern, die aus den napoleonischen Kriegen in ihrer Bewaffnung verblieben waren und zumeist fehlte ihnen das Geld für eine aufwendige Umrüstung. Mit geringfügigen Änderungen, die finanziell wenig anspruchsvoll waren, konnte man ein Steinschloß zu einem Perkussionsschloß umbauen und die Armeen gaben aus Ersparnisgründen der Transformation der Steinschloßwaffen zu Perkussionswaffen den Vorzug vor der Anschaffung völlig neuer Modelle. Zu einer solchen Transformation kam es übrigens auch bei zahlreichen Zivilwaffen.

Die Perkussionswaffen waren um vieles vollkommener als ihre Vorläufersysteme und zur Konstruktion von Hinterladern und Repetiergewehren besser geeignet. Die weitere Perspektive der Feuerwaffen war jedoch mit der Verwendung der Einheitspatrone verbunden. Erfinder, die sich um deren Konstruktion bemühten, gab es eine ganze Reihe, die Entwicklung wurde anfangs am stärksten von Dreyse und Lefaucheux beeinflußt. Die Zündnadelgewehre der preußischen Armee, deren Urheber N. Dreyse war, verwendeten eine Einheitspatrone mit Papierhülse, also noch ohne eigene Dichtung. Die von C. Lefaucheux konstruierte Zündstiftpatrone wurde zur ersten Einheitspatrone mit eigener Dichtung und breitete sich in großem Umfang insbesondere bei den Zivilwaffen aus, auch wenn sie bei einigen Armeerevolvern gleichfalls Anwendung fand.

In den fünfziger und sechziger Jahren des 19. Jahrhunderts entstehen dann zahlreiche Einheitspatronen mit Metallhülse, mit Randzündung oder Zentralzündung, und selbstverständlich entstehen auch Waffen, die diese Patronen verwenden. Diese Konstruktionen zeichnen die weitere Entwicklung vor, doch besteht bis Ende der sechziger Jahre des vorigen Jahrhunderts die Bewaffnung bei den Soldaten wie Zivilisten überwiegend aus Perkussionsvorderladern. Die steigende Bedeutung der Vereinigten Staaten wird auch dadurch offensichtlich, daß sich neben den europäischen Erfindungen, die bisher allein für die technische Entwicklung der Feuerwaffen gesorgt hatten, ab Mitte des 19. Jahrhun-

Duell
(Perkussionspistolen),
um 1860

derts immer mehr auch amerikanische Konstrukteure durchsetzen.

Die individuellen Büchsenmacher dieser Zeit fertigen noch Qualitätswaffen an, doch setzt langsam die Abenddämmerung ihres Handwerks ein. Sie können nicht mehr bestehen in der Konkurrenz mit den großen Waffenfabriken, die zunächst die Herstellung der Militärwaffen und später auch der Zivilwaffen übernehmen. Die Anzahl der Jäger und Sportschützen steigt im 19. Jahrhundert gegenüber der Vergangenheit stark an, doch handelte es sich um weniger vermögende Schichten als die früheren Benutzer von Feuerwaffen. Bei den Gewehren und Pistolen wird daher die Betonung eher auf ihre technische Vollkommenheit als auf die Ausschmückung gelegt, in der ein eher nüchterner, finanziell weniger anspruchsvoller Stil zur Geltung kommt. Dies bedeutet jedoch nicht, daß nicht auch Luxusexemplare für eine anspruchsvolle Kundschaft entstehen würden.

Preußischer Soldat mit
Zündnadelgewehr, 1866

Einzellader mit chemischem Schloß [219]   *um 1820*

Wilhelm Dietrich, Bratislava, Kal. 16,5 mm, L. 1170 mm

Alexander John Forsyth konstruierte die erste Waffe, bei der das Schießpulver durch einen Schlag auf Knallstoff entzündet wurde. Nach seinem Schloß mit drehbarem Knallstoffbehälter (vergleiche Nr. 220, 221) kommen weitere Varianten dieser chemischen Schlösser, wie die dem echten Perkussionssystem vorangehenden Konstruktionen auch genannt werden.

Bei der auf Seite 182 abgebildeten Waffe ist der an der Schloßplatte befindliche Behälter mit dem Knallpulversatz durch eine Zugstange mit dem Hahn verbunden. Beim Spannen des Hahns gelangt aus dem Behälter ein Teil des Knallpulvers in eine kleine Vertiefung (Pfanne), in die nach Betätigen des Abzugs der Hahn schlägt. Der Füllstutzen des Behälters ist mit einem abklappbaren Deckel verschlossen. An der Schloßplatte trägt die Waffe die Markierung DIETRICH, Hersteller ist wahrscheinlich der Bratislaver Büchsenmacher Wilhelm Dietrich, der in den Jahren 1819–1844 tätig war.

220

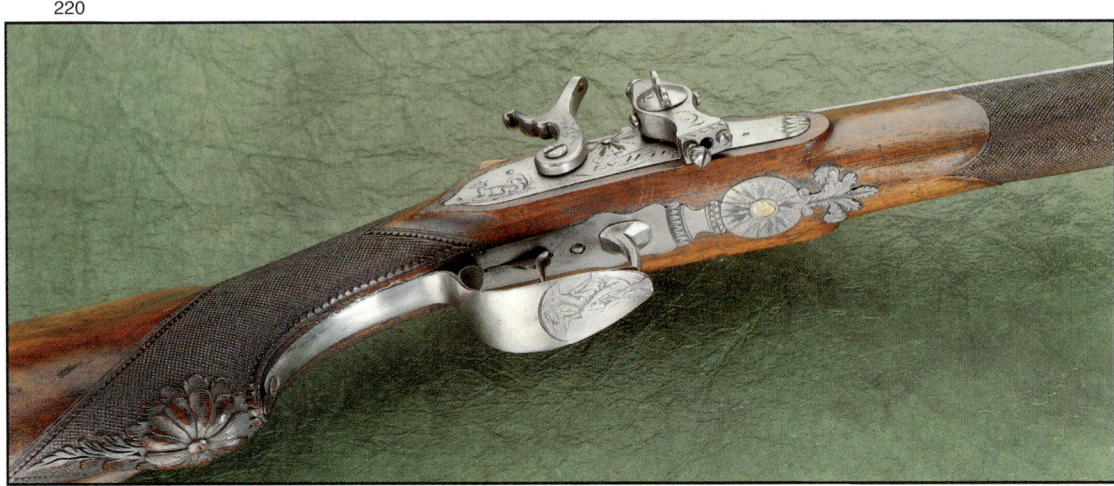

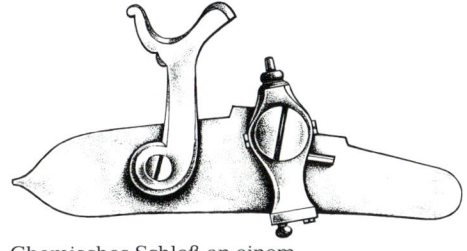

221

Einzellader mit chemischem Schloß [220, 221]   *um 1820*

Joseph Contriner, Wien, Kal. 18 mm, L. 1270 mm

Ende des 18. Jahrhunderts beginnt man Knallpulver einzusetzen, also Stoffe, die durch Schlag entzündet werden. Die Bemühungen, durch Knallpulver das Schießpulver im Lauf zu ersetzen, durch dessen Verbrennen das Geschoß in Bewegung versetzt wird, blieben erfolglos, doch zeigte sich, daß das Knallpulver das Schießpulver auf der Pfanne ersetzen kann, das zum Entzünden des Schießpulvers im Lauf dient.

Der schottische Pfarrer Alexander John Forsyth (1768–1843) experimentierte seit 1793 mit Knallstoffen. Das erste Schloß mit einem Knallpulverbehälter baute er 1805 und zwei Jahre später erhält er das britische Patent für seine Konstruktion, in der das Knallpulver in einem drehbaren zylindrischen Behälter aufbewahrt wurde. Das System Forsyth wurde von François Prélat verbessert (französisches Patent aus dem Jahr 1810), und mit seiner Lösung praktisch identisch ist auch die Waffe des Wieners Contriner. Ein drehbarer flaschenförmiger Knallpulverbehälter hat an der Spitze einen Schlagbolzen, auf den der Hahn schlägt. Die Einfüllöffnung für die Knallmischung liegt unten.

Vor dem Fläschchen befindet sich an der Schloßplatte eine gefederte Sicherung, die das Fläschchen in die richtige Lage bringt und nach deren Betätigen man den Behälter drehen kann. Hersteller der mit CONTRINER und JC gekennzeichneten Waffe ist höchstwahrscheinlich Joseph Contriner, zur gleichen Zeit war jedoch in Wien auch sein Vater Johann tätig.

Chemisches Schloß an einem
Einzellader von Contriner

222

Doppelflinte mit chemischen Schlössern [222] *um 1820*

Jakob Senger, Wien, Kal. 15 mm, L. 1240 mm

Hersteller dieser Doppelflinte mit dem gleichen Schloßtyp wie die Waffe Nr. 219 ist Jakob Senger (1768–1835), ab 1807 Meister in Wien. Die chemischen Schlösser gingen den Perkussionswaffen voraus, bei denen das Knallpulver in einem Zündhütchen auf den sog. Piston aufgesetzt wurde. Diese Perkussionswaffen breiteten sich allgemein ab Mitte der zwanziger Jahre des 19. Jh. aus.

223

Doppelbüchse mit Perkussionsschlössern [223]

1828

Antonín Vincenc Lebeda, Prag, Kal. 15 mm, L. 1020 mm

A. V. Lebeda (1797–1857), der bedeutendste tschechische Büchsenmacher des 19. Jh., wurde 1822 Meister in Prag. Seine Waffe aus dem Jahr 1828 ist innen am Verschlußgehäuse datiert, so daß das Herstellungsjahr ohne Abbauen des Laufes nicht festgestellt werden kann. Dem Ende der zwanziger Jahre entspricht auch die Form der Hähne, der große Abzugsbügel sowie weitere Details der Waffe. In den Schaftkolben ist von unten der große Ladestockkopf eingeschraubt, der an dem unter den Lauf geschobenen Ladestock beim Schießen stören würde. Nach Herausnehmen des Ladestocks und Aufschrauben seines Kopfes kann er mit größerer Kraft verwendet werden.

Doppelflinte mit unteren Perkussionsschlössern [224]

1829

Matyáš Novotný, Litoměřice, Kal. 14 mm, L. 1190 mm

Matyáš Novotný aus der nordböhmischen Stadt Litoměřice gehörte zu den führenden böhmischen Büchsenmachern der ersten Hälfte des 19. Jh. Im Jahr 1829 nahm er an der Prager Gewerbeausstellung teil und wurde mit einer Bronzemedaille ausgezeichnet. Er stellte verschiedene Jagddoppelflinten und -büchsen aus, sämtlich mit damaszierten Läufen ("Drahtläufen"), die mit Gold und Platin verziert waren. Unter ihnen befand sich auch ein Gewehr mit vier Hähnen (höchstwahrscheinlich das abgebildete Exemplar), von denen die oberen Hähne zum Spannen des Mechanismus und die unteren zum Schlagen der Zündhütchen dienten. Diese Anordnung sollte nach den Worten Novotnýs sicherstellen, "daß kein Rauch vor das Auge kommt". Einen besonderen Wert hatte diese Konstruktion nicht, denn ein weiteres ähnliches Exemplar ist nicht bekannt (Waffen nur mit unteren Hähnen gibt es jedoch; sie beweisen die zweifelhafte Vorstellung, daß von unten angezündetes Schießpulver schneller brennt).

224

225

226

Perkussionsdoppelflinte [225]   *um 1830*

Matyáš Novotný, Litoměřice, Kal. 16 mm, L. 1140 mm

Ein weiteres Jagdgewehr von Matyáš Novotný (vergleiche Nr. 224), das auf der Schwanz-schraube die Nr. 7 trägt. Sie stammt also aus einem großen Satz gleicher Waffen (wahr-scheinlich 12 Stück). Das langwierige Laden der Vorderlader wurde von Dienern be-sorgt und bei der großen Anzahl identischer Gewehre hatte ihr Besitzer stets eine geladene Waffe zur Hand. Die Doppelflinte ist reich mit Jagdmotiven verziert, der Ab-zugsbügel wird von einem eingravierten Jäger in zeitgenössischem Gewand ge-schmückt.

Perkussionsbüchse [226]   *um 1830*

Kajetan Dasch, Graz, Kal. 14 mm, L. 995 mm

Kajetan Dasch wird in Graz ab Beginn des 19. Jahrhunderts erwähnt. Er starb 1840, doch führte die Werkstatt seine Witwe und ab 1848 sein Sohn Heinrich weiter. Mit Anfang des 19. Jahrhunderts wird das Aufrauhen des Kolbenhalses in Form einer sog. Fischhaut üblich, was dem festeren Halt der Waffe dient, ebenso wie die untere Verstärkung des Kolbens an dieser Stelle, die im ersten Drittel des vorigen Jahrhunderts häufig die Form eines geschnittenen Tierkopfes besitzt. Im ersten Drittel des Jahrhunderts hält sich noch der im 18. Jahrhundert beliebte hölzerne Abzugsbügel, jetzt jedoch durch ein Metallband stabiler gemacht.

Duellpistolenpaar mit Perkussionsschlössern [227] *um 1830*

Carlo Maria Colombo, Mailand, Kal. 14 mm, L. 375 mm

Zum Duell verlangte man ein Paar identischer Pistolen, die in der Regel beiden Duellanten unbekannt zu sein sollten. Sie wurden in einer Kassette zusammen mit dem Zubehör zum Laden der Waffen aufbewahrt – hier sind es ein Ladehammer, eine Pulverflasche, zwei Ladestöcke, eine Kugelzange und weiteres. Die Schloßplatte ist mit Colombo Milano markiert, C. M. Colombo wird in Mailand in den Jahren 1800–1843 erwähnt und in den dreißiger Jahren dreimal für seine Eigenkonstruktionen sowie für Waffenverbesserung vom Lombardischen Institut für Wissenschaft und Kunst ausgezeichnet. Im Falle dieser Pistolen war Colombo jedoch nur Händler, hergestellt wurden sie in Belgien. An den Läufen befinden sich die Marken der Lütticher Waffenprüfanstalt, auf der Schwanzschraube ist der Lütticher Büchsenmacher Bovy und an weiteren Teilen das Monogramm JH eingraviert, was die Marke des Lütticher Waffenhändlers Jean Hanquet (1767–1837) sein könnte. Ein sehr ähnliches Pistolenpaar vom Lütticher Meister Joseph Devillers aus dem Jahr 1829 befindet sich im Waffenmuseum in Lüttich und ein mit 1831 datiertes Paar von der Firma Heuseux & Janson aus Herstal bei Lüttich im Brüsseler Armeemuseum.

227

228

Perkussionsdoppelflinte [228]   *um 1830*

Heinrich Ebert, Wien, Kal. 14 mm, L. 1085 mm

Das Jagdgewehr von Heinrich Ebert (in Wien in den Jahren 1820–1837 erwähnt) ist an den Schloßplatten unter dem Pistonhalter mit speziellen Sicherungen ausgestattet,

229

mit denen man den Hahn sperren kann (auf der Abbildung ist die Sicherung umgelegt, so daß die Waffe nicht gesichert ist).

Doppelflinte mit Perkussions-Kastenschloß [229]   *um 1835*

Böhmen, Kal. 17 mm, L. 1150 mm

Das erste in Böhmen im Bereich des Büchsenmacherhandwerks erteilte Patent erhielt 1829 Antonín Vincenc Lebeda (1797–1857). Die Konstruktion ersann er auf dem Krankenbett zu einer Zeit, als er sich von einem Verkehrsunfall mit der Kutsche erholte. Anstatt zweier gesonderter Schloßmechanismen, die an der doppelläufigen Waffe seitlich (von rechts und von links) angebracht werden, bestand Lebedas Kastenschloß aus einem Bauteil, das hinter den Läufen von oben in den Schaft eingelassen war. Diese Lösung sollte den Mechanismus besser vor Beschädigungen schützen und das Zerlegen und Zusammenbauen der Waffe erleichtern. Ein Paar Jagddoppelflinten mit Kastenschlössern zeigte Lebeda – neben anderen Waffen – auf der Prager Gewerbeausstellung des Jahres 1829, auf der er mit einer Silbermedaille gewürdigt wurde. Seine Konstruktion erlangte gewisse Beliebtheit und nach Ablauf des fünfjährigen Patentschutzes von 1829 wurden Waffen mit diesem Schloßtyp auch von anderen Büchsenmachern aus Böhmen (František Novák aus Prag, Matyáš Novotný aus Litoměřice, Franz Passler aus Komotau, u.a.) sowie in geringerem Maß auch aus dem Ausland hergestellt.

Die deutsche Aufschrift auf dem Schafthals „Andenken an Bruder" und die Jahresangabe 1845 stammen nicht aus der Entstehungszeit der Waffe, die annähernd zehn Jahre früher lag.

Einzellader Console [230]   *um 1835*

Ferdinand Fruhwirth, Wien, Kal. 15 mm, L. 1275 mm

Der Italiener Giuseppe Console war Vorsteher des k.u.k. Stempelamtes in Mailand (das mailändische Gebiet war in den Jahren 1815–1859 Bestandteil des Habsburgerstaates) sowie Gutsbesitzer, doch war er gelernter Mechaniker und befaßte sich systematisch mit der Verbesserung von Waffen. Im Jahr 1833 bot er der österreichischen Armee sein Perkussionsschloß an, bei dem der Zündstoff in einem kleinen Röhrchen aufbewahrt wurde (ein ähnliches System konstruierte bereits 1818 in England Joseph Manton).

230

Beim System Console schlägt der Schlaghammer nicht direkt auf das Knallpulverröhrchen, sondern auf den Pfannendeckel, der auf der Unterseite mit einem „Zahn" versehen ist, der den Schlag auf die Pfanne überträgt. Zu der Zeit, als über die Aufnahme der Consol-Gewehre in die Armeebewaffnung verhandelt wurde und Console sich in Wien aufhielt, entstand auch eine Zivilwaffe dieses Systems, die an der Schloßplatte mit GIUSEPPE CONSOLE und an der Gegenplatte mit MILANESE INVENTO, am Lauf dann mit FERD: FRUWIRT IN WIEN gekennzeichnet ist. Ferdinand Fruhwirth der Ältere (1813–1867) wurde 1834 Meister in Wien und aus seinen ersten Schaffensjahren stammt also dieses für einen Linkshänder bestimmte Gewehr, bei dem

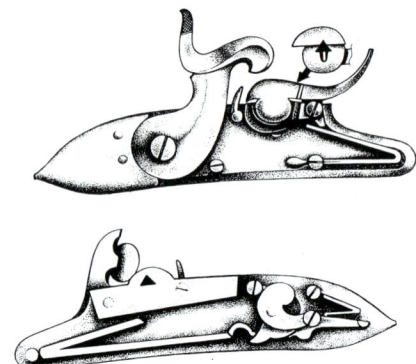

Console-Schloß – Außenansicht und Innenansicht

sich Schloß und Schaftbacke auf der entgegengesetzten Seite als üblich befinden.

Console-Schloß [231]   *um 1835*

Guiseppe Console, Mailand, L. 123 mm

Das Console-Schloß (vergleiche vorhergehende Waffe), vom Systemerfinder signiert und in einer Kassette, hat einen Pfannendeckel in Gestalt eines Fuchses (mit einem Hunderelief). Nach Erprobungen in der Armee wurde Consoles Schloß 1836 in die Ausrüstung der Jägereinheiten aufgenommen und Console mit dem Orden der Eisernen Krone dekoriert. Das erste Perkussionssystem in der habsburgischen Armee fand je-

231

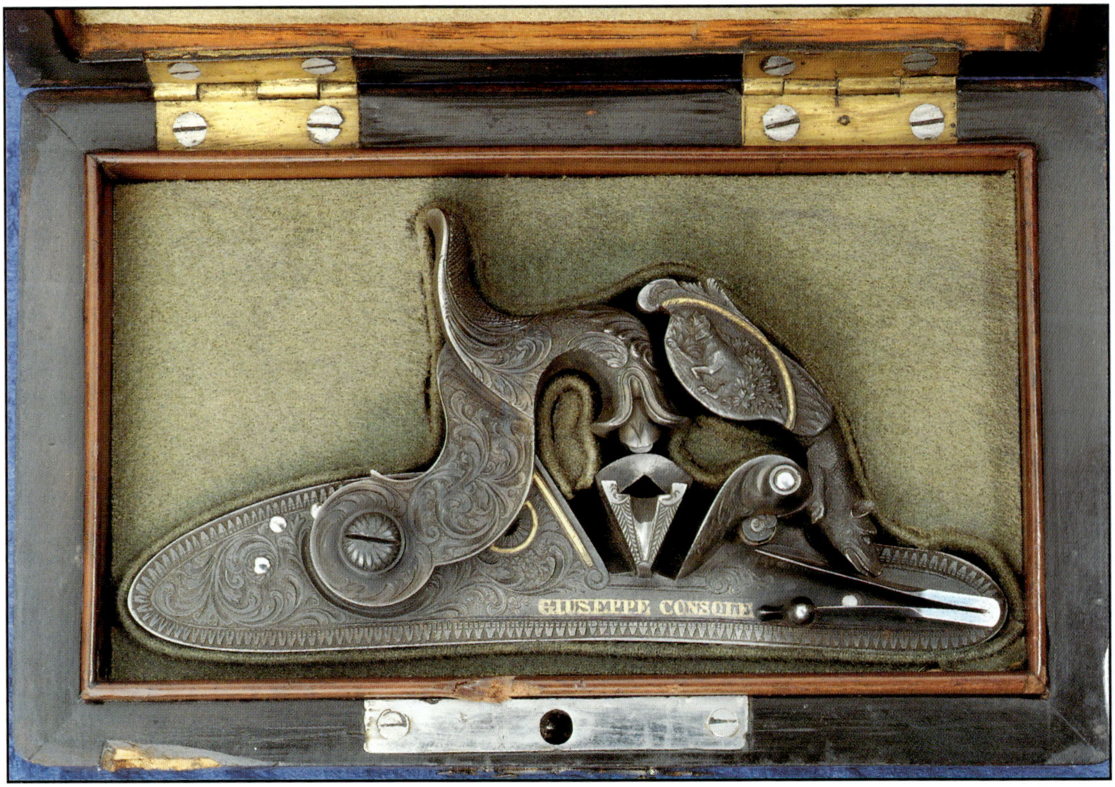

doch nur bei wenigen Waffen und nur für kurze Zeit (bis 1842) Anwendung, da ein zufälliger Aufprall oder auch nur das unvorsichtige Schließen des Pfannendeckels einen unbeabsichtigten Schuß auslösen konnte. Noch seltener ist das System Console bei Zivilwaffen, denn es erschien in einer Zeit, als die Perkussionszündhütchen bereits allgemein verbreitet waren.

Pistole Robert – Hinterlader mit hochklappbarem Verschluß [232]   *1839*

Georg Thomas Kimmel, Wien, Kal. 12 mm, L. 345 mm

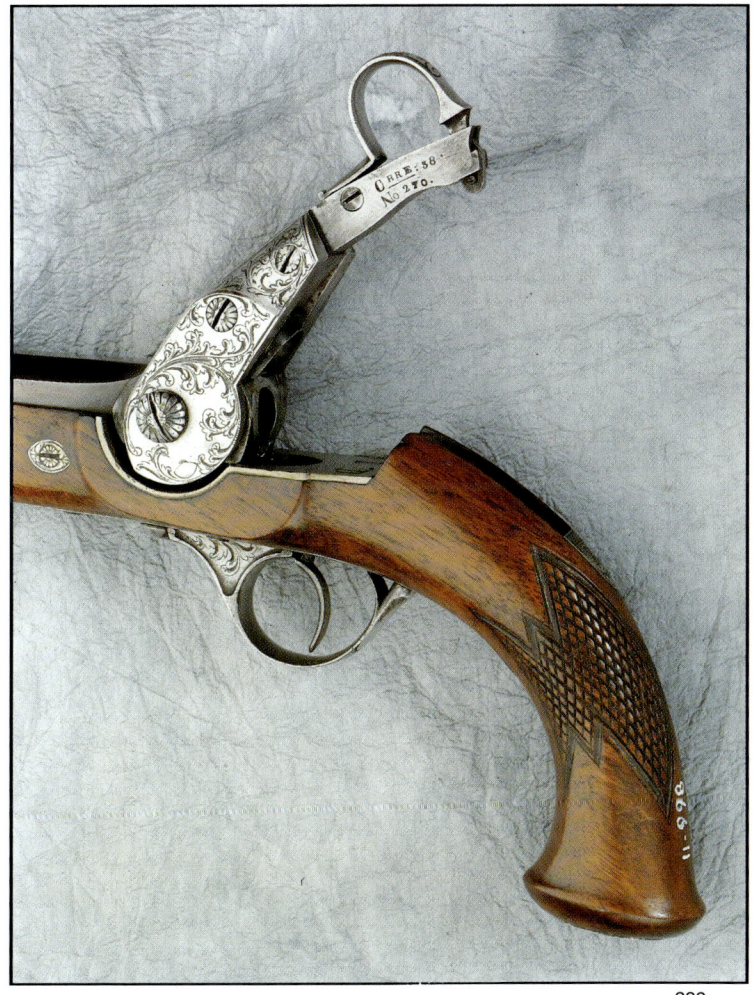

232

Das Patent für einen Hinterlader mit hochklappbarem Blockverschluß erhielt 1812 in Paris Samuel Johannes Pauly. Sein System wurde von verschiedenen Konstrukteuren vervollkommnet, u.a. von Jean Antoine Robert (französische Patente aus dem Jahr 1831 und 1835), von der Ausbildung her Arzt und keineswegs Büchsenmacher. Die Armeeprüfungen von 3000 Gewehren System Robert endeten 1834 in Belgien mit einem Mißerfolg, ähnlich fielen auch die Tests in Frankreich, in der Schweiz und in England aus, wo seine Waffe als „für den Militärdienst völlig ungeeignet" bezeichnet wurde. Es entstanden auch Zivilgewehre und -pistolen des Systems Robert, die auf der Gewerbeausstellung in Paris sogar mit einer Goldmedaille ausgezeichnet wurden. Der Wiener Büchsenmacher G. T. Kimmel stellte 1839 „ein Paar Robertpistolen mit eigenen Verbesserungen" auf der Gewerbeausstellung in Wien aus und es ist nicht ausgeschlossen, daß die abgebildete Pistole mit der Nummer 2 und der Signatur G. T. Kimmel aus diesem Paar stammt.

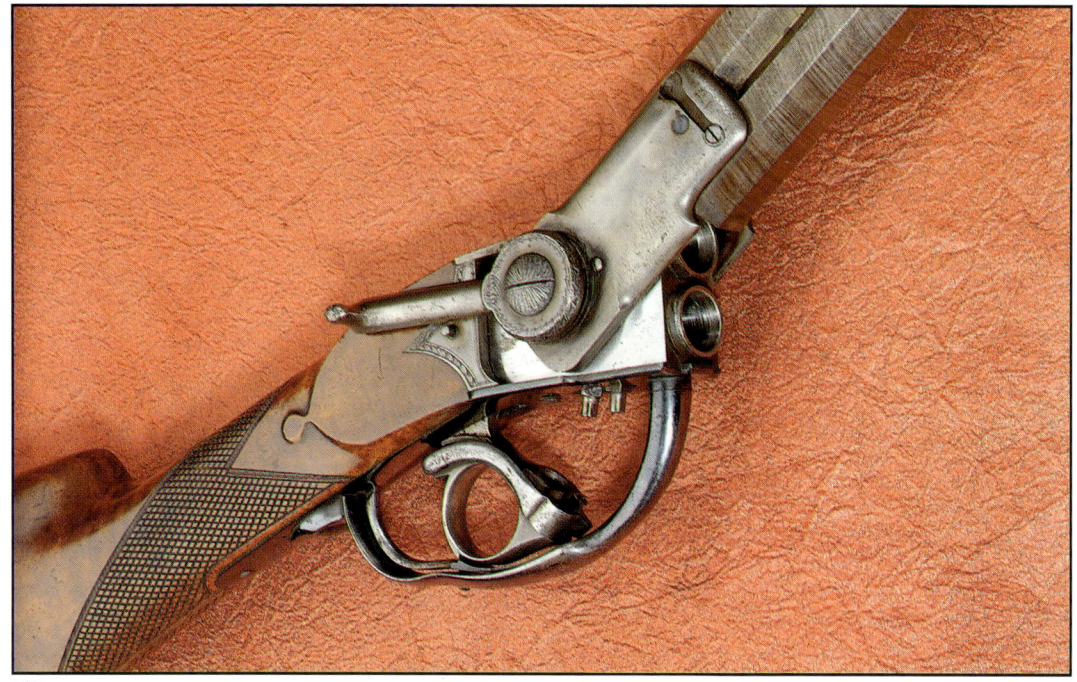

233

Bockbüchse mit Perkussionsschloß – Hinterlader mit hochklappbaren Läufen [233]   *um 1840*

Nicolai Johan Løbnitz, Kopenhagen, Kal. 17 mm, L. 1030 mm

N. J. Løbnitz (1798–1867, seit 1842 königlichdänischer Büchsenmacher) konstruierte 1833 einen Hinterlader, der 1834 in begrenzter Stückzahl zur Erprobung in der dänischen Armee hergestellt wurde. Eine Büchse und eine Pistole dieses Systems bot er 1839 ohne Erfolg der britischen Regierung an, ein ähnliches System (Konstruktion Kapitän F. W. Scheel) wurde als Modell 1842 in der norwegischen Armee eingeführt. Løbnitz's Hinterlader wurde auch als Zivilwaffe hergestellt. Durch die Bewegung eines Hebels an der rechten Gehäuseseite verschieben sich die Läufe etwa um 1 cm und können nach oben geklappt werden. Der untere Ringhahn dient zum Aufziehen des Mechanismus, der Abzug befindet sich im hinteren Teil des Abzugsbügels. Beide Läufe wurden nacheinander abgefeuert, das schlagende Ringteil kann zur Seite geschoben werden.

Perkussionskugelbüchse – Hinterlader mit Drehverschluß [234, 235] *um 1840*

Franz Ludykar, Třeboň, Kal. 10 mm, L. 1110 mm

Der Pariser Büchsenmacher Béringer war der Urheber einer Waffe, bei der hinter dem Lauf ein Block liegt, der mit Hilfe eines unten liegenden Schlüssels zur Seite gedreht werden kann. In den vorderen Teil der Drehkammer wird das Geschoß gelegt, in den hinteren die Zündkapsel mit einer erhöhten Knallpulverfüllung (es wird ohne Schießpulver geschossen). Waffen dieses Systems waren die Vorgänger der Flobertbüchsen und wurden als sog. „Zimmerstutzen" zum Schießen auf kurze Entfernung oder im Garten verwendet. Mitte des 19. Jahrhunderts war dies in Mitteleuropa ein beliebtes System, Hersteller dieser Waffe war F. Ludykar aus dem südböhmischen Třeboň.

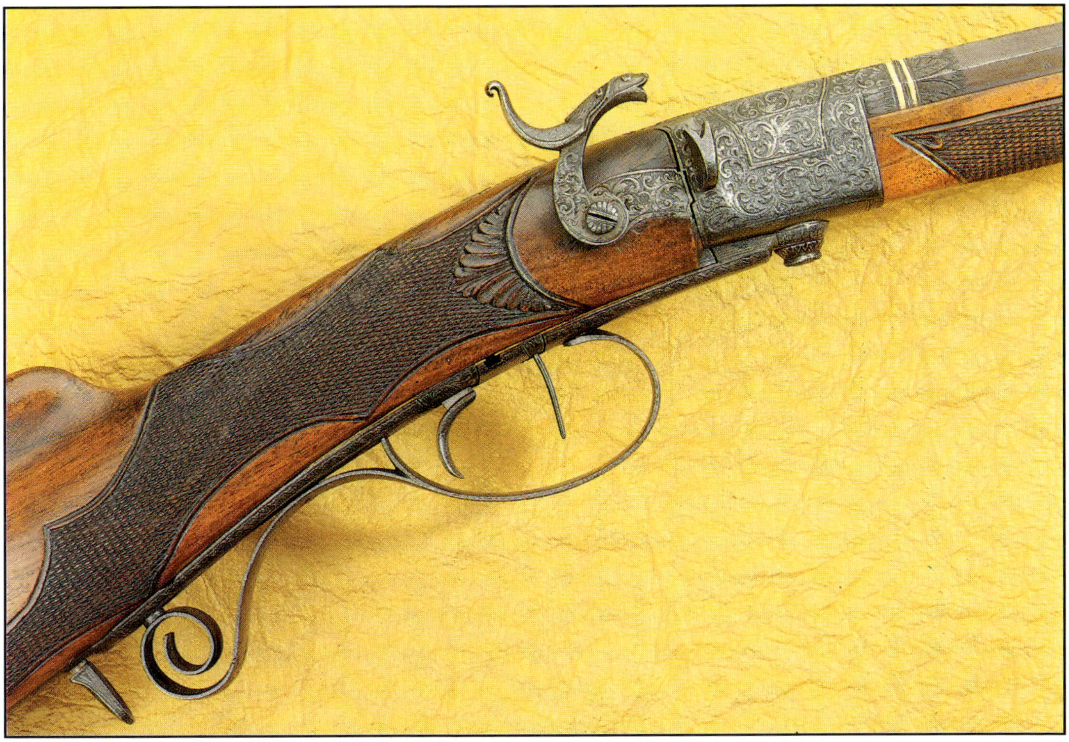

234

235

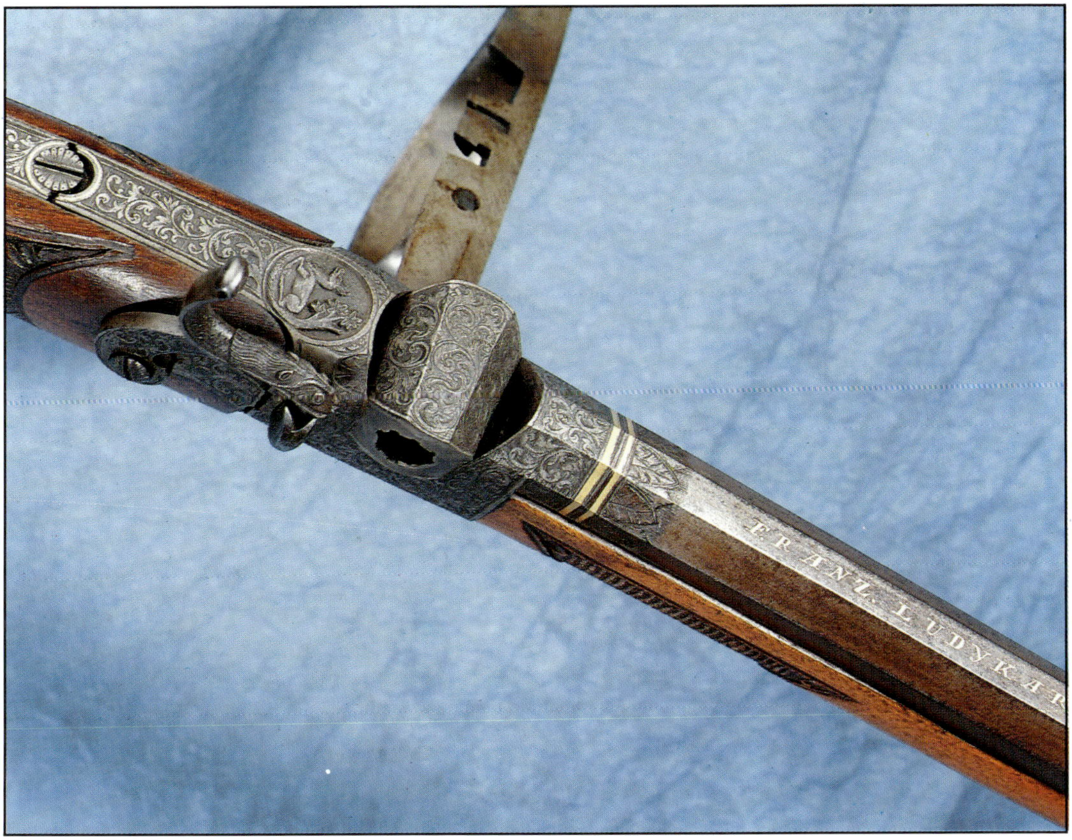

Martin Mayer, Wien, Kal.
12,5 mm, L. 507 mm

Nicht alle in Kassetten aufbewahrten paarweisen Pistolen sind Duellwaffen. Das gilt zweifellos für die abgebildeten Waffen, die in der Kassette neben Pulverflasche, Ladestöcken und Kugelzange auch Ansetzkolben haben, die es ermöglichen, die Pistolen ebenso als Karabiner zu benutzen.

M. Mayer wird in Wien ab 1820 erwähnt, Meister wurde er 1831, später (z.B. 1848) lieferte er seine Erzeugnisse an das Hofzeughaus und führte in der Signatur neben seinem Namen an, daß er „K.k. Hofbüchsenmacher" sei.

Die Pistolen sind aus einer früheren Zeit, so daß ihnen diese Angabe fehlt, die Aufschrift auf den Läufen weist dagegen auf das Qualitätsmaterial hin, aus dem sie gefertigt sind (Aus Gußstahl gebohrter Lauf).

Perkussionspistole [237]   *um 1840*

Gastinne-Renette, Paris, Kal. 17 mm, L. 205 mm

In der Ära der Perkussionswaffen treten öfter als zuvor Hinterlader und Repetierwaffen verschiedener Systeme auf, immer noch überwiegen allerdings deutlich die einschüssigen Vorderlader. Ein Beispiel für eine mit Verschneidungen und Gravierungen verzierte Taschenpistole mit Tierkopfhahn ist diese mit GASTINNE-RENETTE markierte Waffe. Es handelt sich um eine bekannte französische Firma, die seit 1839 bis heute in Paris tätig ist. Auf den Gewerbeausstellungen in den Jahren 1839 und 1844 erzielte sie jeweils eine Silbermedaille und in der zweiten Hälfte des 19. Jahrhunderts lieferte sie ihre Produkte an den französischen Kaiser Napoleon III. und an den spanischen König.

Zwei einschüssige Gewehre mit untenliegendem Perkussionsschloß [238]

um 1840

Josef Nowak, Wien, Kal. 15 mm, L. 1215 mm

Der unten angeordnete Hahn behinderte nicht den Ausblick des Schützen, doch hat sich diese Konstruktion nicht allzu sehr verbreitet. Die abgebildeten Gewehre stammen aus einem Satz gleicher Waffen, die von Josef Nowak hergestellt wurden (der 1837–1850 in Wien erwähnt wird). Das vergoldete Monogramm F IV mit einer Krone am Schafthals besagt, daß es sich um Waffen aus dem Besitz von Erzherzog Franz IV. d'Este (1779–1846) handelt.

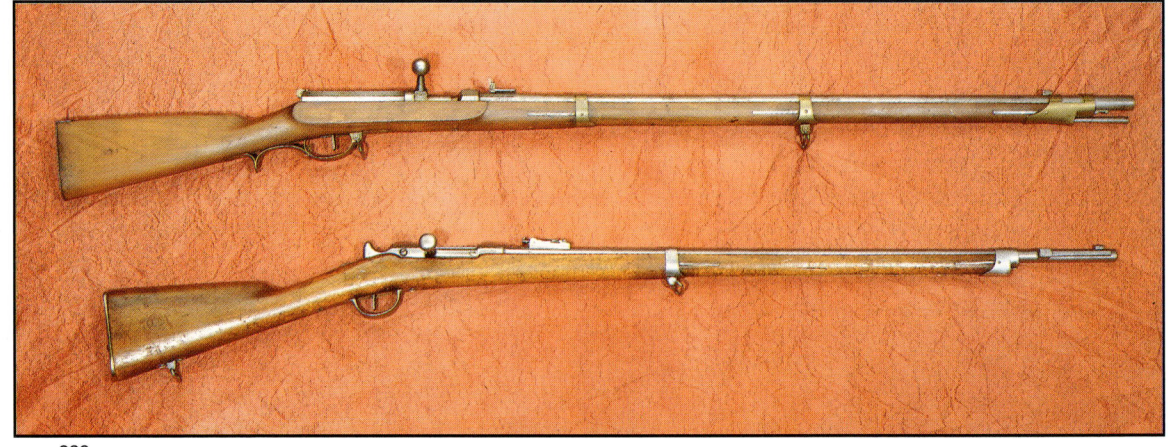

239

Preußisches Infanteriegewehr [239]   *Modell 1841*

Waffenfabrik Spandau, Kal. 15,43 mm, L. 1430 mm

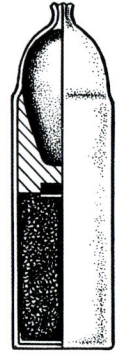

Cartouche
Dreyse

Die preußischen Zündnadelgewehre (auf dem Bild oben, unten ein französisches Zündnadelgewehr Modell 1866 – siehe Nr. 272), die von Nikolaus Dreyse (1787–1867) konstruiert wurden, trugen durch den Sieg Preußens über Österreich im Jahr 1866 wesentlich zum Abgang der Vorderlader bei. Sie waren Hinterlader mit ein- und ausschiebbarem zylindrischen Verschluß und erhielten ihren Namen von einem langen nadelförmigen Zündstift, der die in der Mitte der Papierpatrone zwischen Schießpulver und Geschoß befindliche Zündpille erreichen mußte. Nach dem Infanteriegewehr Modell 1841 entstand eine Reihe von weiteren preußischen Armee-Zündnadelgewehren.

Auf dem Verschlußgehäuse ist die Waffe mit dem preußischen Adler, dem Herstellungsort SPANDAU und den Jahreszahlen 1857 (Herstellungsjahr der Waffe) und 1863 (Jahr der Ausgabe der Waffe an die Armee-Einheit) markiert, auf der Kolbenkappe befindet sich die Inschrift I.R.46.3.158 (46. Infanterieregiment, 3. Kompanie, Waffe Nr. 158).

Perkussions-Repetiergewehr mit Radmagazin [240, 241]   *1842*

Wilkinson & Son, London, Kal. 10 mm, L. 1125 mm

Eine von der Konstruktion her interessante Waffe ist dieses Perkussionsrepetiergewehr mit horizontalem Radmagazin. Zum Laden der Waffe muß das Magazin herausgenommen werden, was nach dem Hochklappen des Gehäusedeckels möglich ist. Das Magazin hat 7 Kammern, die von der Seite geladen werden, die Zündhütchen werden von unten auf die Pistons aufgesetzt. Die Waffe besitzt einen unten liegenden Hahn und einen abnehmbaren Schaftkolben.

Eine Pistole dieser Konstruktion ließ 1837 in den USA John Webster Cochran aus New York patentieren und seine Waffen wurden von der amerikanischen Firma Allen hergestellt. Der spezielle Magazintyp trug die Bezeichnung Radmagazin (Wheel) oder auch Drehturm (Turret). Halter des britischen Patents (Nummer 7286 aus dem Jahr 1837) war Moses Poole. Die Markierung der abgebildeten Waffe enthält die Londoner Herstelleradresse (Firma Wilkinson & Son) und die Waffennummer des Herstellers (5160), die Zahl 10 bedeutet, daß es sich um die zehnte Waffe handelt, die von dieser Konstruktion hergestellt wurde. Firmenangaben zufolge wurde ihre Fertigung am 27. 9. 1839 aufgenommen und erst im Juli 1842 beendet. Der Grund für diesen langen Zeit-

raum kann der besonders lange Lauf (680 mm) und der bei den sonstigen Waffen dieser Konstruktion nicht vorkommende abnehmbare Schaft sein.

Das Gewehr wurde für Herrn Scarisbrick angefertigt, über den nichts weiter bekannt ist. Die Waffe wurde 1849 aus der Sammlung des Schlosses Poběžovice in Westböhmen verkauft. Falls der unbekannte Herr Scarisbrick nur der Vermittler des Kaufes war, konnte die Verzögerung auch dadurch entstanden sein, daß der Besitzer des Schlosses Poběžovice Graf Anton Thun im Jahr 1840 starb.

242

Revolver Colt Army [242] _1848_

Waffenfabrik Colt, Hartford, Kal. 44, L. 355 mm

Das erste in Colts eigener Fabrik in Hartford hergestellte Revolvermodell. In drei Varianten wurden rund 20 Tausend Stück erzeugt, wovon etwa 8 Tausend in der amerikanischen Kavallerie Einsatz fanden. Die Waffe mit einer Sechskammertrommel, auch Colt Dragoon genannt, war im amerikanischen Westen beliebt, aufgrund ihres erheblichen Gewichts (1870 g) trug man sie meist in einem Sattelholster am Pferd.

243

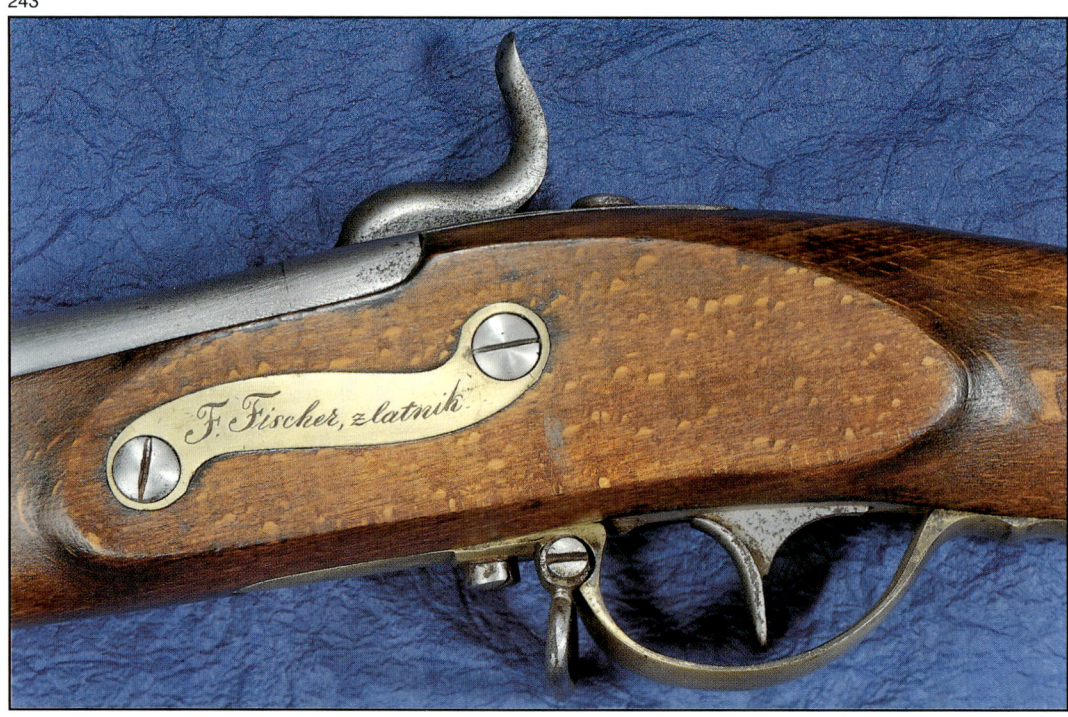

Perkussionsgewehr [243]

um 1848

Böhmen, Kal. 18 mm, L. 1370 mm

Im Revolutionsjahr 1848 entstanden an einer Reihe von Orten in der Habsburger Monarchie bewaffnete Bürgergarden. Ihre Bewaffnung bestand aus schmucklosen Perkussionsgewehren militärischen Typs, auf der Gegenplatte finden wir oft den Namen des Besitzers und mitunter auch seinen Beruf (hier die Aufschrift: F. Fischer, Juwelier). In der zweiten Hälfte des 19. Jahrhunderts erwarben die Bürgergarden überwiegend ältere aus den Heeresbeständen ausgemusterte Armeewaffen.

Revolver Colt-Innsbruck [244]

1849

Firma Josef Ganahl, Kal. 9 mm, L. 285 mm

Die erste europäische Stadt, in der Colts Revolver hergestellt wurden, war keines der bekannten Zentren der Rüstungsproduktion, sondern das österreichische Innsbruck. Samuel Colt (1814–1862) einigte sich hier auf seiner Europareise 1849 über eine Lizenzfertigung seiner Revolver mit J. Ganahl, dem Besitzer einer 1841 gegründeten Fabrik. Ausgangsmodell war der Colt Dragoon (vergleiche Nr. 242), doch kam es zur Verringerung seiner Größe, seines Gewichts und Kalibers sowie zu weiteren Änderungen, womit der Innsbrucker Colt entstand. Dieser wurde zur Dienstwaffe in der österreichischen Marine (bis in die siebziger Jahre des 19. Jahrhunderts), auch einige Armeeoffiziere verwendeten ihn und ebenso wurde er auf dem Zivilmarkt angeboten. Gleichfalls ein Zivilexemplar ist die abgebildete Waffe mit der Herstellernummer 760 in einer Kassette mit Zubehör. Trommel und Rahmen sind mit Gravuren verziert (Hirsch, Hirschtier, Rehbock u.a.), der Rahmen ist links mit PATENT 1849, rechts mit INNSBRUCK markiert.

244

245

Bündelrevolver mit Perkussionsschloß [245]   *um 1850*

Gilles Mariette, Lüttich, Kal. 8 mm, L. 215 mm

Bündelrevolver sind Waffen mit einer größeren Anzahl Läufe, die in der Tasche getragen werden und zum persönlichen Schutz bestimmt sind. G. Mariette aus Lüttich er-

246

hielt 1839 ein Patent für einen Bündelrevolver mit Abzugsspannung und er gehörte zu den führenden Herstellern dieser Waffen. Die übliche Laufzahl war 4–6, diese Waffe mit 18 Läufen zählt zu den Ausnahmen.

Revolver Colt Navy [246]   *1851*

Waffenfabrik Colt, Hartford, Kal. 36, L. 330 mm

Der Revolver Colt Navy 1851 gehört zu den populärsten amerikanischen Revolvern und war die am häufigsten kopierte Waffe, sowohl in den USA als auch im Ausland (Belgien u.a.). In den Jahren 1851–1873 wurden in Hartford über 215 Tausend Stück und 42 Tausend in der Londoner Filiale der Colt-Werke produziert, die sich nach der Form des Abzugsbügels, ihrer Kennzeichnung und weiterer Details in vier Varianten unterteilten. Der Perkussionsrevolver mit Single-Actionschloß und Sechskammertrommel hatte zumeist Griffschalen aus Nußbaumholz, bei dem abgebildeten Luxusexemplar sind sie aus mit Gravuren geschmücktem Elfenbein mit einer Adlerverschneidung.

Perkussionsvierlingsbüchse [247]   *um 1850*

Jan Burda, Prag, Kal. 17 mm, L. 1080 mm

Jagdwaffen haben gewöhnlich einen oder zwei Läufe. Diese Perkussionswaffe mit vier Kugelläufen hat zwei Hähne, deren Schlagteil so umgeklappt werden kann, daß er abwechselnd den Piston des oberen und des unteren Laufes trifft. Am Schafthals befindet sich ein Diopterfuß. Die verzierte Waffe mit Damastläufen wurde vom Büchsenmacher Jan Burda angefertigt, der 1792 in Mělník geboren wurde. 1819 wurde er in Prag Meister und ein Jahr darauf erwarb er eine Werkstatt durch Heirat mit der Witwe des Büchsenmachers A. Vaníček. Büchsenmacher war auch sein Bruder František Burda.

247

248

Perkussionsdoppelbüchse [248, 249]   *1854*

Josef Maschek der Jüngere, Jablonné v Podještědí (Gabel), Kal. 18 mm, L. 1040 mm

Die Gewehrproduktion war vor allem in den großen Städten und bekannten Rüstungs-
zentren konzentriert, hervorragende Waffen wurden jedoch auch von zahlreichen

249

Büchsenmachern aus kleinen Landstädtchen hergestellt. Die mit Verschneidungen, Gravuren und Vergoldungen verzierte Perkussionsdoppelbüchse ist mit J. MASCHEK IN GABEL markiert und mit 1854 datiert. Der Hersteller war Josef Maschek der Jüngere (1826–1891) in der kleinen nordböhmischen Stadt Jablonné v Podještědí (zu deutsch Gabel), der in der von seinem Vater (Josef Maschek der Ältere, 1797–1852) gegründeten Werkstatt arbeitete. Am Daumenblech befindet sich das habsburgische Erzherzogswappen und ursprünglicher Besitzer der Waffe war höchstwahrscheinlich Erzherzog Karl Ludwig (1833–1896), Bruder von Kaiser Franz Josef I. und Vater des Thronfolgers Franz Ferdinand d'Este, der 1914 in Sarajevo ermordet wurde.

Repetierpistole Volcanic [250]   *1855*

Firma Volcanic, Kal. 38, L. 380 mm

Die amerikanischen Volcanic-Pistolen und Karabiner sind direkte Vorgänger der Repetiergewehre System Henry (vergleiche Nr. 261) und Winchester (vergleiche Nr. 290–291). Sie knüpften an die Gewehre Hunt (Patent 1848) und Jennings (Patent 1849) sowie an die Pistolen Smith & Wesson (Patent 1854) an. Alle diese Waffen hatten ein Röhrenmagazin unter dem Lauf (bei der Volcanic-Pistole für 10 Patronen) und einen Verschluß, der durch einen Hebel bedient wurde, der zugleich den Abzugsbügel bildete. Die Firma Volcanic stellte in den Jahren 1855–1857 an die 3000 dieser Pistolen her und ihre Nachfolgerfirma New Haven Arms Company in den Jahren 1857–1860 rund 3200 Stück. Das abgebildete Exemplar mit der laufenden Nummer 1414 ist mit ornamentalen Gravuren geschmückt und hat ein silbernes Gehäuse sowie ein silbernes Griffgerüst.

250

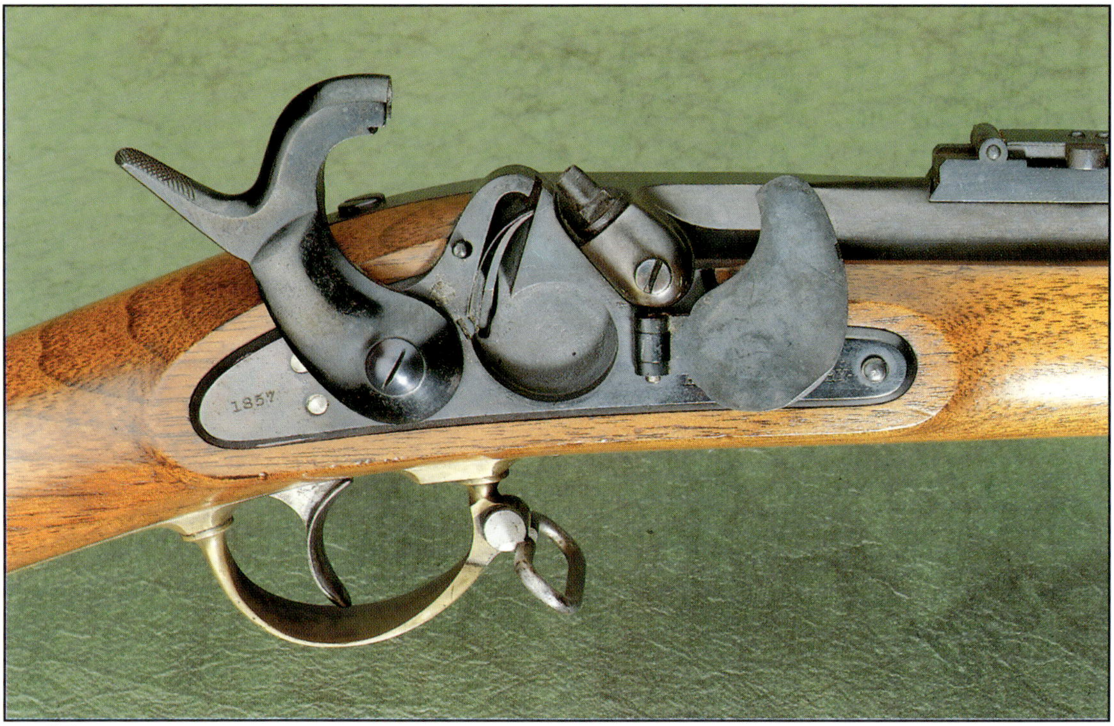

251

Amerikanisches Gewehr [251, 252] *um 1855*

Waffenfabrik Harpers Ferry, Kal. 58, L. 1240 mm

Der Perkussionvorderlader Modell 1855 war die erste amerikanische Militärwaffe, die Minié-Geschosse Kaliber 58 verwendete. Auf der Schloßplatte hatte sie ein von

252

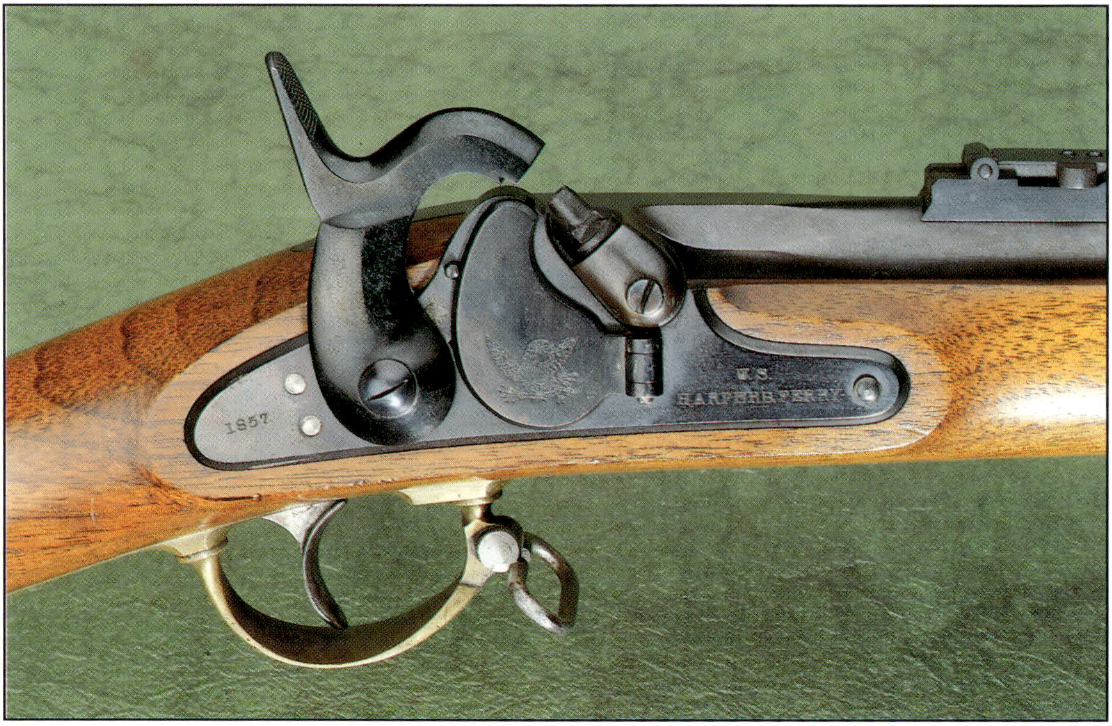

Dr. Maynard patentiertes Magazin, das einen Streifen mit Perkussionszündkapseln enthielt, die durch die Bewegung des Hahns automatisch vorwärts geschoben werden. Diese Vorrichtung zur Beschleunigung des Ladens bewährte sich wenig und beim folgenden amerikanischen Militärgewehr Modell 1861 ging man von ihr ab. Die Abbildungen zeigen die Waffe mit geschlossenem (unten) und mit offenem (oben) Deckel des Maynardmagazins. Das Datum 1857 auf der Schloßplatte ist das Herstellungsjahr der Waffe.

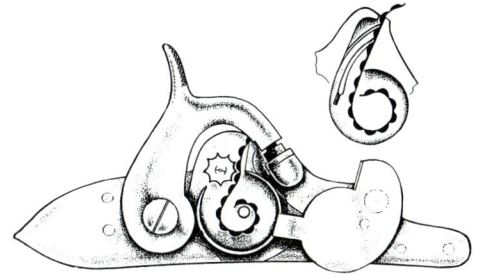

Zündkapselbehälter – Patent des Dr.Maynard (oben Behältervariante am Gewehr Modell 1855)

Perkussionsgewehr – Hinterlader Ghaye [253] *um 1855*

J. H. Jamar-Smits, Lüttich, Kal. 11 mm, L. 1240 mm

L. J. J. Ghaye erhielt in den fünfziger Jahren des 19. Jahrhunderts mehrere Patente, die sowohl Revolver als auch Hinterladergewehre betrafen, bei denen mit einem Hebel unter dem Vorderschaft der Lauf nach vorn verschoben wurde. Hersteller der Waffe war die am Lauf genannte Lütticher Firma J. H. Jamar-Smits, am den Lauf verschiebenden Hebel befindet sich die Markierung BASTIN FRERES BREVETÉS (Patente der Gebrüder Bastin – diese wurden in Hermalle bei Lüttich annähernd in den Jahren 1840–1860 erwähnt).

253

254

Repetierpistole Herman-Colette [254]   *um 1855*

Victor Colette, Lüttich, Kal. 10 mm, L. 360 mm

255

Diese Waffe mit vertikalem Blockverschluß, der durch die Bewegung des Hahnes bedient wird, wurde 1852 in Lüttich von Herman konstruiert und hier von V. Colette hergestellt. Die Nut an der oberen Laufseite und die fast röhrenförmige Leiste darüber bilden ein Magazin, das von vorn geladen wird (nach dem Hochklappen des Magazindeckels). Die Hahnbewegung hebt und senkt den Blockverschluß mit der Patronenkammer, in die die Patrone durch ihr Eigengewicht fällt. Der kleine Hebel über dem Verschluß dient zum Hineindrücken der Patrone in die Kammer. Das Magazin konnte 18 Spezialpatronen aufnehmen, die aus einem Hohlgeschoß mit Pulverfüllung und Zündkapsel bestand (französisches Patent von Gaupillat aus dem Jahr 1854).

Paar Perkussionsbündelrevolver [255]   *um 1855*

B. Houllier-C. H. Blanchard und Charles Robert, Paris, Kal. 11,5 mm, L. 220 mm

Der untere Hahn mit Ringabzug (oder bei anderen Bündelrevolvervarianten ein oben liegender waagerechter Hahn, der in den Waffenkörper eingepaßt war) erleichterte das Herausziehen der Waffe aus der Tasche ohne Gefahr zu gehen, daß ein vorstehendes Teil an der Kleidung hängen bleibt. Die Abzugsspannung ermöglichte ein schnelles Benutzen des Bündelrevolvers (vergleiche Nr. 245).

Französischer Revolver [256]   *Modell 1858 N*

Eugène Louis Lefaucheux, Paris, Kal. 10,85 mm, L. 290 mm

Bei der Lefaucheux-Patrone schlägt der Hahn auf einen Stift, der seitlich aus der Patronenhülse hervorragt und zündet damit die Zündkapsel innerhalb der Patrone. Diese Patrone wurde 1837 von Casimir Lefaucheux konstruiert, dessen Sohn Eugène Louis Urheber dieses Revolvers aus dem Jahr 1854 war. Der Revolver wurde 1858 in die französische Armeeausrüstung angenommen und 1862 entstand aus ihm nach Veränderungen das Modell 1858 N (N = Neuf, also neu).

Lefaucheux-
Patrone

256

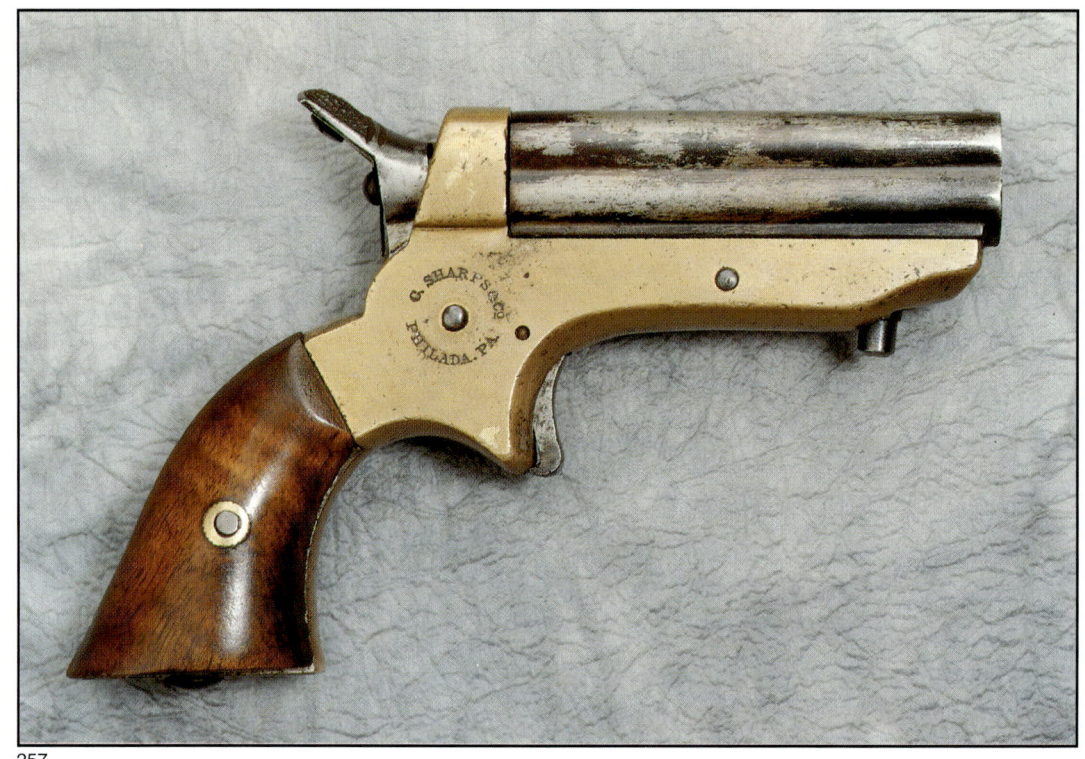

257

Der Revolver mit Einfachbewegung und Sechskammermagazin war die erste französische Dienstwaffe mit Einheitspatrone und die einzelnen Exemplare können sich in einigen Details unterscheiden (Abzugsbügel mit Fingerstütze oder ohne u.a.). Der Revolver wurde auch für den kommerziellen Markt produziert, was für die hier dargestellte Waffe zutrifft, die im Werk des Konstrukteurs hergestellt wurde. Die Lefaucheux-Waffen wurden bald durch modernere Typen ersetzt, Mitte des 19. Jahrhunderts jedoch, als die Perkussionsvorderlader noch überwogen, stellten sie eine technisch progressive Lösung dar.

Bündelrevolver Sharps [257]   *1859*

Waffenfabrik Sharps, Philadelphia, Kal. 22 RF, L. 120 mm

Bündelrevolver sind vor allem mit der Perkussionsepoche verbunden, doch kamen sie auch bei den Waffen mit Einheitspatronen zur Geltung. Bei der Konstruktion von Christian Sharps (1811–1874) sind die Läufe nicht drehbar, sondern feststehend und der Schlagstift dreht sich bei jedem Schuß. Zum Laden wird das Laufbündel mit vier Läufen nach vorn geschoben. Die Bündelrevolver Sharps mit Single Action erfreuten sich in den USA großer Beliebtheit und in den Jahren 1859–1874 wurden in verschiedenen Kalibern (20, 30 und 32) und Varianten rund 200 000 Stück hergestellt.

Österreichischer Revolver [258]   *1860*

Josef Scheinigg, Wien, Kal. 13,9 mm, L. 315 mm

Der Revolver mit doppelter Abzugsspannung (jedoch mit der Möglichkeit, den Hahn auch per Hand zu spannen und die Waffe mit einfacher Abzugsspannung zu verwen-

258

den) mit Fünfkammertrommel wurde von J. Scheinigg konstruiert und hergestellt. Die Waffe besaß das Kaliber der damaligen österreichischen Militärwaffen, in den Jahren 1860-1861 wurde sie von der Armee erprobt, jedoch nicht in die Bewaffnung übernommen. Viele Offiziere benutzten sie allerdings im Krieg 1866 als Privatwaffe.

259

260

Österreichischer Revolver – kleine Variante [259]   *1860*

Josef Scheinigg, Wien, Kal. 11 mm, L. 270 mm

J. Scheinigg bot seine Revolver (vergleiche vorherige Waffe) auch in kleinen Ausmaßen und mit kleinerem Kaliber an. Diese leichteren Waffen (850 g gegenüber 1385 g beim Kaliber 13,9 mm) waren ansonsten von völlig gleicher Konstruktion.

Revolver Remington-Rider [260]   *1860*

Waffenfabrik Remington, Ilion, Kal. 32 RF, L. 166 mm

Der von Joseph Rider konstruierte (Patente aus den Jahren 1858 und 1859) und von der Firma Remington produzierte Perkussiontaschenrevolver hatte eine Trommel mit fünf Kammern, einen großen Abzugsbügel aus hellem Messing und Griffschalen aus schwarzem Hartgummi. In den Jahren 1860–1873 wurden rund 20 000 dieser Revolver hergestellt, die direkt von der Herstellerfirma später auch für Randfeuerpatronen umgebaut wurden. Das transformierte Modell erhielt eine neue Trommel, die beim Laden aus der Waffe genommen werden mußte.

Repetiergewehr Henry [261, 266]   *1860*

Waffenfabrik New Haven Arms Co., Kal. 44 RF, L. 1100 mm

Eine weitere Entwicklungsstufe, die an die Volcanicwaffen (vgl. Nr. 250) anknüpfte, war die Henrybüchse, die Randfeuerpatronen Kaliber 44 verschoß. Konstrukteur der Waffe und der Patrone war B. Tyler Henry (1821–1898). Das Repetiergewehr mit horizontal beweglichem Verschluß, der über den Abzugsbügel betätigt wurde, besaß unter dem Lauf ein fest eingebautes Röhrenmagazin für 15 Patronen, die von vorn in das Magazin geladen werden mußten. In den Jahren 1860–1866 wurden rund 13 000 dieser Gewehre hergestellt. Im amerikanischen Bürgerkrieg (1861–1865) kaufte die Union 1731 Stück, weitere Henrybüchsen tauchten auf den Schlachtorten aus anderen Quellen auf. Diese Waffe wurde von den Südstaatlern als „verdammte Yankeebüchse, die am Sonntag geladen wird und die ganze Woche schießt" gekennzeichnet. Man benutzte die Waffe auch im amerikanischen Westen, z.B. bei Kutschenbegleitern. Kings Patent aus dem Jahr 1866 ermöglichte

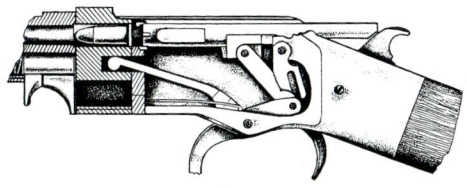

Repetiergewehr Henry – Schnitt durch den Mechanismus

262

das Laden des Magazins von hinten über eine Klappe im Verschlußgehäuse, wodurch das Henrygewehr zur Winchesterbüchse wurde (vgl. Nr. 290–291).

Zwei Pistolen in Kassette [262]   *um 1860 (und um 1875)*

Casimir Weber – Jakob Ruesch, Zürich (und Gebrüder Ruesch, Zürich), Kal. 9 mm, L. 383 mm

Trotz der äußeren Ähnlichkeit stimmen die beiden Pistolen in der Kassette nicht überein und können nicht als Paar bezeichnet werden. Die obere Pistole ist eine Perkussionswaffe, der Lauf ist mit WEBER-RUESCH IN ZÜRICH und die Schwanzschraube mit Nummer 1 markiert. Die zweite Pistole des ursprünglichen Paares ist offensichtlich verloren gegangen oder wurde zerstört und der Besitzer ließ sich eine neue Pistole anfertigen. Diese wurde im Stil einer Perkussionspistole gehalten, doch handelt es sich bereits um eine Hinterladerwaffe mit Kipplauf und Einheitspatronen. Handgriff und Lauf des unteren Stücks haben die gleichen Ausmaße, doch wurde die Waffe zulasten der früheren Pulverkammer um nicht ganz 2 cm gekürzt und paßt deshalb nicht genau in die Kassettenvertiefung. Der Hahn schlägt anstatt auf einen Piston auf einen schrägen Schlagbolzen und geändert ist auch der Abzugsbügel, bei dem durch Drükken der Vorderwand nach vorne der Lauf abgekippt wird. Der Lauf ist mit GEB= BUESCH IN ZÜRICH markiert, das B im Schriftzug sollte wohl ein R sein. Casimir Weber (1824–1914) war ab 1845 Büchsenmacher in Zürich und ab 1858 war hier die Firma Weber & Ruesch tätig (Jakob Ruesch, 1828 – vor 1864). Über die Firma Gebrüder Ruesch (oder Buesch?) ist bislang nichts bekannt.

Lefaucheux-Doppelflinte [263]   *um 1860*

Eugène Louis Lefaucheux, Paris, Kal. 17,5 mm, L. 1130 mm

Die weitere aus der Werkstatt des Erfinders dieses Systems (vergleiche Nr. 256) stammende Waffe ist auf der Oberfläche des Laufs mit „Lefaucheux Inventeur à Paris" markiert. Casimir Lefaucheux, bereits 1802 erwähnt, konstruierte 1837 die Lefaucheux-Pa-

264

trone und starb 1852. Sein Sohn Eugène Louis wird in Paris in der Zeit von 1850 bis 1870 erwähnt. Die Lefaucheux-Gewehre wurden später – in der Konkurrenz mit den Gewehren für Zentral- und Randfeuerpatronen – zu billigen, minderwertigen Waffen. In den fünfziger und sechziger Jahren des 19. Jahrhunderts stellten sie jedoch ein progressives System dar und zahlreiche Exemplare aus dieser Zeit, einschließlich des abgebildeten Gewehrs, sind daher aufwendig dekoriert.

Perkussionspistole [264]   *um 1860*

Frères Lepage, Paris und Lüttich, Kal. 8 mm, L. 100 mm

Eine in Konstruktion und Aussehen interessante Waffe ist diese Taschen-Perkussionspistole, die am Lauf mit „In^{on} Delvigne" und am Handgriff mit „Lepage F^{res} à Paris – Seuls Dépositaires" gekennzeichnet ist. Der Lauf endet in einem waagerechten Piston, der Mechanismus wird durch eine Zugstange unter dem Lauf gespannt und der Schlagbolzen hat die Gestalt eines Tierkopfes. In der Zugstange unter dem Lauf befindet sich eine Kerbe, in die der Abzug mit einem Vorsprung greift, so daß sich beim Betätigen des Abzugs die Zugstange mit dem Schlagbolzen löst. Der Handgriff besteht aus schwarzem, gepreßtem Hartgummi und ist mit stilisierten Tier- und Pflanzenmotiven verziert. Von unten ist ein Ladestock in den Handgriff eingeschoben. Der Erfinder der

Waffe Henri Gustave Delvigne (1799–1876) war französischer Offizier und Waffenkonstrukteur (u.a. verbesserte er den französischen Dienstrevolver, Chamelot-Delvigne), aber auch Sportschütze und Publizist zum Thema Waffen. Die Lepages waren eine berühmte Büchsenmacherfamilie, deren Mitglieder im 18.–19. Jahrhundert in Paris und Lüttich tätig waren. Die Gebrüder (Frères) Lepage (Charles und Alphonse), die auf der Waffe ihre „Generalvertretung" (Seuls Dépositaires) anführen, besaßen eine Fabrik in Lüttich und ein Geschäft in Paris, wo sie in den Jahren 1857–1868 erwähnt werden.

Österreichische Pistole [265]   *Modell 1862*

Firma Bentz, Wien, Kal. 13,9 mm, L. 405 mm

Joseph Lorentz (1814–1879) war der Urheber der 1854 in die Bewaffnung der habsburgischen Armee eingeführten Militärgewehre. Es waren vollkommene Vorderlader, doch kamen sie zu einer Zeit auf die Welt, als die Ära der Perkussionswaffen bereits zu Ende ging. Neben drei Büchsenvarianten (Infanteriegewehr, Jägergewehr und Gewehr für Sondereinheiten) entstanden auch die Pistole Lorenz Modell 1860 und das abgeänderte Modell 1862 (das sich durch eine Hahnsicherung an der Schloßplatte und die Form des Daumenhebels unterscheidet). Die Lorentz-Waffen wurden von mehreren Büchsenmacherfirmen hergestellt, das abgebildete Exemplar ist am Lauf mit BENTZ und an der Schloßplatte mit 864 (= Herstellungsjahr 1864) markiert. Die Pistole wurde als Waffe Nr. 93 der 2. Eskadron des 13. Husarenregiments zugeteilt (Kennzeichnung: 13 H.R./2.E.93).

265

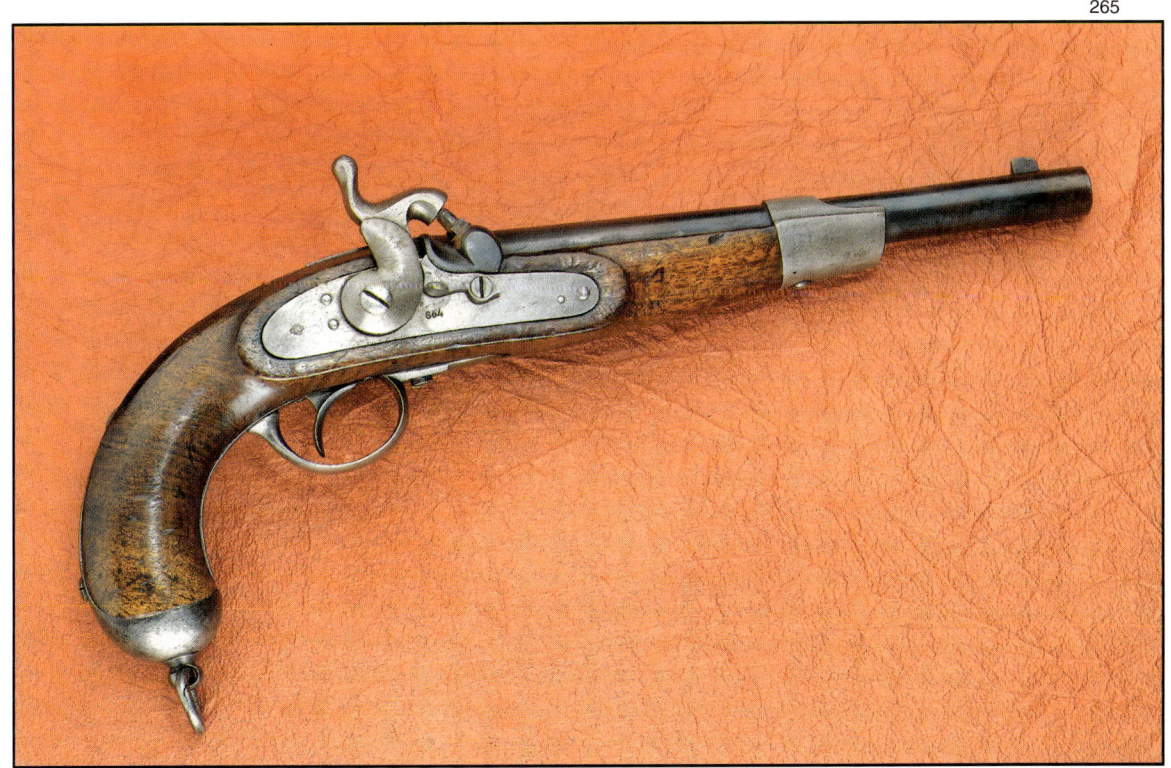

Repetierkarabiner Spencer [266, 267] *1863*

266

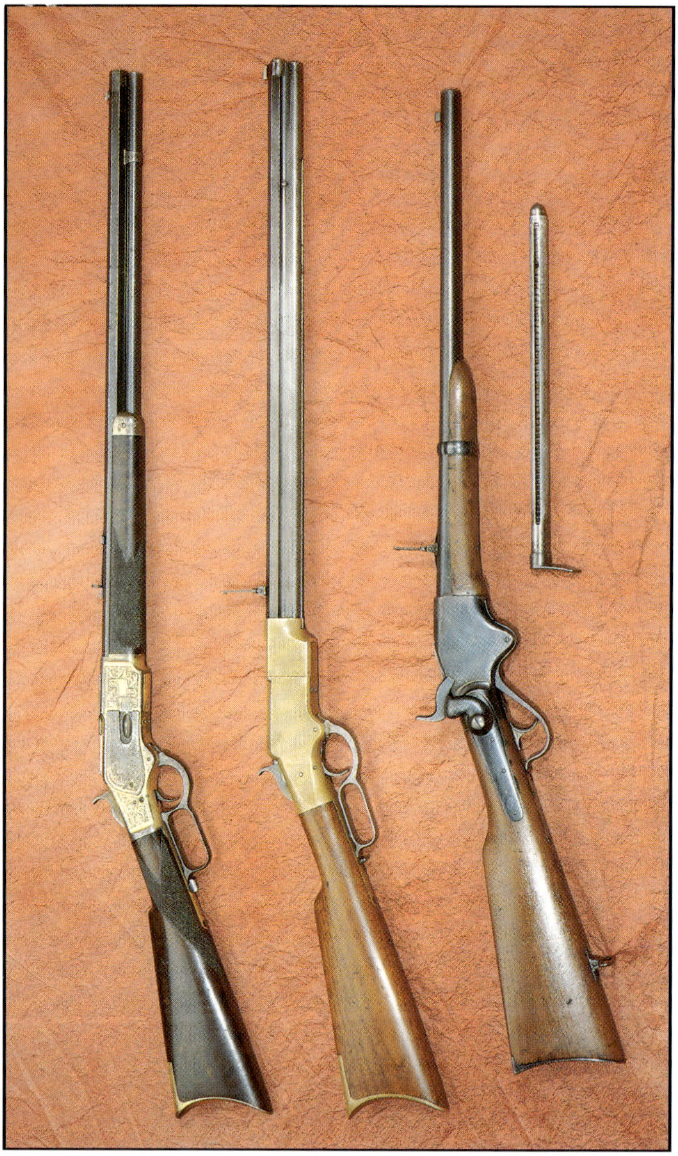

Waffenfabrik Spencer Repeating Rifle Co., Boston, Kal. 52, L. 990 mm

Im amerikanischen Bürgerkrieg (1861–1865) überwogen immer noch die Perkussionsvorderlader, doch wurde hier bereits auch mit zahlreichen einschüssigen Hinterladern und Repetiergewehren für Einheitspatronen gekämpft.

Die verbreitetste Repetierwaffe war die Spencerbüchse, ein Gewehr mit herausnehmbarem Röhrenmagazin im Schaftkolben. Von diesen Magazinen konnte der Waffeninhaber mehrere besitzen und das leergeschossene Magazin dann rasch durch ein volles ersetzen. Der Drehblockverschluß wurde mit dem einen Hebel bildenden Abzugsbügel betätigt. Insgesamt stellte man 144 500 Gewehre und Karabiner Spencer her, wovon während des Bürgerkriegs für die Armee der Union 94 196 Karabiner und 12 471 Gewehre gekauft wurden. Die Spencer-Karabiner (mit einem Magazin für 7 Patronen) waren gegen Kriegsende die Hauptwaffe der Nordstaaten-Kavallerie.

Abbildung 266 zeigt einen Spencer-Karabiner (rechts mit herausgenommenem Magazin) zusammen mit den Repetiergewehren Winchester 1873 (links, siehe Nr. 290–291) und Henry 1860 (in der Mitte, siehe Nr. 261).

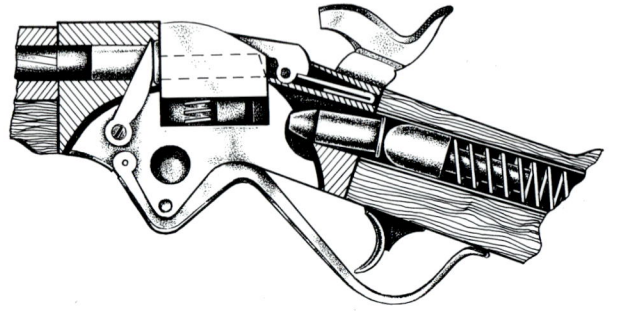

Repetiergewehr Spencer – Schnitt durch den Mechanismus

268

Revolver Moore [268]

Firma Moore's Patent Firearms Company, Brooklyn, Kal. 32, L. 178 mm

Rolin A. White erhielt 1855 das amerikanische Patent für eine voll durchbohrte Revolvertrommel, die von hinten geladen wurde. Seinen Gedanken bot er Colt an, wurde allerdings abgelehnt. Das Recht auf die Nutzung des Patents erwarb dann die Firma Smith & Wesson, die gerichtlich gegen alle Hersteller (Bacon, Pond, Warner u.a.) vorging, die dieses Patent verletzten. Auch Daniel Moore verlor 1863 einen Rechtsstreit mit der Firma Smith & Wesson. Danach erwarb er ein Patent von David Williamson und begann Revolver herzustellen, deren Kammern in der Trommelrückwand nur kleine Öffnungen für die in einem Vorsprung am Boden der Spezialpatrone untergebrachten Zündkapseln besitzen. Die Patrone nannte sich offiziell „Central Fire Waterproof Copper Shell Cartridge" (wasserdichte Zentralfeuerpatrone mit Kupferhülse), wurde jedoch wegen ihrer Form allgemein „Teat-Cartridge" (Warzenpatrone) genannt und dieser Name übertrug sich auch auf die Waffe („Teat-Fire Revolver"). Unter den das Patent von R. White umgehenden Waffen gehörte sie zu den erfolgreichsten und in den Jahren 1864–1870 wurden über 30 Tausend dieser Revolver hergestellt (an die 20 Tausend von der Firma Moore und der Rest ab 1865 durch deren Nachfolger – die Firma National Arms Company).

Die Verzierung mit eingravierten Ornamenten und versilbertem Messingrahmen war bei diesen Waffen Standardausführung. Das abgebildete Stück besitzt zusätzlich einen versilberten Lauf und eine vergoldete Trommel (gewöhnlich waren diese Teile gebläut) sowie Griffschalen aus Perlmutt (gewöhnlich Nußbaumholz). Die Trommel hat sechs Patronenkammern.

Moore-Patrone

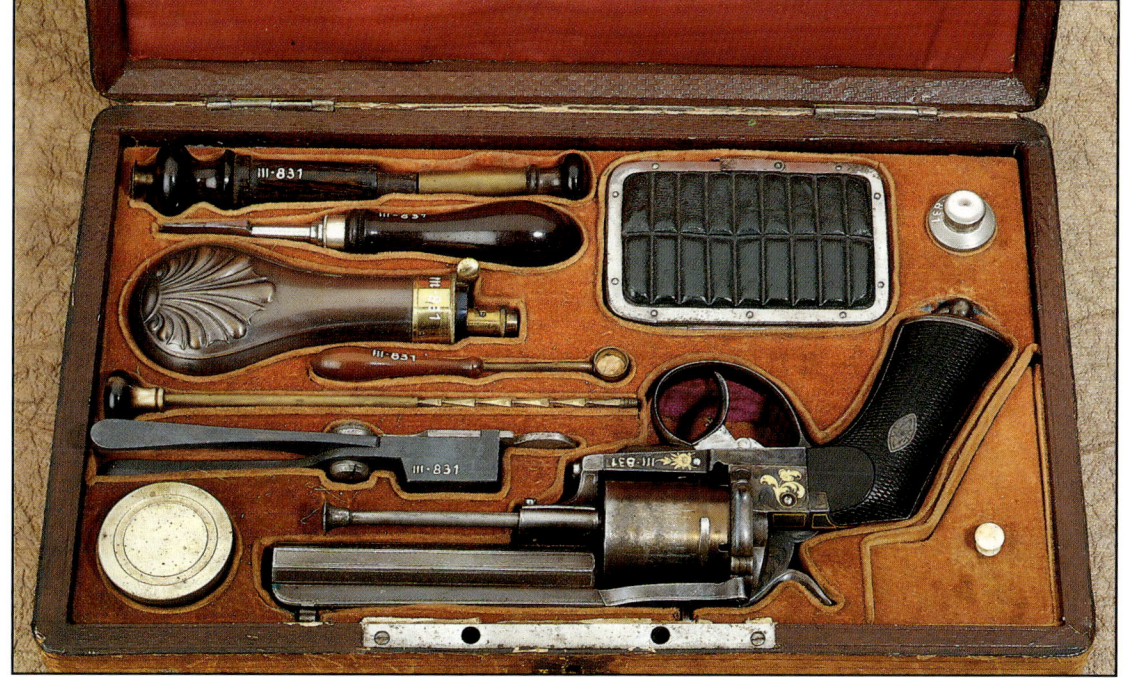

Lefaucheux-Revolver [269, 270]   *um 1865*

Firma Lebeda, Prag, Kal. 9,5 mm,
L. 245 mm

In den sechziger Jahren des 19. Jahrhunderts beginnen sich in Europa
Waffen für Einheitspatronen durchzusetzen, insbesondere das System Lefaucheux. Die Ausstattung der Kassette erinnert jedoch eher noch an
eine Perkussionswaffe – Pulverflasche, Kugelzange und Pulverdosier-
becher wurden vom Benutzer dieses
Revolvers nicht mehr benötigt, zum
Zubehör gehört allerdings auch ein
ledernes Patronenetui. Pulverflasche
und Ölkännchen sind Erzeugnisse
der englischen Firma James Di-
xon & Sons aus Sheffield. A. V. Lebeda
war zur Entstehungszeit der Waffe bereits fast zehn Jahre tot (er starb 1857)
und die Werkstatt wurde von seinen
Söhnen geführt. Der undatierte Revolver mit der Herstellungsnummer
8020 stammt aus dem Jahr 1866.

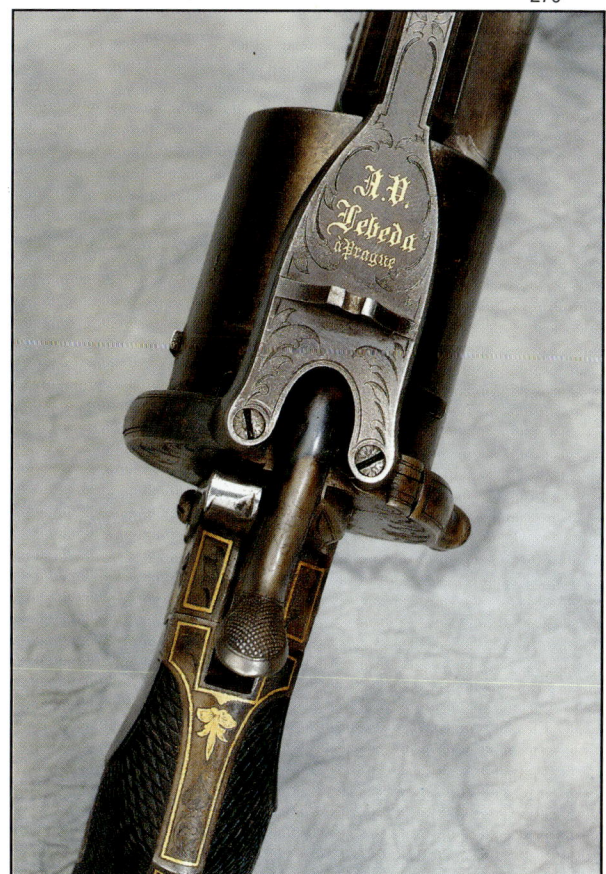

Doppelflinte mit Außenhähnen [271] *um 1865*

Matyáš Mach, Prag, Kal. 17,5 mm,
L. 1100 mm

In den sechziger Jahren des 19. Jh. treten in Europa auch Lancaster-Gewehre auf – Jagddoppelflinten mit außenliegenden Schlaghähnen, in denen Zentralfeuerpatronen verwendet werden. Bei ihnen schlägt zumeist der obere Hahnteil auf den schräg liegenden Schlagstift. In der Anfangsphase dieses Systems wurde in Europa eine Variante verwendet, bei der der getrennte Schlagstift waagerecht angebracht ist (auf der Abb. ragt er hinten aus dem Lauf hervor) und der Hahn schlägt auf ihn mit seinem Körper. Vom preußischen „königlichen Hofbüchsenmacher zu Magdeburg und Berlin" Heinrich Barella (1819–1893) gibt es eine Waffe, die dem abgebildeten Exemplar ähnelt, dessen Hersteller der Prager Matyáš Mach (1814–1881) war. Barella verwendete die zitierte Markierung lediglich in der Zeit von 1860 bis 1865 und annähernd aus der gleichen Zeit wird auch Machs Doppelflinte sein. Er war mit seinen Waffen 1855 auf der Pariser Weltausstellung vertreten und Anfang der siebziger Jahre bot er „nach eigenem Patent" angefertigte Lancaster-Gewehre und Lefaucheux-Büchsen an.

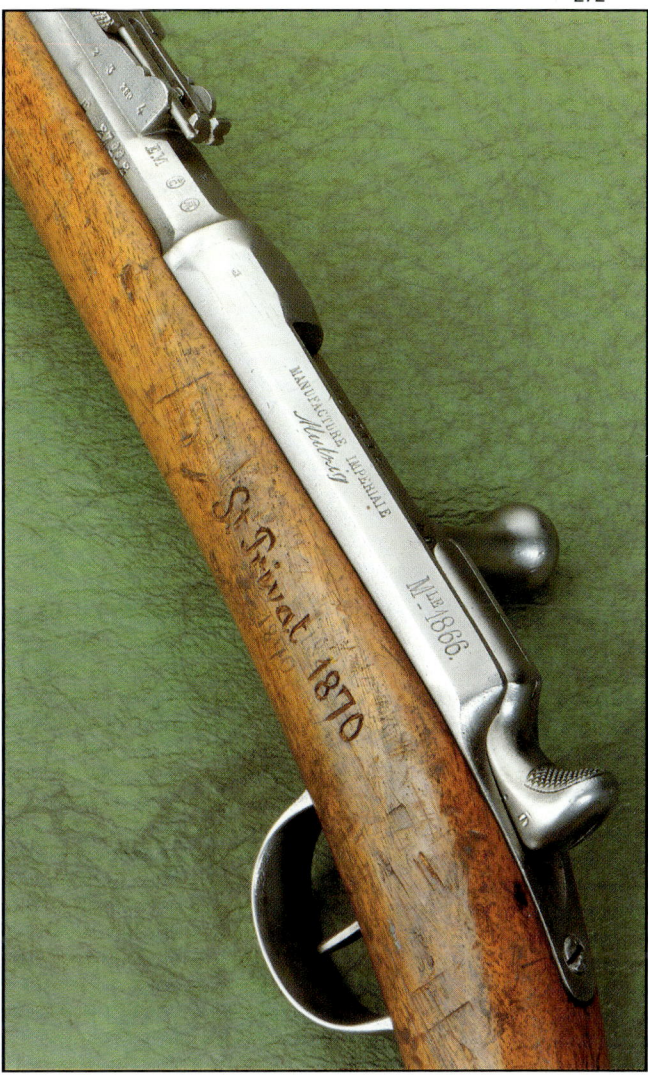

Französisches Infanteriegewehr [239, 272] *Modell 1866*

Waffenfabrik Mutzig, Kal. 11 mm, L. 1315 mm

Nach den preußischen Zündnadelgewehren (vergleiche Nr. 239) führten auch einige weitere Armeen Waffen mit langen Nadelbolzen in ihre Bewaffnung ein. Konstrukteur des französischen Gewehrs Modell 1866 war Antoine Alphonse Chassepot (1833–1905). Eine Gesamtansicht des Gewehrs zeigt die Abbildung 239 (zusammen mit dem preußischen Infanteriegewehr Modell 1841), die Detailabbildung 272 hält die Modellbezeichnung der Waffe (M^{LE} 1866) und den Hersteller, die kaiserliche Waffenfabrik Mutzig, fest. Am Lauf wird das Herstellungsjahr 1869 angegeben. Die im Schaft eingravierte Inschrift „St.Privat 1870" ist ein Hinweis auf den Erwerb der Waffe als Kriegsbeute auf diesem Kriegsschauplatz (18. 8. 1870) des preußisch-französischen Kriegs.

273

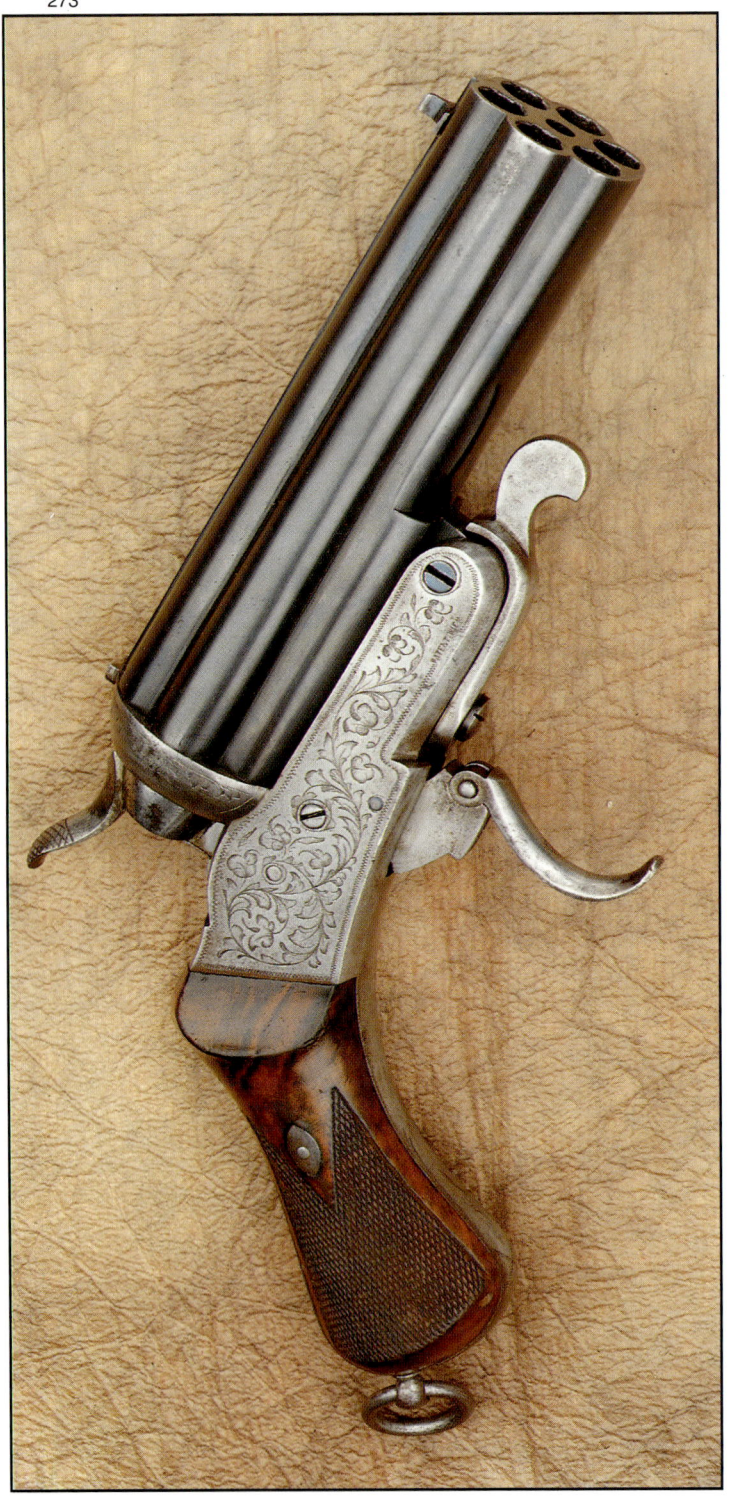

J. Grünbaum, Wien,
Kal. 10 mm, L. 230 mm

Grünbaums Bündelrevolver werden in der Fachliteratur als Kopien des amerikanischen Bündelrevolvers Sharps (vergleiche Nr. 257) angesehen, doch ist das nur zum Teil zutreffend. Das Grundprinzip fester Läufe und einer drehbaren Schlagvorrichtung ist zwar das gleiche, doch sind beide Waffen ansonsten recht verschieden. Grünbaums Bündelrevolver sind Waffen mit Double Action (Sharps mit Single Action), die Läufe werden beim Laden abgekippt (bei Sharps nach vorn geschoben), der Abzug ist umlegbar (bei Sharps mit beweglicher Zunge) u.a.

Bündelrevolver waren ausschließlich für die persönliche Verteidigung bestimmt, die von Grünbaum patentierten Waffen bilden eine Ausnahme, die auch zur militärischen Verwendung angeboten wurde. In Anzeigen vor dem preußisch-österreichischen Krieg 1866 wurden sie Offizieren in verschiedenen Kalibern und Ausführungen als „Reiter-", „Infanterie-" und „Taschen-Revolver" angeboten. Der Erfinder bezeichnete seine Waffen als Selbstspanner, also mit Double Action, und gab an, daß das Geschoß auf eine Entfernung von 50–80 Schritt ein zollstarkes Brett durchschlage. Insgesamt wurden über Tausend dieser Waffen mit sechs oder vier Läufen hergestellt.

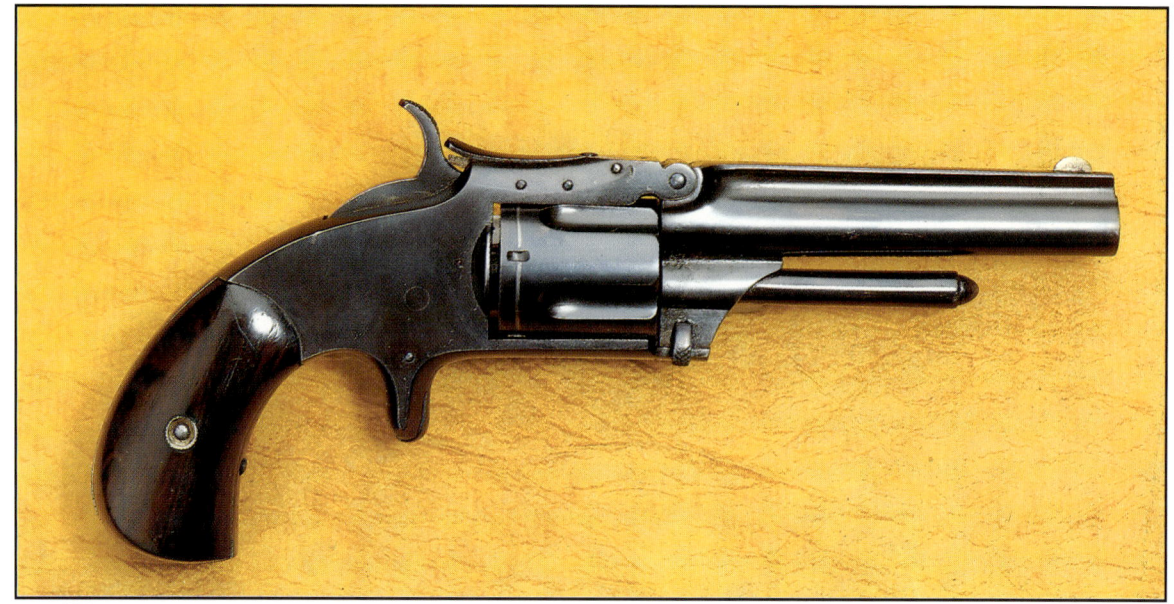

275

Revolver Smith & Wesson No. 1 1/2 [275]   *1868*

Waffenfabrik Smith & Wesson, Springfield, Kal. 32 RF, L.197 mm

In den sechziger Jahren des 19. Jahrhunderts, in denen die Perkussionsrevolver durch Waffen mit Einheitspatronen ersetzt wurden, lag die Firma Smith & Wesson vorne, die das Patent von R. White für eine voll durchbohrte Revolvertrommel besaß (vergleiche auch Nr. 268). Ab 1857 stellte sie Revolver mit hochklappbarem Lauf für Randfeuerpatronen Kaliber 22 her und nach diesem Modell No. 1 folgten die Modelle No. 2 und No. 1 1/2 mit Kaliber 32. Die erste Variante (das alte Modell) des fünfschüssigen Revolvers No. 1 1/2 wurde in den Jahren 1865–1868 in einer Zahl von über 26 Tausend Stück hergestellt. Die zweite Variante (neues Modell) mit zylindrischem Lauf (bei der ersten Variante kantiger Lauf), mit gefluteter Trommel (zuvor glatt) und weiteren Änderungen wurde in den Jahren 1868–1875 in einer Anzahl von über 100 Tausend Stück gefertigt. Zum Entfernen der leergeschossenen Patronenhülsen (mit einer nicht abnehmbaren Entladestange unter dem Lauf) muß der Lauf nach oben gekippt und die Trommel abgenommen werden.

Revolver Smith & Wesson No. 3 [276, 277]   *1869*

Waffenfabrik Smith & Wesson, Springfield, Kal. 44, L. 340 mm

Smith & Wesson No. 3 war der erste Revolver mit Kipplauf (Patent W. C. Dodge vom 17. 1. 1865) und mit automatischem Patronenhülsenauswurf (Patent C. A. King vom 24. 8. 1869). Er war auch der erste Revolver der Firma Smith & Wesson mit dem größeren Kaliber 44 (zuvor nur 22 und 32). Diese Konstruktion, die das Neuladen der Waffe deutlich beschleunigte, erlangte große Beliebtheit und wurde später von anderen Herstellern oft kopiert.

In den Jahren 1870–1874 wurden in zwei sich leicht unterscheidenden Varianten nicht ganz 29 Tausend Stück hergestellt, von denen im Jahr 1870 eintausend Revolver von der amerikanischen Armee zur Erprobung in der Kavallerie gekauft wurden. Die Waffe erfreute sich ebenso im amerikanischen Westen großer Beliebtheit.

Eine größere Produktion für den amerikanischen Markt wurde durch die Auslastung der Fertigungskapazitäten durch große Bestellungen von Revolvern dieses Typs für die russische zaristische Armee (an die 150 Tausend Stück) und in geringerem Umfang auch für andere Heere (Türkei, Japan u.a.) verhindert.

Zur Unterscheidung von den russischen Revolvern mit einigen Abweichungen, Russian genannt, erhielt der Smith & Wesson No. 3 später die Bezeichnung American. Zu seiner Entstehungszeit war dies zweifellos der fortschrittlichste Revolver.

276
277

278

Mauserpistole C 96 Ausführung 1912 [278] (Waffe Nr. 300)

Kapitel 5   Die Periode von 1870 bis 1900

Bereits im amerikanischen Bürgerkrieg 1861–1865 bewiesen die Hinterladungswaffen und Repetiergewehre ihre Vorzüge, auch wenn sie in diesem Konflikt nur in geringem Umfang zum Einsatz kamen (im Vergleich zu der riesigen Menge an Perkussionsvorderladern in den Armeen). Eine definitive Bestätigung dieser Erfahrung war der preußisch-österreichische Krieg 1866, nach dem die Vorderlader in der Bewaffnung der Truppen und auch in der zivilen Verwendung rasch abnehmen. Die Armeen wählten zu Beginn wiederum aus Sparsamkeitsgründen den Weg der Transformation der Vorderlader zu Hinterladern, bald kommen jedoch völlig neue Konstruktionen einschüssiger Hinterlader und etwas später auch von Repetiergewehren auf. Von den Röhrenmagazinen im Schaftkolben oder im Vorderschaft ging man schnell wieder ab (bis auf einige Ausnahmen, vor allem bei den Winchesterbüchsen) und ersetzte sie durch ein Mittelschaftmagazin.

Es kommt eine Reihe von verschiedenen Verschlußsystemen auf und der Kampf um die Rüstungsaufträge entbrennt, denn für ein in die Armeebewaffnung aufgenommenes System bedeutete dies in der Regel auch seine gesicherte Stellung auf dem zivilen Markt. An der stürmischen technischen Entwicklung beteiligen sich zu dieser Zeit europäische wie amerikanische Erfinder. In den Vereinigten Staaten setzen sich bei den Faustwaffen am stärksten die Firmen Colt und Smith & Wesson durch, bei den Gewehren war die Firma Winchester lange Zeit am erfolgreichsten, doch fand auch eine Reihe weiterer Hersteller ihren Platz auf dem ausgedehnten amerikanischen Markt. In Europa breitete sich bei den Jagdwaffen am stärksten das System Lancaster aus, unter den Sportgewehren errangen die größte Beliebtheit einschüssige Scheibenbüchsen Martini sowie die anderen von dieser Konstruktion ausgehenden Systeme mit Fallblockverschluß. In geringerem Umfang breiteten sich allerdings auch zahlreiche weitere Konstruktionen von Jagd- und Scheibenwaffen aus.

Bei den Faustfeuerwaffen wurden die früheren einschüssigen Pistolen allgemein durch Revolver ersetzt, und zwar sowohl beim Militär, als auch bei den zivilen Verteidigungswaffen. Lediglich auf dem Gebiet der Scheibenwaffen wurden neben den Revolvern auch einige einschüssige Pistolen verwendet. Erst Ende des 19. Jahrhunderts beginnen dann Selbstladepistolen den Revolvern Konkurrenz zu machen.

In die militärische Ausrüstung gelangen Repetiergewehre verschiedener Systeme, zunächst mit Röhrenmagazin und dann mit Kastenmagazin im Mittelschaft. Ende des 19. Jahrhunderts befinden sich in den Armeen bereits hochqualitative Schußwaffen, mit denen – nach späteren geringfügigen Verbesserungen – nicht nur der erste, sondern auch der Zweite Weltkrieg ausgetragen wurde. Als die gelungenste Konstruktion erwies sich das System Mauser, das auch bei Zivilwaffen breite Anwendung fand.

Amerikanischer Kavallerist
(Revolver Colt), um 1875

Jäger (Lancaster-Doppelflinte),
um 1880

*Die Waffenherstellung hatten im Prinzip bereits voll die
großen Waffenfabriken übernommen, mit denen die teu-
rere Handwerksarbeit der individuellen Büchsenmacher
nicht konkurrieren konnte. Letztere fertigten zu Beginn
noch Zivilwaffen an, für die sie fabrikmäßig hergestellte
Läufe und andere Bestandteile zukauften, dann mußten
sie die eigene Fertigung völlig einstellen (mit Ausnahme einer geringen Zahl handwerklich angefertigter Stücke für
anspruchsvolle Kunden). Falls sie ihr Handwerk nicht völlig verließen, verwandelten sich die Büchsenmacher in Re-
paraturmechaniker und Waffenhändler, die höchstens
kleine Änderungen vornahmen. Im Verlauf des 19. Jahrhunderts wurde in einer Reihe von Ländern die Pflichtprü-
fung von Feuerwaffen eingeführt.*

*Eine einschneidende Veränderung war der Übergang
vom früheren Schwarzpulver zum rauchlosen Pulver. Die
Feuerwaffen erreichten Ende des 19. Jahrhunderts ein tech-
nisches Niveau, auf dem auch ihre Weiterentwicklung im
folgenden Jahrhundert beruhte.*

Österreichischer Revolver [279]   *Modell 1870*

Leopold Gasser, Wien, Kal. 11 mm, L. 320 mm

Leopold Gasser (1836–1871) arbeitete in der Werkstatt von Josef Scheinigg, heiratete
dessen Tochter und war an der Herstellung von Perkussionsrevolvern dieser Firma

279

280

(vergleiche Nr. 258 und 259) beteiligt. Im Jahr 1869 konstruierte er einen sechsschüssigen Revolver für Zentralfeuerpatronen, der am 14. 8. 1870 in die Bewaffnung der österreichisch-ungarischen Armee eingeführt wurde. Neben dem Armeerevolver entstand auch eine Marinevariante, Alfred Kropatschek änderte die Waffe zu einem kleineren und leichteren Offiziersrevolver der Infanterie mit Kaliber 9 mm um und von der Gasserschen Konstruktion wurden auch die österreichischen Polizei- und Postrevolver abgeleitet. Gasser-Revolver wurden auch auf dem Zivilmarkt angeboten, sie wurden für die Herzegowina hergestellt und großem Umfang, insbesondere in Belgien, kopiert.

Taschenrevolver Colt [280]   *1870*

Waffenfabrik Colt, Hartford, Kal. 22 RF, L. 145 mm

Als 1869 das Patent der Firma Smith & Wesson (vergleiche Nr. 275) auslief, begann eine Reihe von Firmen Revolver mit voll durchbohrter Trommel herzustellen. Das erste Modell der Firma Colt war im Jahr 1870 ein Taschenrevolver mit Siebenkammertrommel, mit offenem Rahmen, einfach abnehmbarem Lauf, Zungenabzug ohne Abzugsbügel und mit Handgriff in Form eines Vogelkopfes. Die Waffe hatte auf dem Markt großen Erfolg und in den Jahren 1871–1877 wurden 114 200 Stück hergestellt. Dann unterlag sie der minderwertigen, jedoch fünfmal billigeren Konkurrenz, mit der andere Hersteller den amerikanischen Markt überschwemmten und die sich die Bezeichnung „Suicide specials" (Spezialrevolver für Selbstmörder) erwarben. Das abgebildete Exemplar ist eine spätere Variante (ohne Hülsenauswerfer) mit Griffschalen aus weißem Bein (gewöhnlich aus Holz).

281

Scheibenbüchse Werndl [281]   *um 1870*

Albert Staehle, Wien, Kal. 9 mm, L. 1210 mm

Am 28. 7. 1867 wurde in die Bewaffnung der habsburgischen Armee der einschüssige Hinterlader System Werndl aufgenommen. Benannt wurde er nach Joseph Werndl (1831–1899), dem Begründer einer Waffenfabrik in der Steiermark; an der Konstruktion dieser Waffe mit Zylinderverschluß war Karel Holub beteiligt. Neben den Militärwaffen wurden in geringerer Zahl auch Jagd- und Scheibenwaffen System Werndl hergestellt. Das abgebildete Exemplar ist eine typische Scheibenbüchse, ausgestattet mit Diopter, Stecher, Tiroler Schaft und Kolbenkappe mit Haken. Die reich mit Gravuren, Verschneidungen und Vergoldungen geschmückte Waffe ist am Lauf mit ALBERT STAEHLE K.K. HOFBÜCHSENMACHER markiert, sie entstand also nach 1867, als Staehle Hofbüchsenmacher wurde. Auf der Verschlußhülse prangt das vergoldete österreichische Wappen, es handelt sich also um eine für eine Person aus dem Kreis des Kaiserhofes angefertigte Waffe. Detaillierte Abbildung des Verschlusses dieser Waffe befindet sich auf der Seite 5.

Militär-Zündnadelgewehr mit seitlich abklappbarem Lauf [282, 283] *um 1870*

Franz von Dreyse, Sömmerda, Kal. 13 mm, L. 1150 mm

In Dreyses Fabrik in Sömmerda wurden neben Zündnadelgewehren für die Armee (vergleiche Nr. 239) bereits in den sechziger Jahren, noch vor dem Tod von Nikolaus Dreyse (1787–1867) auch Jagd-Zündnadelgewehre mit seitlich abklappbarem Lauf erzeugt. Durch die seitliche Bewegung eines Hebels unter dem Vorderschaft verschiebt sich der Lauf leicht nach vorn und klappt zur Seite ab, wodurch die Waffe von hinten geladen werden kann. Zugleich spannt sich der Schlagbolzen und nach dem Zurückfallen der Läufe in ihre ursprüngliche Lage ist die Waffe schußbereit.

Der Sohn des Erfinders Franz von Dreyse (1822 bis 1894) entwickelte Ende der sechziger Jahre auch Militärwaffen dieses Systems. Das abgebildete Gewehr, dessen Abzug mit dem Abzugshebel des in die preußische Bewaffnung eingeführten Jägergewehrs Modell 1865 übereinstimmt, hat unter dem Lauf ein herausschiebbares Bajonett. Die Abbildungen zeigen die Waffe mit gespanntem Schlagbolzen. Die Aufnahme der Hinterlader System Mauser in die Bewaffnung der deutschen Armee bedeutete das Ende der Hoffnungen auf eine militärische Nutzung dieser Konstruktion.

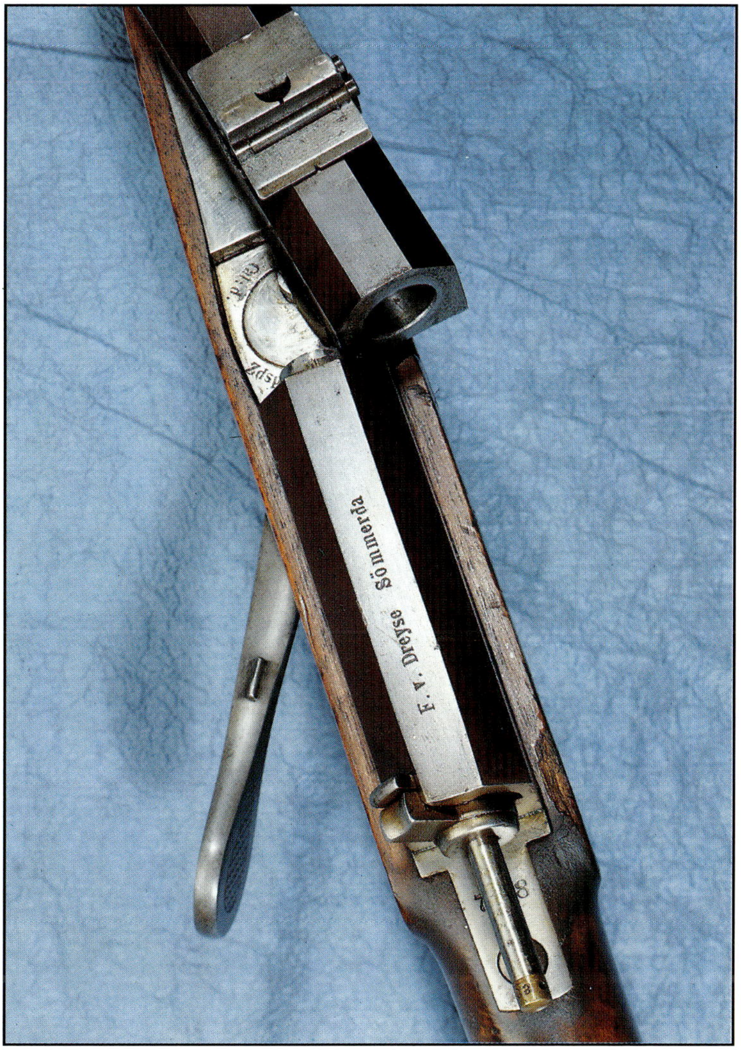

282
283

284

Gewehr Martini [284]   *um 1870*

Firma Martini-Tanner & Co., Frauenfeld, Kal. 10 mm, L. 1260 mm

Der Amerikaner Henry Peabody aus Boston erhielt 1862 das Patent für einen Hinterlader mit einem durch den Abzugsbügel betätigten Fallblockverschluß. Mitte der sechziger Jahre wurde seine Konstruktion im schweizerischen Frauenfeld durch Friedrich
Martini (1833–1897) vervollkommnet. Der einschüssige Hinterlader Martini wurde in
die Armeeausrüstung in England (1871), in der Türkei (1874), in Rumänien (1878) und

anderswo eingeführt und zu einem hochbeliebten System bei von zahlreichen Büchsenmachern angefertigten Scheibenbüchsen. Die abgebildete Waffe ist dadurch interessant, daß sie von einer Firma stammt, die Mitte der sechziger Jahre der Erfinder selbst mit Heinrich Tanner gründete (die Firma wurde 1916 aufgelöst). Der kleine Hebel am Verschlußgehäuse zeigt, ob die Waffe schußbereit ist (in senkrechter Stellung ist die Schlagvorrichtung nicht gespannt).

Revolver Colt Single Action Army [285]   *1872*

Waffenfabrik Colt, Hartford, Kal. 45, L. 330 mm

Der von der Firma Colt konstruierte Revolver für Einheitspatronen Kaliber 45 beruhte auf den Patenten von C. B. Richards (1871) und W. Mason (1872, später auch 1875). Im Jahr 1872 wurde der Revolver der amerikanischen Armee vorgeführt und diese bestellte Anfang 1873 die ersten 8000 Stück des nun Modell 1873 genannten Revolvers (bis in die neunziger Jahre über 37 Tausend Stück). In noch größerem Maß breitete sich diese Waffe im amerikanischen Westen aus, wo sie von Sheriffs und Verbrechern, Cowboys, Goldgräbern und vielen anderen benutzt wurde. Die Waffe mit dem offiziellen Namen „Single Action Army" (Armeerevolver mit Hahnspannung) erwarb sich eine Reihe von Spitznamen – Peacemaker (= Friedensstifter), Frontier Six-Shooter (= Grenzland-Sechsschüsser) u.a. und wurde zum berühmtesten und verbreitetsten amerikanischen Revolver. Man stellte sie in vielen Kalibern und Varianten her (verschiedene Lauf-längen, unterschiedliches Material der Griffschalen usw.), bis 1896 für Patronen mit Schwarzpulver, danach für solche mit rauchlosem Pulver. Bis 1940 wurden 357 859 Stück hergestellt, dann wurde die Produktion unterbrochen (die Firma Colt mußte sich Kriegsaufträgen widmen), allerdings 1955 wieder aufgenommen.

285

286

Zweiläufiger Revolver Le Mat [286, 287]   *um 1870*

Kal. 9 mm Kugellauf und 14 mm (Schrotlauf), L. 230 mm

Der in New Orleans lebende Arzt französischer Herkunft Jean Alexandre François Le Mat erhielt 1856 das amerikanische Patent für einen ungewöhnlichen Revolver mit zwei Läufen – in der Trommelachse lag ein Schrotlauf und um ihn herum befand sich die Neunkammertrommel für den Kugellauf. Am Hahn ermöglichte ein Umschalthebel, den Schlag entweder auf den Kugellauf oder auf den Schrotlauf zu richten.

Die Waffe erweckte zwar bei der amerikanischen Armee gewisses Interesse, in die Bewaffnung wurde sie jedoch nicht aufgenommen und erst nach Ausbruch des amerikanischen Bürgerkrieges begann man sie in größerem Umfang in Frankreich (teilweise auch in England) herzustellen. Die Konföderation der Südstaaten kaufte rund 900 dieser Perkussionsrevolver für die Armee sowie etwa 600 für die Marine und der Revolver Le Mat wurde zur beliebten Waffe vieler höherer Offiziere der Südstaatenarmee. In den Jahren 1856–1865 wurden nicht ganz 2900 Stück produziert, die auch als „Grapeshot"-Revolver bekannt sind.

In der zweiten Hälfte der sechziger Jahre fertigte man den Revolver Le Mat für Lefaucheux-Patronen an (Kugelpatronen, der Schrotlauf hatte weiterhin ein Perkussionssystem). Die veränderte Konstruktion für Einheitspatronen mit Zentralzündung wurde in England 1868 und in den USA 1869 patentiert. Diese Variante, die von verschiedenen Firmen hergestellt wurde, ist auf den Abbildungen zu sehen – hinter dem Schrotlauf liegt eine nach links abklappbare Verschlußklappe (auf Abbildung 287 ist der Verschluß offen) mit Hülsenausstoßer. Im Jahr 1877 erwarb Le Mat das Patent für

287

einen verbesserten Typ des Hahnumspanners, bald darauf wurde jedoch die Fertigung seines Revolvers eingestellt. Le Mats Revolver für Einheitspatronen wurde nur in geringer Stückzahl gefertigt und ist eine interessante und von den Sammlern hochgeschätzte Waffe.

Lefaucheux-Einzellader [288]

Kal. 14,5 mm, L. 1010 mm

In das Jagdgewehr System Lefaucheux ist in den Kolben ein ovales Messingschild eingelassen mit der Aufschrift: Erstes Jagdgewehr sr. k.u.k. Hoheit d. Durchlaucht Erzherzog Franz Ferdinand. Die Waffe ist weder markiert noch datiert, doch wissen wir, daß der später in Sarajevo ermordete Franz Ferdinand d'Este (1863–1914) mit neun Jahren zu jagen begann. Die kurze und leichte Waffe entspricht diesem Kindesalter. Franz Ferdinand war ein leidenschaftlicher Jäger und sein Leibarzt schrieb in seinem Buch, daß die Gesamtzahl des vom Erzherzog erlegten Wildes eine halbe Million Stück überschreitet, den erhaltenen Jagdaufzeichnungen zufolge brachte er im Laufe seines Lebens jedoch „nur" 274 889 Stück Wild aller Art zur Strecke.

Pistole Protector [289]

Jacques Edmond Turbiaux, Paris, Kal. 6 mm, L. 110 mm

Die kleine Pistole, die beim Schießen in der Hand versteckt gehalten wird (mit dem Lauf zwischen Zeigefinger und Mittelfinger, die sich auf Vorsprünge am Gehäuse stützen), wurde 1882 von J. E. Turbiaux konstruiert und in Paris hergestellt. Die rechte Gehäusewand kann man abschrauben und danach das radförmige Magazin mit 10 Patronenkammern herausnehmen (es existiert auch eine 8-mm-Variante mit 7 Patronen). Nach Betätigen des Drückers mit der Handinnenfläche dreht sich das Magazin um eine

288

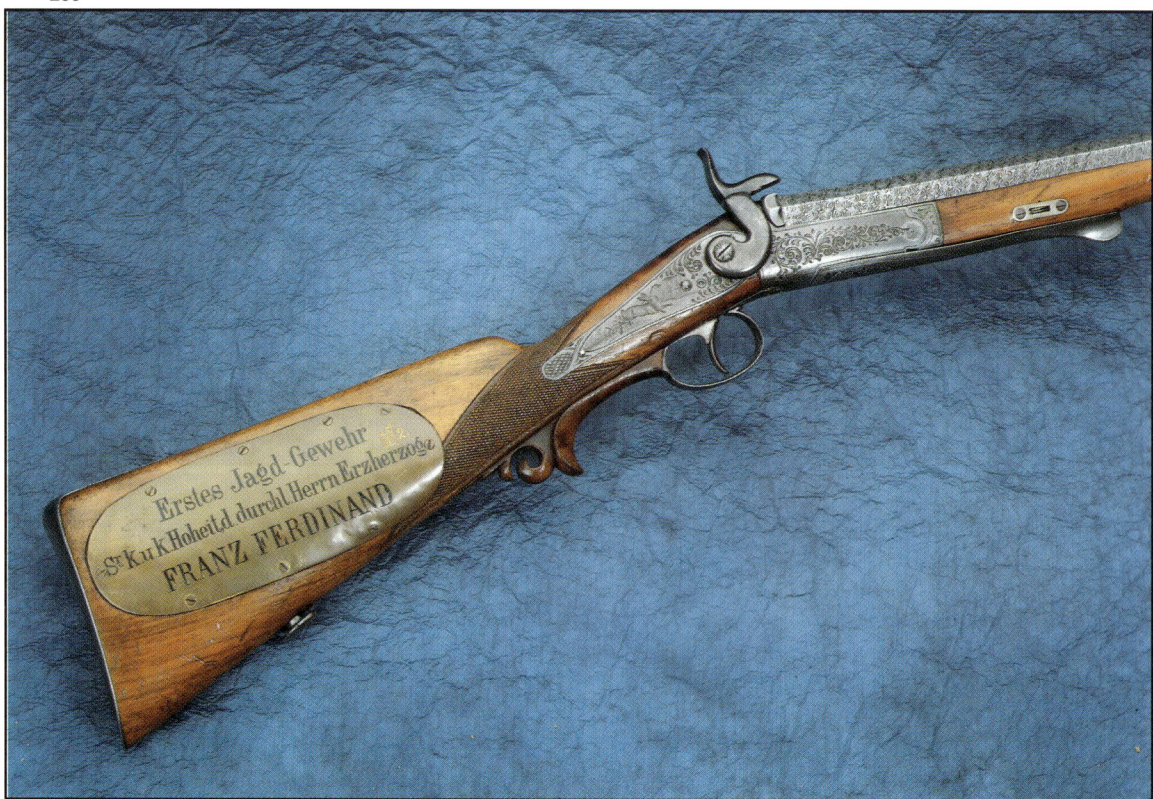

289

Position weiter und der in der Waffenmitte befindliche Schlagbolzen feuert die Patrone aus der vorderen Kammer ab. Am Pistolengehäuse befindet sich eine Schiebesicherung, die den Drücker blockiert. Ähnliche Handtellerpistolen wurden in den neunziger Jahren des 19. Jahrhunderts auch in den USA hergestellt.

Winchestergewehr – Eine von Eintausend [266, 290, 291]   *Modell 1873*

Waffenfabrik Winchester, New Haven, Kal. 44-40, L. 1130 mm

Aus dem Henrygewehr (vergleiche Nr. 261) entstand das Repetiergewehr Winchester 1866 mit messingnem Verschlußgehäuse für Randfeuerpatronen. Die Winchester-büchse Modell 1873 verschießt bereits Zentralfeuerpatronen und hat ein Verschlußge-häuse aus Stahl. Im Jahr 1875 bot die Firma Winchester zum ersten Mal Kunden, de-nen es nach einer Waffe von außerordentlicher Qualität verlangte, „Eine von Eintausend" genannte Waffen an. Das waren keine wahllos aus je Tausend hergestell-ten Stück ausgewählten Exemplare, sondern Waffen, bei denen beim Probeschießen eine ungewöhnlich hohe Treffergenauigkeit festgestellt wurde. Diese Waffen wurden zumeist nachträglich mit einem Abzug mit Stecher ausgestattet und mit einer außer-ordentlichen Oberflächengestaltung einschließlich der Inschrift „Eine von Eintausend" (One of One Thousand oder 1 of 1000) versehen. Ihr Verkaufspreis betrug das Doppelte des damaligen Preises einer Standard-Winchester (einhundert anstatt fünfzig Dollar). Nicht ganz so hervorragende Waffen versah man mit der Aufschrift „Eine von Hundert" und verkaufte sie mit einem Aufpreis von 20 Dollar.

Insgesamt wurden nur 133 Winchestergewehre Modell 1873 „Eine von Eintausend" und 8 Exemplare dieses Modells „Eine von Hundert" hergestellt. Heute sind 51 erhal-tene Stücke „Eine von Eintausend" und 4 „Eine von Hundert" bekannt und unter den Sammlern gehört diese Waffe zu den meistgesuchten Gewehren amerikanischer Pro-duktion.

292

Scheibenpistole Schulhoff [292] _um 1885_

Josef Dörfler, Wien, Kal. 4 mm, L. 370 mm

Ende des 19. Jahrhunderts überwogen unter den Faustfeuertwaffen die Revolver und es begann die Zeit der Selbstladepistolen. Bei den Scheibenwaffen hielten sich allerdings weiterhin auch einschüssige Waffen. Konstrukteur der abgebildeten Pistole war Josef Schulhoff (1824–1890), der auch Repetierpistolen und -gewehre konstruierte, die er ohne Erfolg der österreichisch-ungarischen und der russischen Armee anbot. J. Schulhoff war auch ein bekannter Pistolen-Sportschütze. Hersteller dieser Pistole, bei der ein Hebel am Griffrücken den Drehblockverschluß öffnet und die Schlagvorrichtung spannt, war J. Dörfler, ebensolche Scheibenpistolen stellten allerdings auch andere Büchsenmacher her, z.B. der Wiener J. Postler oder der Prager J. Novotný.

Doppelbüchse System Lancaster [293] _um 1885_

H. Roedl, Prag, Kal. 12 mm, L. 1060 mm

In der zweiten Hälfte des 19. Jahrhunderts breitete sich in Mitteleuropa die Mode aus, am Kolben die Jagdtrophäen zu verzeichnen. Auf einem Metallstreifen an der Kolbenkappe sind mit Abkürzungen die einzelnen Wildarten vermerkt und jeder in den Schaft geschlagene Messingnagel stellt ein erlegtes Stück dar. Die Waffe ist mit H. ROEDL IN PRAG markiert, einer Firma, die eine Reihe von anderen Büchsenmachern mit Halbfabrikaten versorgte und deren Produkte verkaufte. H. Roedl war auch Sportschütze und nahm z.B. 1881 an einem Wettkampf im Schrotschießen in Kleve bei Düsseldorf teil, der auf Initiative des bekannten Lütticher Waffenproduzenten Henri Pieper (1840–1905) veranstaltet wurde.